GW01238056

CORONEL FA`
A VERDADEIRA HISTÓRIA I

S'
W
M
Sar
Fa
c

EXPEDICIONES EN BOLIVIA

----------- ---1906/7
---■---•---■---•---■--- ---1910
---■---•---•---•---•---■--- ---1911
---■---■---■---■---■--- ---1913

HERMES LEAL

Coronel
FAWCETT

*A verdadeira história
do Indiana Jones*

GERAÇÃO
EDITORIAL

CORONEL FAWCETT
A VERDADEIRA HISTÓRIA DO INDIANA JONES

Editor:
Luiz Fernando Emediato

Capa:
Douglas Canjani

Fotos da expedição Autan:
Cláudio Laranjeira

Diagramação e Editoração Eletrônica:
Alan Cesar S. Maia

Revisão
Bárbara Guimarães Arányi
Michele Orfali

Dados internacionais de Catalogação na Publicação (CIP)
(Câmara Brasileira do Livro)

Leal, Hermes
Cel. Fawcett : a verdadeira história do Indiana
Jones / Hermes Leal. — São Paulo : Geração Editorial,
1996.

1. Aventuras e aventureiros 2. Fawcett, Percy
Harrison, 1867– 3. Pessoas perdidas I. Título

IBSN 85-86028-53-3

96-4218   CDD-910.92

Índices para catálogo sistemático:

1. Aventureiros desaparecidos : Vida e obra
910.92

Todos os direitos reservados
GERAÇÃO DE COMUNICAÇÃO INTEGRADA COMERCIAL LTDA.
Rua Cardoso de Almeida, 2188 – CEP 01251-000 – São Paulo – SP – Brasil
Tel. (011) 872-0984 – Fax: (011) 62-9031

e-mail do autor: hermes@sysnetway.com.br

1996
Impresso no Brasil
Printed in Brazil

ÍNDICE

Para Luan e Julie Tseng

1

A PROFECIA

Na tarde do dia 28 de fevereiro de 1903, um imenso navio inglês ancorava no porto de Tricomalee, no Ceilão, antigo Sri Lanka, um pequeno país cheio de templos e elefantes andando pelas ruas, localizado no extremo sul da Índia. No porto, cingaleses e ingleses bem vestidos, no estilo ocidental, acenavam efusivamente ao identificar alguém conhecido descendo do convés, enquanto os seguidores de Shiva comemoravam o dia do Maha Sivarathri nas ruas. Era a celebração da união de Shiva com Paravathi, num festival de cores e danças. Do meio dos passageiros surgiu uma jovem senhora, grávida de seis meses do primeiro filho, acenando para o marido, um militar britânico, uniformizado e com todos os brasões do exército imperial. Era Nina Paterson Fawcett, esposa do capitão Percy Harrison Fawcett, que esperava ansioso, há horas no porto, pelo reencontro com sua mulher, após longos meses de separação. Nina segurava o chapéu com uma das mãos, enquanto se amparava nos braços do marido para descer totalmente do navio. A barriga de Nina estava visível.

O capitão, após beijar calorosamente o rosto da esposa, passou a mão na sua barriga e sorriu para o pequeno Fawcett. Pretendia levá-la imediatamente para a nova casa que acabara de adquirir em Colombo, localizada no outro extremo da ilha, distante 250 quilômetros de Tricomalee, numa viagem de trem pelos mistérios do oriente, somente agora descoberto para o mundo. Nina havia morado no Ceilão quando era adolescente, e via os enormes templos brilhando sob o sol com os olhos de uma mocinha buscando o amor de um oficial inglês. Agora a paisagem mudara e o olhar maduro via também o místico, o religioso e o político. A ilha sempre fora conhecida como a maior produtora de chá do mundo e a responsável pelo abastecimento do produto na Inglaterra desde 1883, quando fora invadida pelo Império Britânico. Fawcett começou sua carreira militar nesse país cercado de grandes templos e símbolos, budistas e hindus, em 1886, antes de ser transferido para a África. Após servir no *Inteligence Service* em Marrocos, Malta e até numa curta temporada em Hong Kong, pediu transferência novamente para o lugar de grande cultura religiosa, com oitenta por cento de sua população adepta do budismo. No retorno, foi promovido a capitão. Fawcett era um budista e como tal preferiu voltar para o lugar que havia transformado a sua vida. Desta vez para se estabelecer por mais tempo, com uma família, e se possível educar os filhos na própria ilha. Principalmente o primeiro, que já estava a caminho.

Nina e Fawcett mal tiveram tempo de se abraçarem no porto. Após a descida do navio, viram-se cercados por uma grande multidão. De repente, do meio da confusão, surgiram cinco pessoas trajadas como monges budistas e se puseram na frente de Fawcett e Nina. De maneira respeitosa, se apresentaram como astrólogos e pediram para falar algo importante aos dois. Curiosos com a recepção, eles foram gentis e ouviram os tais esotéricos de maneira calma, sem ter a menor noção do que estava acontecendo. Num inglês complicado, os homens disseram ser mensageiros de uma profecia, vindos da Índia apenas para transmiti-la a eles. Fawcett, mesmo budista, e Nina de família espírita, achou a abordagem estranha, pois eram pessoas desconhecidas, que de repente começaram a falar de suas vidas, como se fossem amigos. Humildes, os magos procuravam uma forma de lhes contar sobre uma criança que estava para nascer, e apontavam a barriga de Nina. Fawcett percebeu que o assunto era complicado e pediu para serem mais claros, na tentativa de entender melhor as poucas palavras que falavam em inglês. Ouviram educadamente os astrólogos repetirem que estavam vindo do norte da Índia apenas para falar com eles. Um dos astrólogos virou-se para Fawcett e disse:

— Mestre, um grande espírito aproveitou-se dos laços existentes entre vós e vossa esposa para reencarnar-se em vosso filho.

Fawcett e Nina continuavam sem entender o que queriam dizer com tanta cerimônia. O astrólogo começou então a falar coisas sobre a vida deles no futuro, que ambos não voltariam mais para África ou Ásia, de onde estavam vindo. Virou-se para Nina e disse pausadamente:

— No dia 19 de maio, no dia da festa do Buda, a senhora dará à luz um menino que será o pai de uma nova raça. Essa criança, quando crescer — virando-se para Fawcett —, irá acompanhá-lo em viagens para terras longínqüas do sul, onde ambos desaparecerão juntos. O vosso filho voltará, portanto, para o seio de uma nova civilização. Viemos apenas para transmitir esta humilde mensagem.

Os magos falavam com a voz baixa, inclinando a cabeça em sinal de respeito e humildade. Foram se afastando lentamente e desapareceram como surgiram, no meio da multidão que invadira o porto, vendendo de tudo, até animais silvestres. Fawcett e Nina queriam saber mais sobre aquelas pessoas, que pareciam monges vindo de algum templo distante. O casal ainda os procurou com os olhos para saber de onde eram, mas nada viu além de uma grande feira ao ar livre. Foram à estação e pegaram o trem para Colombo.

Os dias se passaram e Nina esqueceu o assunto. Fawcett voltou às suas atividades na base militar e nas horas de folga percorria as ruínas de Kantharodai, localizado ao oeste de Chunnakam, e da grande estrada Jaffna-Kankesanturai. Ou, às vezes, visitava as ruínas de

Buduruvagala, situado a três milhas ao sul de Welawaya, onde existem grandes imagens do Buda esculpidas nas rochas, incluindo uma de 15 metros e meio, esquecidas no meio da floresta. Havia um grande interesse do militar por arqueologia e estudos sobre civilizações antigas. Finalmente, no dia 19 de maio de 1903, nasceu, no hospital Maternidade de Colombo, o primeiro filho do casal, batizado com o nome de Jack Fawcett. Aqueles estranhos monges disseram algo que agora fazia sentido, com a coincidência da data do seu nascimento e a festa do Buda. O garoto nasceu saudável e por alguns tempos Nina esperou algum indício de que seu filho pudesse ser a reencarnação de Buda, ou algo semelhante.

Durante alguns anos, enquanto moraram no Ceilão, Fawcett e Nina volta e meia pensavam nas profecias. Talvez elas se concretizassem. Aos poucos esqueceram o assunto, que já não fora levado muito a sério. Jack crescia como um garoto normal e não se via nele nada de especial no sentido religioso. Fawcett usava o budismo para estudar as religiões indianas e sua cultura, sem se apegar demais em nenhuma delas. Era um desportista amador, que adorava desenhar barcos e navios, e um pesquisador que sonhava desde criança em encontrar uma civilização antiga, perdida em algum lugar – idêntica às descritas nos livros que lia sobre o velho e o novo mundo –, utilizando uma grande caravela construída por ele mesmo. Tudo isso tinha seu ponto de partida no próprio Ceilão, onde cada coisa era sagrada e cheia de simbologias históricas e esotéricas, que impregnavam o pequeno país. Não levava em conta, entretanto, encontrar alguma civilização ainda atuante, onde seu filho pudesse ser algum tipo de líder. Nina, no entanto, gravou cada palavra dos magos em sua memória e lembraria disso durante todos os dias de sua vida, quando tentaria descobrir aonde estava o filho desaparecido.

Não era a primeira vez que estranhos atravessavam o caminho de Fawcett. O inglês tivera uma experiência idêntica com um tipo de mago indiano, muito antes de conhecer Nina. Dezessete anos antes, no início do ano de 1886, quando Fawcett chegara pela primeira vez em Tricomalee, se deparara com um homem usando os mesmos trajes budistas, esperando-o ao lado do Forte Frederick. Com olhar penetrante, o homem abordou Fawcett de surpresa para lhe falar algo importante e misterioso, ao vê-lo parado diante do portão principal. O desconhecido, alto e forte, trazia uma estátua do Buda nos braços e não parecia representar nenhum tipo de perigo, apesar da maneira como se apresentou. Aproximou-se do tenente, entregou a imagem e pediu que a guardasse consigo, para trazer sorte a ele e a sua família. Pediu também que a imagem fosse colocada sobre um manto de seda amarela, a cor da divindade, e que nunca deixasse um estranho tocá-la.

O homem misterioso afastou-se sem dizer mais nada, apenas gesticulando com os braços, agradecendo o militar por recebê-lo, como se tivesse realizado algo de muito importante. Fawcett guardou a estátua, e pouco tempo depois se convertia ao budismo. Por muitos anos a imagem presenteada repousou sobre a seda amarela, na estante da sala, aonde estivesse morando, no Ceilão ou na Inglaterra, protegendo a ele, Nina, Jack, Brian e Jean, os três filhos do casal. A cultura oriental definitivamente havia penetrado na alma inquieta do futuro coronel inglês, que haveria de levá-lo a grandes aventuras pelo mundo, inclusive no Brasil.

ESPERANDO FAWCETT VOLTAR

No fim do mês de outubro de 1946, a senhora Nina Fawcett preparava as malas para viajar de volta à Europa, sem a companhia do marido, o tenente-coronel Fawcett. Com 76 anos de idade, Nina estava deixando o Peru, onde morava desde 1938 com o filho mais novo, o engenheiro Brian Fawcett, e sua esposa Ruth, após uma longa e torturante espera. Iria voltar para a Suíça, onde vivia sua filha Jean de Montet, na aldeia Schonenwerd, no Cantão de Soleure, numa casa grande e confortável, em companhia do marido e da filha Valerie, de 14 anos. Deixar o Peru seria como se desfazer de um pedaço da própria vida, de uma esperança que vinha alimentando há 21 longos anos. Com paciência, Nina se pôs diante de uma pequena estante de madeira em seu quarto e apanhou a estatueta do Buda com cuidado. Em seguida dobrou a seda amarela, enrolou a imagem e a guardou em um baú, forrado com tecidos para não danificar a peça de grande valor afetivo. Dos inúmeros objetos de artes trazidos da Índia, a estatueta era o mais precioso, um amuleto para lembrar o marido.

Por muito tempo ela vinha afirmando não ter perdido a esperança de se encontrar com o marido e o filho Jack, desaparecidos desde 1925 nas selvas do Mato Grosso, no Brasil. A esposa de Fawcett era a única pessoa a acreditar que o marido e o filho estivessem vivos, após partirem numa arriscada expedição em busca de uma cidade perdida, oriunda da Atlântida, juntamente com Rimell, um amigo de Jack, nas selvas da Amazônia. Poderia ela ter razão, pois não haviam provas de que eles estivessem mortos. Até então, tudo o que surgira sobre os expedicionários desaparecidos nos jornais de todo o mundo não passava de mera especulação. O sumiço do coronel era considerado um grande enigma, comparado apenas ao de David Livingstone, o aventureiro que encontrara as cataratas de Vitória e o lago Niassa, na África, e desaparecera procurando a nascente do rio Nilo, em 1873.

Nina, antes de partir, precisava atender os curiosos e os jornalistas de vários países que a procuravam diariamente desde a partida do marido para descobrir uma civilização antiga, há 26 anos. Ela repetia sempre que o coronel poderia voltar a qualquer momento para buscá-la e que continuava esperando o seu chamado para viver com ele na sua Cidade Abandonada, a qual, antes de partir, chamara de Misteriosa Z.

"Sei que o meu marido vive agruras. Ele nunca pretendeu voltar sem encontrar a sua cidade perdida, quando entrou no inferno verde das

selvas do Mato Grosso. Disse-me que se fosse capturado pelas tribos
selvagens, teria de ficar entre elas ou ser brutalmente massacrado.
Ele pretendia ficar entre os índios e depois mandaria me buscar, para
eu cuidar das mulheres e das crianças. Desde que ele partiu eu não
tenho recebido mais mensagens, mas eu sei que ele está vivo. Continuo
em contato telepático com o meu marido e tanto ele como Jack estão
vivos. Se creio nas palavras proféticas dos sábios da Índia? Não sei.
Se o meu marido e o meu filho aparecerem em casa a qualquer mo-
mento, eu não me surpreenderei".

O coronel Fawcett estaria com 79 anos, em algum lugar do Brasil, impossibilitado de se comunicar com a esposa e os filhos. Nina
iria viajar com o coração partido, por não ter encontrado pessoalmente o marido durante todo este tempo, apesar de manter contato
telepático constante. Nesses contatos o militar dizia estar vivendo
com Jack e Rimell, em algum lugar do Xingu. Daí a dor ao se
afastar da região próxima de onde Fawcett se encontrava desaparecido, arrastando multidões de aventureiros e jornalistas de todo o
mundo para encontrá-lo, como se ele fosse mais importante que a
própria cidade que procurava. No dia 26 de novembro, Nina aportou
na Inglaterra, onde ficaria alguns dias antes de viajar para Suíça.
Para os jornalistas que a aguardavam, ela disse o seguinte:

"Estou ficando idosa, mas se a mensagem (de Fawcett) viesse, eu
ainda iria para ajudá-lo no trabalho que ele me disse que daria a
vida para realizar. Estou convencida de que meu marido vive em
algum lugar na região do rio Xingu".

O SÚDITO DA RAINHA VITÓRIA

Percy Harrison Fawcett nasceu no dia 31 de agosto de 1867, em
Torquay, Devonshire, litoral da Inglaterra. Filho de uma família
vitoriana, o pai inglês e a mãe escocesa, Fawcett cresceu lendo livros
de aventuras, se imaginando cruzando o imenso oceano que tinha o

começo em um porto próximo de sua casa, onde brincava, e seguia para o Oeste, para o novo mundo. Servir à coroa britânica era um privilégio das grandes famílias. Apesar de não fazer parte de nenhuma delas, os pais de Fawcett resolveram prepará-lo desde criança para servir a coroa no além-mar, quando o imperialismo britânico vivia seu ápice e a moda era viver numa colônia. Servir em um dos 25 países e centenas de ilhas dominadas pelo império britânico, sob o comando da rainha Vitória, era uma grande aventura e um gesto patriótico.

O garoto Percy teve os primeiros contatos com os mistérios da terra e com a literatura vinda das Américas falando das civilizações Mayas, Toltecas, Astecas e, sobretudo dos Incas, do Peru, na biblioteca das escolas de Newton Aboot, distante dez quilômetros de Torquay. A leitura desses livros era a maneira de fugir da educação rígida, aplicada em todas as escolas tradicionais da Inglaterra. Desde criança, ele também tinha um gênio forte – as "varadas" recebidas no colégio não haviam alterado a sua ambição de querer um dia conquistar o mundo.

Ao se tornar adulto, Fawcett teve de conviver com um mundo diferente, dentro de sua própria casa. De um lado, as idéias esotéricas do seu irmão mais velho, Edward Douglas Fawcett, um dos fundadores da Sociedade Teosófica e autor de vários livros esotéricos, como "O divino imaginar" e "Do mundo como imaginação". A vontade de se aventurar pelo desconhecido e a necessidade de fazer suas descobertas sem distanciar-se demais da realidade chocaram-se com as idéias de Edward, que tinha no esoterismo uma resposta para todos os enigmas do planeta. Por outro lado, Fawcett se apegou bastante à sua irmã mais nova, Harry Isacke, ligada ao ocultismo e ao espiritismo. No meio dessa confusão, o jovem Fawcett ainda não demonstrava inclinações para qualquer tipo de religião ou misticismo. Apenas sonhava com o mundo velho, existente além das fronteiras da Europa e ainda em fase de conquista.

Fawcett ingressou cedo na carreira militar, aos 15 anos de idade, por ordem do pai. Estudou na escola de Westminster, vivenciando uma severa experiência da rigidez dos códigos de uma escola militar como preparação para entrar na academia. Em 1886, Fawcett foi promovido a cadete na Royal Military Academy, em Woolwich, entrando em seguida para a Artilharia Real. No mesmo ano, antes de completar 20 anos, foi enviado para servir na base inglesa de Tricomalee, na costa do Ceilão, domínio da coroa britânica. Fawcett já se esforçava para ser transferido e a sua ida para os confins da Índia era um privilégio. Ele já tinha uma idéia da cultura indiana e da vida maravilhosa na ilha repleta de muitas praias, um sol tropical e muito exotismo.

Após uma longa viagem de navio, sonhando como seria a vida no pequeno país, Fawcett finalmente chegou ao famoso oriente, de onde surgiam grandes histórias e mitos com mais de quatro mil anos. O jovem Fawcett teve um grande choque ao conhecer o Ceilão, mudando por completo a sua visão de mundo e o seu futuro como militar, em muito pouco tempo. Não foram poucas as surpresas na pequena ilha repleta de estátuas de Buda por todos os cantos, muitas ruínas, gente do passado vivendo os novos ares do século 20, chegando com a sua modernidade numa região em que pouca coisa havia mudado nos últimos mil anos.

Logo nos primeiros dias na nova base, Fawcett teve os primeiros contatos com o budismo, aumentando a sua necessidade de conhecer melhor a nova religião. No entanto, o que mais o atraía era a exploração de antigas ruínas, realizando as primeiras incursões nos arredores da pequena base de Tricomalee. Um ano depois, quando chegou a primeira bicicleta no país, Fawcett conseguiu um dos seus primeiros feitos: atravessou a ilha de uma costa a outra pedalando – fato muito comentado dentro do círculo militar, onde corriam regalias e feitos heróicos. Ele também se destacava nas provas de iatismo. Passaram-se dois anos e o jovem tenente pretendia continuar sua carreira militar na ilha. Voltaria a Londres apenas para complementar estudos militares que lhe dariam uma patente melhor no futuro.

No dia 18 de maio de 1888, uma grande festa no navio de guerra austríaco *Fasana*, iria mudar a rotina do jovem tenente Fawcett, até então voltado aos esportes e às investigações arqueológicas. Em todas as colônias da Inglaterra, especialmente na Índia e no Ceilão, a comunidade inglesa se reunia para reverenciar a rainha e viver o seu mundo ocidental, bem diferente da cultura e do modo de vida religioso da população nativa. Os militares tinham pouco trabalho para garantir a segurança dos britânicos e o patrimônio da Coroa, o que lhes dava tempo para praticarem seus hobies. Uma festa, portanto, era a ocasião para se ter reunida toda a comunidade britânica. Isso queria dizer conhecer gente nova, fazer amizades, namoros e noivados. A festa no navio tinha o objetivo de recepcionar o sobrinho do Imperador da Áustria, François-Ferdinando, que nem sequer apareceu para os convidados, rigorosamente vestidos em trajes de gala. Fawcett se incluía nesse grupo de oficiais e foi apresentado a uma moça de 17 anos chamada Nina Parteson, filha de George Watson Parteson, juiz superior do Ceylon Civil Service, a magistratura Colonial do Ceilão. O militar inglês ficou encantado com a moça, e falou com orgulho dos seus feitos como atleta. Nina se desmanchou em sorrisos, iniciando um compromisso natural a partir daquela data.

No dia seguinte, Fawcett escreveu uma carta à sua mãe dizendo que tinha encontrado a moça da sua vida, "a única no mundo com a qual me casarei", dizia ele. O oficial, após ter sido apresentado ao juiz Watson, passou a freqüentar a casa da namorada e a levá-la para os bailes promovidos pela colônia britânica todas as semanas. Durante uma viagem de Fawcett, Nina adoeceu e o namorado demorou a vê-la. Passaram-se semanas, meses, sem que os dois pudessem se encontrar. Trocavam correspondências e planejavam casar-se. Nina era alegre e extrovertida, o oposto do militar, severo e fechado em seu mundo. Somente dois anos depois, no dia 29 de outubro de

1890, Fawcett e Nina puderam finalmente ficar noivos. O juiz fez uma festa para comemorar. O romance estava indo de vento em popa, com Fawcett fazendo planos de casamento para o mesmo ano e pretendendo se estabelecer no próprio Ceilão. Mas um dia o juiz comunicou à jovem Nina que a família precisava voltar à Escócia e que ela deveria retornar junto. Foi um golpe duro para os dois, pois não estavam preparados para o casamento imediato. Nina partiu, e por muito tempo o relacionamento deles se limitou novamente à troca de cartas.

Somente em 1894 Fawcett pôde retornar à Inglaterra, para fazer um longo Curso de Artilharia em Shoburyness. Nina ficou ansiosa para encontrá-lo. Entretanto, a notícia que recebeu do noivo não a deixou feliz. Em um bilhete, Fawcett desfazia o noivado afirmando "que estava sem dinheiro e não queria prendê-la por mais tempo". Nina ficou arrasada e não tentou reatar ou guardar esperanças. Tentava superar logo o trauma do amor desfeito, enquanto o romance com Fawcett parecia ter ficado como um bonito namoro adolescente. Em junho de 1897, Nina casava-se com o capitão Herbert-Crhistie Prichard. Estava animada por fazer um bom casamento, apagando de vez as lembranças do antigo noivo, que retornara ao Ceilão, aos esportes e à arqueologia, e nunca mais dera notícias.

Nina novamente sofre um golpe terrível. Cinco meses depois de casada, morre o capitão Prichard, vítima de uma embolia cerebral. Mais uma vez ela ficou arrasada, mas soube suportar a dor da perda. Procurou levar sua vida normalmente, apesar de a viuvez lhe deixar entristecida por um longo tempo, mantendo-se longe dos romances. Parecia que a sua vida estava distante da vida de Fawcett, em outro mundo, buscando explicações para enigma inexplicáveis.

AS PRIMEIRAS DESCOBERTAS

Fawcett, então com 26 anos, após passar uma temporada em Falmouth, próximo da Baía que leva o mesmo nome, um dos extremos da ilha que forma a região da Cornualha (a ponta se parece com chifres), voltou para o Ceilão. Nem imaginava o que havia ocorrido a Nina durante esse tempo. Além da vida esportiva em corridas de iates, Fawcett andava muito ocupado em pesquisar mapas antigos e descobrir "tesouros enterrados dos reis candianos". A bicicleta ajudou o militar a passear pelos arredores de Tricomalee. Mas um dia ele resolveu ir mais longe, até a imensa "Lion Rock", onde existe um templo de Sigiriya, um dos maiores e mais antigos do mundo, com 600 pés de altura. A imensa pedra foi trabalhada no seu interior, onde existem as escritas mais velhas do Ceilão, e conta a história do templo e imenso palácio de rocha em forma de leão. Ao redor da montanha existe uma grande floresta de mata tropical. Fawcett começou a explorar as ruínas nas imediações da pedra, se deparou com enormes construções antigas e não conseguiu parar de caminhar. A pesquisa ficava interessante e Fawcett não se dava conta de que estava dentro da floresta, num lugar desconhecido, onde enormes árvores com seus cipós gigantes cobriam a maior parte das ruínas. Já estava escurecendo e ele precisava voltar antes que se perdesse. Mas de repente começou a chover forte e o céu se fechou. Fawcett não conseguia mais retornar. Passou a noite inteira vagando pela floresta, tentando achar o caminho de volta em meio à escuridão. Impedido de andar, por conta da noite, Fawcett se encostou numas ruínas e ficou ali, imóvel, até o dia amanhecer. Quando abriu os olhos, as nuvens se dissipavam e o céu estava claro. Olhou em volta para descobrir onde estava e percebeu que dormira encostado numa construção antiga, talvez um templo. Era alto e sumia encoberto pelas árvores. Fawcett notou que havia um lugar onde os cipós tinham se desgarrado, e surgiam algumas inscrições de um alfabeto desconhecido. Deslumbrado com a descoberta, ele copiou cada caracter da inscrição, para tentar descobrir o que diziam.

Os caracteres foram entregues a um sacerdote cingalês em Colombo, para serem traduzidos. Fawcett pretendia descobrir a origem de uma escrita tão diferente de todas encontradas na Índia. Eram caracteres budistas Asoka, uma escrita muito antiga e cifrada, praticamente intraduzível. Fawcett não se deu por vencido e enviou os desenhos para estudiosos em cultura e religião do Instituto Oriental de Oxford. Meses depois, recebeu uma carta do instituto dizendo não haver estudiosos sobre aquele tipo de escrita no ocidente. Eram frases feitas de forma enigmática, para dificultar a compreensão. Porém os estudiosos deram-lhe uma alternativa. Somente um budista poderia decifrar tal enigma, mas deveria ser lido na própria pedra, porque o significado dos sinais se alteraria de acordo com a incidência dos raios do sol, em determinadas horas do dia. As inscrições estavam relacionadas com a função daquelas ruínas, que deveriam ter milhares e milhares de anos. Ele teria de voltar para a floresta e tentar reencontrar o lugar, uma tarefa nada fácil.

Fawcett nunca desistiu de procurar interpretação para o seu achado, até que um dia descobriu o livro *Highlands of the Brazil*, escrito em 1869 pelo capitão e escritor Richard F. Burton. O livro mostrava uma reprodução do famoso Documento 512, que falava de uma cidade perdida no Brasil encontrada por bandeirantes em 1753, talvez no interior da Bahia. Nessa cidade havia uma série de caracteres espalhados em templos e grandes arcos de pedra. Ao vê-los, Fawcett percebeu uma semelhança entre os dois tipos de sinais. Desde então, o Brasil passou a ser um foco de possibilidades para continuar suas pesquisas, se um dia tivesse alguma oportunidade de visitá-lo. Naquele momento, essa pretensão era muito remota. Não teria como e por que ir ao Brasil atrás do tesouro da cidade perdida citado no documento, que se encontrava arquivado na Biblioteca Nacional do Rio de Janeiro. O jovem tenente era ainda apenas um iniciante, e teria muito tempo para fazer suas pesquisas de campo, fora da Índia e do Ceilão.

O CASAMENTO, OS FILHOS

Nina retornou à Inglaterra em 1899, dois anos após ficar viúva, com bastante dinheiro doado pela sogra. Sem a preocupação financeira, ela foi morar com um irmão em Londres, levando uma vida tranqüila, procurando esquecer a perda do marido. A notícia de que o avô de Fawcett havia falecido, publicada num jornal, a fez relembrar o noivo. Como Fawcett era muito ligado ao avô, ela resolveu mandar uma carta mostrando o seu pesar. No entanto, a aproximação depois do bilhete foi inevitável, e Nina só a fez "por compaixão". As lembranças surgiram e os dois reataram o namoro. Ficaram novamente noivos e dessa vez Fawcett cumpriu a promessa do casamento, combinado para o início do ano de 1902.

No dia 23 de janeiro, enquanto Fawcett desposava Nina, a rainha Vitória estava sendo velada no Palácio de Buckingham. Encerrava-se a conhecida Era Vitoriana, em que a rainha governara a Inglaterra e a Índia com mãos de ferro por quase sessenta anos, tornando-se a maior potência do mundo, dominando 25 países, como Canadá, Índia e Austrália, além de milhares de ilhas. Fawcett conseguia uma esposa conhecedora da arte da agrimensura, e isso iria lhe ajudar muito a conquistar novos continentes no futuro, dominados ou não pela coroa britânica.

Após o casamento, eles moraram alguns meses em Londres, mas logo vieram as rotineiras transferências de militares de uma base a outra. Fawcett foi para a África, onde trabalhou no Marrocos, e em seguida foi novamente para Malta. Nestes países, ele trabalhou para o serviço secreto inglês. Na ilha de Malta iniciou o curso de topografia aplicada, com a ajuda de sua esposa, para poder melhor desenvolver seus estudos arqueológicos, em lugares mais adequados. Como militar, era mais um conhecimento que pesava no seu currículo. Nina era o contrário de Fawcett: calado, com gosto pela leitura, ele colecionava uma infinidade de planos, entre eles o de conhecer a América Latina. O jeito alegre e desembaraçado de Nina ajudou o sisudo militar a se "descontrair um pouco", quando passavam mais uma fase da lua-de-mel, numa bela ilha do Mediterrâneo. Em fins de 1902, Fawcett foi transferido novamente, agora para Hong Kong, para mais uma missão secreta do exército inglês – mas sem nenhum caráter de espionagem. No ano seguinte, Fawcett resolveu que deveria voltar para o Ceilão, para que Nina pudesse ter o seu primeiro filho no lugar considerado por eles como especial. Amavam o pequeno país como a Inglaterra. Fawcett foi na frente para organizar a ida da sua mulher, que três meses depois daria à luz a Jack, em Colombo.

De volta para ao Ceilão, agora como capitão, Fawcett treinava topografia nas grandes montanhas, e quando tinha tempo viajava 300 quilômetros de Tricomalee até a floresta de Sigiriya, para encontrar a ruína com as escritas Asoka. Os planos de viver mais tempo em Colombo foram interrompidos. Uma ordem de Londres transferia em 1904 Fawcett, Nina e o pequeno Jack para a Europa. Dessa vez para servir na Irlanda, na ilha Spike, Condado de Cork, onde havia uma base militar inglesa. Mais uma vez Fawcett se aperfeiçoou no trabalho de agrimensura, se tornando um grande engenheiro de fato. O exército acompanhava o desenvolvimento técnico do capitão. Por outro lado, o militar começou a freqüentar a Royal Geographical Society, para mostrar suas pesquisas arqueológicas e trocar idéias com pessoas que pensavam como ele; ainda existiam muitas cidades e vestígios de civilizações antigas para serem descobertos. Um exemplo era a lenda de Machu Picchu, no Peru, que na época não passava de "histórias de índios".

Costin, Manley, um comissário de polícia e Fawcett, em 1911, na Bolívia

2

O ELDORADO

Em 1906, Peru e Bolívia viviam um grande litígio de fronteira, remanescente da Guerra do Pacífico, ocorrida no final do século 19. A Bolívia perdeu parte de seu território após a guerra de cinco anos, inclusive o acesso ao mar para o Chile. O país precisava urgentemente resolver as questões de fronteira. O governo boliviano pediu então ao Royal Geographical Institute, através de seu embaixador em Londres, para indicar um engenheiro experiente para fazer o levantamento das áreas litigiosas. A instituição inglesa foi escolhida por ser um país neutro no conflito. O Peru concordou com a proposta e foi então que o exército resolveu mandar o oficial que havia tirado a melhor nota no curso de agrimensura, o major Fawcett, recém-promovido. A escolha não foi por acaso. Além da melhor nota, logo que Fawcett soube do pedido boliviano lutou para conseguir a vaga. Era tudo o que estava esperando para sair da "vida monótona de oficial de Artilharia".

Desde que Fawcett havia mudado novamente para a Europa estava importunando o Ministério da Guerra para que o designasse em uma missão que exigisse os seus conhecimentos de agrimensura e lhe proporcionasse, por outro lado, um pouco de aventura, para que pudesse também ampliar seus conhecimentos sobre populações incas e pré-colombianas. Para os ingleses, o envio de Fawcett era uma forma de melhorar a imagem do país na América do Sul. Mas o trabalho não seria tão fácil como se poderia imaginar. O mapa da Bolívia mostrado a Fawcett pelo diretor da Royal Geographical tinha muitas partes em branco. Naqueles vazios, sem rios, sem nomes, estava todo o mistério da sua futura expedição. Uma expedição que deveria entrar na floresta tropical, de onde surgiam histórias fantásticas e estarrecedoras sobre a ação dos índios atacando a população branca. Era de meter medo em qualquer um, menos em Fawcett, que desconhecia esse tipo de perigo, tão encantado que estava em poder encontrar a América e seus Eldorados. Os mesmos que tanto haviam fascinado os espanhóis. Encontrá-la ainda em estado bruto, em regiões ainda não-desbravadas, era um mérito mais importante que todas as suas conquistas como militar. Essa missão, além de ser paga diretamente para Fawcett, deveria durar no mínimo dois anos, viajando por regiões onde nenhum ser humano, até então, pusera os pés. Ele iria até de graça.

Apenas dois problemas podiam impedir Fawcett de conhecer pessoalmente os cenários dos livros que lia na infância, sobre a conquista do México e do Peru: Nina, grávida do filho mais novo e com uma menina de um ano. Fawcett não poderia levá-la consigo dessa vez e não queria deixá-la sozinha por muito tempo. O outro problema estava no próprio exército, que precisava lhe dar a dispensa em tempo hábil para atender o governo da América Latina. Com o apoio da Royal, ele conseguiu a dispensa e ficou acertado que Nina iria morar em La Paz, capital da Bolívia, logo que o filho nascesse. O major poderia ficar sumido nas matas por mais de dois anos, como estava previsto.

No dia 6 de maio de 1906 o major Fawcett, com 39 anos de idade, deixava Londres no navio *Kaiser Wilhelm der Grosse,* o melhor da época em conforto, com destino a Nova York, levando consigo um auxiliar chamado Chalmers. Dos Estados Unidos, Fawcett viajou no vapor *Panamá,* do governo panamenho, que carregava gente de toda natureza, incluindo jogadores, prostitutas, vagabundos e bêbados. Chamou também a atenção de Fawcett as jovens estudantes que se entregavam às primeiras experiências como meretrizes. Foi uma viagem que lhe valeu como introdução para conhecer verdadeiramente o novo continente, antes de chegar à sua mais importante – e suicida – missão.

Fawcett, ao fazer uma breve descida no porto de Cristobal, na baía do Limon, no Panamá, já tinha pensado e repensado várias vezes as referências descritas da fronteira a ser percorrida, que nem de longe lhe davam a exata precisão das dificuldades a serem encontradas na selva. A fronteira ao norte seguia através do rio Abunã até o Raparra e depois por terra até o rio Acre. Essa delimitação ainda era duvidosa, pois não fora feito até então um levantamento correto; a fronteira leste da Bolívia seguia o rio Guaporé, divisa com Mato Grosso, até Vila Bela, na confluência com o rio Mamoré, e deste com o rio Madeira, que desemboca no Amazonas. Era muita água, milhares de quilômetros. A fronteira do sul era mais tranqüila, pois fazia divisa com o Paraguai e com a Argentina, país que não definira formalmente a linha fronteiriça com a Bolívia. Era o oeste que fazia brilhar os olhos de Fawcett. A divisa descia pelo rio Madre Dios, atravessando os Andes e o lago Titicaca. Com fotos e mapas nas mãos, esse era o lugar mais fascinante que o militar planejava percorrer, porque poderia colocar em prática os seus estudos e pesquisas sobre civilizações antigas e sentir um pouco as agruras que Pizarro passara quando conquistava o Império Inca, em 1531.

A costa da América Latina mostrava um continente completamente absurdo e caótico para o olhar de um inglês acostumado à boa vida das colônias. Tudo para ele era exagero, e quem o ouvisse relatar seu ponto de vista sobre o novo mundo ficaria apavorado. A começar pelos insetos. Quando Fawcett dizia existir nuvens imensas de mosquitos, parecia que falava sobre animais monstruosos. Guayaquil, no Equador, era um desses lugares empesteados, onde a febre amarela era avassaladora e matava sem controle. Os hotéis imundos hospedavam um tipo de gente sem higiene, principalmente aventureiros europeus largados pelo mundo em busca de fortuna. Fawcett comparava a costa do Pacífico com países da África nos quais a pobreza era grande. Tudo isso existia de fato, mas por conta de uma exploração desordenada dos europeus. Aquela população indígena caíra num total estado de miséria por causa da ganância dos conquistadores do velho mundo civilizado, que haviam saqueado todo o solo e as florestas, massacrando toda uma civilização em nome dos reis colonizadores.

O navio fazia um grande roteiro "turístico". Cruzava a costa do Pacífico desde o Panamá até chegar ao Peru, no porto de Paita. Fawcett se deslumbrava com o que via, aumentando a expectativa para o que deveria encontrar no interior, onde a população era mais pobre e muitos grupos indígenas ainda não haviam se relacionado com a civilização. O militar fez comentários indiscretos sobre o que via de esquisito na população e na maneira como viviam, causando um pouco de constrangimento aos passageiros latino-americanos. Mas percebeu a gafe e se calou. Enquanto isso estudava apressadamente o espanhol, língua que passaria a falar dali em diante. Uma escala em Salaverry, próximo a um velho cemitério, na antiga Cidade dos Chimus, fez o entusiasmo de Fawcett voltar e mudou o assunto para os mitos antigos. Neste mesmo local, no século 19, fora encontrado "O Pequeno Peixe", um tesouro que valera 20 milhões de dólares para seu descobridor. Outro tesouro de maior valor, "O Grande Peixe", deus dos Chimus lapidado em pedras preciosas, até então não havia sido descoberto. Várias vezes o cemitério e áreas próximas tinham sido revirados à procura desse tesouro. Fawcett conhecia toda a história do Peixe, mas nada pôde fazer para visitar o cemitério, porque os passageiros nem sempre podiam descer dos navios em lugares não-apropriados, como o porto de Salaverry, arrasado por uma epidemia de febre amarela e outras doenças tropicais.

Fawcett já havia pesquisado e lido bastante sobre as antigas civilizações, e conversava com passageiros peruanos e bolivianos sobre o país deles, as ruínas, a história da conquista, e principalmente sobre os mitos. Demonstrava verdadeira atração pelos tesouros e cidades antigas, sobre onde havia pistas de que ainda pudessem ser encontradas. Os passageiros admiravam o interesse do militar por assuntos não levados muito a sério nos seus próprios países.

Finalmente o navio chegou no porto de Calao, perto de Lima. Fawcett passou dez dias na cidade, hospedado no Hotel Maury, o melhor que havia no local, esperando transporte para levá-lo a La Paz. Pela primeira vez ele elogiou alguma coisa – até então a viagem estava desconfortável. Ele, afinal, era um militar importante, convidado pelo presidente de um país. Tanto que o gerente da estrada de ferro, o senhor Morkil, ofereceu um passeio de trem até Rio Branco, no topo do Andes, a 11 mil pés de altitude, como uma cortesia, o que foi aceito de pronto. O funcionário da estrada de ferro mandou adicionar um vagão especial apenas para acomodá-lo. No retorno a Lima, Fawcett recebeu um telegrama comunicando o nascimento do filho mais novo, Brian. Dezoito anos mais tarde, o jovem Brian estaria trabalhando ao lado de Morkil, naquela mesma estrada de ferro, enquanto aguardava o pai retornar de uma nova aventura.

O IMPÉRIO INCA

De volta ao navio, a viagem se tornou rotineira até chegar em Mollendo, na Bolívia, uma cidade destruída por um grande incêndio. A paisagem da pequena cidade era desoladora olhando-se de longe, do mar. Parecia pior do que quando vista de perto. Muitas vezes os olhos são enganadores por força de uma imaginação fértil, como a de Fawcett. Quando ele desceu do navio, percebeu que a cidade não estava tão destruída quanto imaginava. Pegou um trem para Arequipa, passando por extensos vales e se aproximando da cordilheira do lago Titicaca. Os olhos do major, sob as abas de um legítimo chapéu Stetson, presenciavam o que na infância eram apenas sonhos, histórias saídas de um livro sobre cidades perdidas da América antes do descobrimento. Pela primeira vez ele via as lhamas de perto. Ao chegar em Puno, estavam 14 mil pés acima do nível do mar, onde o frio fazia doer os ossos. Fawcett avistou os primeiros sinais da grande cordilheira. No dia seguinte, começavam a se aproximar do lago Titicaca, na região do Cuzco, onde existiu no passado uma das maiores minas de prata do mundo. Nomes e imagens se misturavam numa história cujo passado e presente pareciam a mesma coisa. Vestígios de uma civilização próspera estavam ao seu alcance. Os incas haviam habitado aquele lugar há mais de mil anos.

Titicaca é o mais elevado lago do mundo onde se pode navegar. Está a 3.810 pés de altitude, na fronteira entre a Bolívia e o Peru. Como navios a vapor haviam conseguido chegar tão alto? Fawcett descobriu que as embarcações tinham sido trazidas em pequenos pedaços, no lombo das lhamas. E as cidades, como haviam sido construídas? O lago era um livro fantástico, soltando páginas de fantasia na memória do major Fawcett. O significado da Ilha do Sol, do estreito de Tiquina e da Ilha da Lua só poderia ser decifrado através do conhecimento das civilizações avançadas, que haviam desaparecido junto com a sua população. Os monolitos e templos ainda demonstravam o tipo de civilização que o Peru e a Bolívia tinham sido. Fawcett mantinha consigo os hieróglifos achados no Ceilão para fazer comparações com qualquer símbolo que viesse a encontrar. Na primeira oportunidade começaria a pesquisar. Tinha informações também de que talvez pudesse achar no Brasil referências a outras cidades até então desconhecidas. Grande parte de seu imenso território, principalmente a Amazônia, permanecia intacto, sem ter sido explorado pelo homem.

Os tesouros escondidos no fundo dos lagos Titicaca e Tiahuano fariam de qualquer humano um deus. Fawcett conheceu um arqueologista e caçador de tesouros alemão que lhe fez uma proposta tentadora. O inglês juntara durante dez anos centenas de imagens douradas, peças de cerâmica, armas e outras relíquias, que valiam mais de um milhão de dólares. Como não sabia a quem vender, ofereceu os 24 caixões contendo o pequeno tesouro a Fawcett, para que o negociasse junto ao museu britânico. Fawcett fez o encaminhamento, mas o museu nem sequer se dispôs a avaliar o material de grande riqueza histórica. Existiam maiores tesouros enterrados ainda sob a terra. Fawcett ouviu histórias de todos os tipos, algumas de origem dúbia, outras com algum crédito, todas as vezes que procurava informações arqueológicas. Um homem lhe disse ter conhecimento da existência de um grande tesouro em peças de ouro, guardado dentro de uma caverna. A pessoa que achara o tesouro, avaliado em milhões de dólares, havia desaparecido, e depois de muito tempo fora encontrado junto com toda a riqueza tirada da tal caverna. Lenda ou não, o fato é que existem muito mais mistérios sob a terra do que pode produzir a imaginação das pessoas. Pelo momento, Fawcett tinha interesses nacionais mais importantes, mas haveria tempo, depois, para seguir as pistas dessas fantásticas histórias.

VIAGEM PERIGOSA

Em La Paz, Fawcett não perdeu tempo. Procurou logo iniciar o levantamento fronteiriço, pois seria bem pago pelo serviço, mas esbarrou de início na famosa burocracia latina. Ficou sabendo que receberia quatro mil libras, dinheiro mais do que suficiente para fazer todo o trabalho, mesmo que demorasse três anos. Ao se encontrar com o ministro das Relações Exteriores, suas expectativas caíram por terra. Militares bolivianos, descontentes com a convocação de um estrangeiro para realizar o trabalho numa região onde imperavam os interesses dos comerciantes de borracha, fizeram vazar informações falsas sobre a quantia a ser paga para Fawcett. O ministro disse que o recompensaria pelas demarcações com a quantia de quatro mil *bolivianos*, e não de libras, como havia sido combinado, porque esse valor em libras seria demasiado grande para o governo arcar com ele. Foi preciso a interferência do embaixador inglês para que as negociações entrassem num acordo. A fronteira com o Peru precisava urgentemente ser delimitada, antes que a tensão entre os dois países se transformasse numa guerra. Resolvido o problema, Fawcett finalmente conseguiu partir em direção ao rio Abunã, com 10 mil *bolivianos.* Boa parte desse dinheiro, entretanto, foi paga em ouro. Ele contratou um ajudante chamado Chalmers, calejado nesse tipo de expedição.

Uma tropa de mulas carregadas de alimentos e equipamentos partiu com Chalmers e Fawcett, no dia 4 de julho de 1906, na direção de Sorata e do rio Beni. O objetivo era alcançar a fronteira com o Brasil em alguns meses, se não houvesse muitos acidentes no caminho. Lá, o trabalho de medição começaria de fato. Mas, para chegar ao destino inicial, teriam de passar por uma grande aventura. Estavam se dirigindo para uma região para onde muitos vão e não voltam. Onde literalmente a lei da selva é predominante. Os instrumentos, cronômetros e teodolitos, para realizar o levantamento topográfico de milhares de quilômetros de fronteira, estariam em Cobija, na divisa com o Acre. No início eles precisavam enfrentar a neve e o caminho acidentado, passando novamente por Titicaca, para depois descerem de batelões por rios traiçoeiros ou mesmo a pé, quando não houvesse transporte.

No primeiro dia de viagem, Fawcett pôde sentir um pouco as dificuldades que teria nos meses seguintes. A neve foi ficando cada vez mais espessa; não se enxergava nada a 20 metros de distância. O vento fazia o tempo ficar mais gelado. Por duas vezes, Fawcett escorregou do cavalo e caiu de cheio no chão molhado. Até o Titicaca, foi um acidente após o outro. As mulas escorregavam no gelo, patinando feito criança.

O major Fawcett, então com 39 anos e muita experiência militar, viveu agruras com dores em todos os ossos, que só foram melhorar quando calejaram com o dia-a-dia na dura vida de viajantes.

Comeriam quando tivesse comida; ovos de tartaruga, carne de arraia ou de macaco seria o menu de agora em diante. Dormiriam nas pequenas pousadas ou nas margens de um rio infestado de mosquitos. O custo de um trabalho daquele deveria ser planejado com bastante antecedência, por isso poucas pessoas se aventurariam a realizar uma tarefa daquela natureza por anos a fio, sem descanso, sem retornar para casa e para a família.

Em Sorata, região onde existe uma pequena vila no topo da cordilheira dos Andes, Fawcett teve sua recompensa. Pôde admirar uma bela paisagem formada por enormes gargantas e pelos declives de Illampu. Os caminhos acidentados até chegar no pequeno e sujo vilarejo, habitados por índios, eram estreitos, e a qualquer descuido os homens poderiam cair de uma altura imensa. Embaixo, havia grande quantidade de ossos de animais e de pessoas que haviam despencado, por terem pisado numa pedra em falso. Além de o caminho ser estreito e liso, as pedras ficavam soltas, numa trilha com um pouco mais de um metro de largura, com um rochedo de um lado e um abismo do outro. Todo esse perigo se desfez quando Fawcett se deparou com montanhas jamais vistas. No dia seguinte, partiu para Ticunamayo e Yani, ainda contente de ter visto belas paisagens. Desciam agora da cordilheira rumo ao Beni e ouviam histórias fantásticas, capazes de fazer qualquer homem que se aventurasse a entrar na região desistir imediatamente. Se eram verdadeiras, Fawcett só descobriria depois.

Fawcett e seu companheiro teriam de viajar algumas semanas nessas cadeias de montanhas até alcançar os rios Mapiri e Tipuani, de onde desceriam de barco noutro tipo de caminho, tão perigoso quanto as montanhas, sem contar com a possibilidade de se defrontar com índios hostis. No vilarejo de Mapiri, antes de entrar no rio, Fawcett contratou mais um viajante, jamaicano, um negro chamado Willis. O negro foi escolhido porque não bebia. Fawcett encontrou quase toda a população de Maipiri, que tinha apenas uma rua e

15 casas, completamente alcoolizada e permanentemente em *fiesta*. Numa cabana de nome Gran Hotel, uma índia iniciava um *striptease*, enquanto grande parte dos festeiros se encontrava caída pelos cantos das ruas sujas da vila. A população de toda a região, na sua grande maioria indígena, vivia em plena decadência. Fawcett iria encontrar muitas vezes situações como essa e se precisasse de ajuda não teria colaboração alguma. Era uma total falência, em conseqüência do fim do ciclo da borracha. Toda a região vira passar o ouro branco vindo da fronteira com o Brasil, enriquecendo aventureiros e índios. Esse tráfego praticamente não existia mais. O negócio agora era entrar na selva e capturar índios para serem vendidos como escravos.

A viagem de barco até que foi divertida, no início. Os barcos na verdade não passavam de balsas, compostas de sete troncos de árvores flutuantes, amarrados nas duas extremidades. Uma espécie de cabana coberta com folhas e palhas de coqueiro foi armada para os passageiros se protegerem do sol e dos mosquitos. Essas balsas podiam suportar até três toneladas, ou oito passageiros, incluindo uma tripulação de seis pessoas, três na frente e mais três atrás. No primeiro dia de viagem no rio Tipuani, um afluente do Beni, com leito forrado de ouro, o barco entrou numa corredeira e submergiu como um tronco podre flutuante. Os tripulantes e os passageiros estavam um pouco bêbados e não sabiam o que estava acontecendo. Fawcett segurou o seu equipamento fotográfico e a bagagem para que não descessem rio abaixo. A balsa voltou à tona, mas não virou. Chalmers vinha em um barco mais atrás e passou sobre as mesmas corredeiras sem nenhum problema, porque os tripulantes estavam mais atentos. Todos viviam sob o efeito permanente da cachaça, índios e brancos. O rio formava enormes gargantas, com suas margens de ribanceiras e árvores imensas. Navegar no seu leito estreito era uma arriscada aventura. Mas esse era o único caminho para se chegar na fronteira. Por ele também eram transportados ouro, borracha e a correspondência, que chegava a seu destino com três meses de atraso. No dia seguinte ao acidente, a balsa onde viajavam Willis e Chalmers foi completamente destruída por uma pedra submersa. Cinco das inúmeras caixas contendo parte do equipamento, mesas e suportes, foram levadas pela água. A perda de instrumentos úteis poderia colocar em risco o trabalho de topografia.

Após sete dias de lutas rio abaixo, eles chegaram ao vilarejo de Rurenabaque, onde a população tinha o hábito de caçar jaguar no laço. Fawcett, ao ver a civilização, caiu em nostalgia. Teve saudade da família e desistiu de levar Nina para La Paz, como planejara antes. Estava de certa forma arrependido de ter aceitado aquele trabalho, que em nada se comparava ao serviço militar de artilharia, com o qual estava acostumado. Se estivesse no exército, provavelmente Fawcett iria para o Egito; naquele mesmo dia a Inglaterra estava enviando para lá reforços para evitar manifestações contra. Ele desempenhava uma tarefa desumana, para a qual não havia previsto tamanhas dificuldades, que podiam ainda durar um, dois ou até três anos. Pensou seriamente em desistir, mas jamais deixou que isso transparecesse, pois havia recebido uma boa quantia em dinheiro e enviado parte dele para a família. Se quisesse voltar, seriam 45 dias de viagem até La Paz. Os dias em Rurenabaque foram passando e Fawcett descobriu que na cidade não havia instrumentos de agrimensura, como dissera o ministro das Relações Exteriores. Somente em Riberalta, a cidade seguinte, mais três semanas rio abaixo, ele poderia encontrar o que estava precisando.

ÍNDIOS ESCRAVOS

Os expedicionários mudaram de embarcação. Fawcett, juntamente com dois oficiais bolivianos, alugou um batelão, um grande, de barco de madeira, construído rusticamente com tábuas serradas. Não havia motores a vapor, e o barco era conduzido na força dos braços de seus tripulantes para subir ou descer os rios. Passavam-se meses numa viagem que hoje duraria algumas horas de automóvel. A cobertura era feita de folhas e galhos, como uma cabana, a mesma usada nas balsas até então. Mas havia um problema: o batelão vazava água a todo instante, e corria o risco de afundar. As histórias sobre índios hostis tomavam o assunto da tripulação. Teriam de passar nas suas terras, lugar onde vários barcos haviam sido atacados por flechas venenosas. O índios bolivianos têm muita prática no uso do arco, geralmente maior que o tamanho de um homem, e conseguem atingir alvos distantes com grande precisão. Deitam-se no chão e com os pés esticam o arco, lançando longe uma flecha certeira. À noite, quando a tripulação precisava ancorar nas margens, estendia um grande lençol de algodão sobre as redes e a cabana, para evitar os ataques de surpresa. Certa vez, o tecido amanheceu coberto com centenas de setas envenenadas. Esses índios lutavam contra os brancos que os faziam de escravos. Por várias vezes, Fawcett viu índios sendo conduzidos acorrentados ou presenciou cenas chocantes, num lugar onde não existia lei, nem qualquer espírito humanitário. Os índios eram tratados em condições piores que os animais domésticos. Fawcett soube de uma fazenda, próxima da margem, onde várias índias viviam encarceradas, gerando crianças para serem vendidas como escravas. Era uma fazenda de produção de pequenos índios para a escravidão. Os meninos serviam para o trabalho braçal e as meninas para o sexo. Eram vendidas, na maioria das vezes, antes de completarem dez anos. Quando não se ouvia mais falar em escravidão no mundo, próximo de Fawcett acontecia uma realidade bem pior e ele nada podia fazer para reverter essa situação; nem mesmo o governo de La Paz tinha condições de lutar contra esse tipo de atraso. O major cruzou com balsas carregadas de pessoas, capturadas na selva e vendidas para os senhores da borracha. A escravidão era uma das piores violências contra o ser humano, numa época em que essa sistemática brutal havia acabado há muito tempo em toda a América.

Logo na primeira semana, após partir de Rurenabaque em direção a Riberalta, numa viagem prevista para durar 20 dias, os rifles Winchester 44 começaram a funcionar. Os macacos ficavam pulando nas copas das árvores na margem do rio e viravam alvo fácil. Quando os homens encontravam um bando, atiravam como se estivessem lutando contra um exército. Matavam dezenas deles em apenas alguns segundos. A tripulação faminta tinha o macaco como seu principal alimento, porque não existia outro tipo de caça. (A não ser que saíssem em terra firme e procurassem porcos do mato, muito raros de se encontrar.) A paisagem, quando não tinha correnteza, ficava rotineira. Nada havia para se fazer, que não fosse se deixar levar pela corrente do rio.

Avistaram Riberalta numa terça-feira, dia 28 de agosto. Os tripulantes gritavam e assobiavam de alegria. Estavam sem bebida e enjoados de comer macacos. A cidade, como todas as outras, vivia cheia de brancos e índios embriagados. Fawcett pôde descansar um pouco, fazer a barba e aparar o bigode, como era seu costume em Londres, além de se reabastecer de fumo para o seu cachimbo. Conheceu também três ingleses aventureiros, que haviam deixado o seu país para procurar riquezas na Bolívia e tinham encontrado apenas a miséria. Durante a folga dos ajudantes, Fawcett aproveitou para refazer os planos: calculou um mês para chegar em cada demarcação e seis meses para concluir cada uma delas, o que daria, no final das contas, dois anos e meio de trabalho. Estava previsto em contrato que toda a demarcação da fronteira duraria três anos, mas o trabalho ainda nem havia começado.

PARA O BRASIL

No dia 25 de setembro, finalmente Fawcett pôde partir de Riberalta. Partia indignado por ter assistido cenas de brutalidade contra os índios e não poder fazer nada, e por ter conhecido casos absurdos criados por estrangeiros para fazer fortuna. No cemitério de Santa Cruz, aldeia próxima a Riberalta, os lotes eram vendidos de acordo com a categoria do falecido e do dinheiro que tinha para adquiri-los. As seções dos cemitérios estavam divididas como céu, purgatório e inferno. Quem tinha dinheiro comprava lotes no céu; quem não tinha, ficava mesmo no inferno.

A nova tripulação do batelão era composta por dez índios ixiamas e oito tumupasas, além de Dan, um jovem oficial filho de escocês com uma boliviana, para servir de intérprete, o seu pai, sua mãe e um timoneiro. O objetivo era chegar em Cobija antes do final do ano. Teriam de subir o rio Orton, cheio de piranhas, candirus e arraias, fora o perigo das correntezas e dos índios, até chegar em Porvenir. Fawcett já estava se acostumando com as agruras da selva e não pensava mais em desistir. Teria de enfrentar o que encontrasse pelo caminho e fazer o que os outros não haviam feito. Os perigos pareciam não ser mais perigosos, e os insetos, apesar de perturbar o dia inteiro, já não lhe tiravam mais a paciência. O problema, por enquanto, era a tripulação. Dan, quando estava sóbrio, era um bom marinheiro; quando bebia, tinha o mesmo comportamento relaxado dos índios e não ajudava em nada. Os batelões, logo depois da primeira semana, pareciam duas embarcações lotadas de malucos, com roupas secando sobre as palhas da cobertura, carne de macaco cozinhando em uma panela, descendo os canais do inferno, prontos para enfrentar qualquer tipo de perigo. Um mês depois estavam impacientes para chegar, e, se encontrassem um índio hostil avançando contra eles, poderia ser fuzilado sem piedade. Se não chegassem logo, não haveria como controlar mais a própria tripulação.

Após 43 dias de cansativa viagem, eles atracaram na aldeia de Porvenir, um porto com apenas duas casas e umas cabanas indígenas. Depois de descarregada a bagagem de Fawcett o batelão voltou para Riberalta, conduzido pelos índios. Dan foi para Cobija, a 32 quilômetros do porto, buscar mulas para transportar a carga. O índios Tumupasas ficaram com Fawcett para ajudá-lo no transporte até

Cobija, uma cidade composta basicamente de seringueiros, na fronteira do Acre com a Bolívia. A cidade era um ponto importante para o comércio da borracha. Havia vários armazéns para a compra e revenda do produto, e uma exploração sem limites dos trabalhadores que retiravam o látex, os seringueiros. A cidade tinha sido do Brasil, mas em 1903 fora atacada pelo exército boliviano, amparado por índios, que a retomaram para a Bolívia. Na cidade havia também um pequeno exército comandado por um major, que se encontrava o tempo inteiro bêbado. Depois de se acomodar, Fawcett foi procurar com o major os instrumentos de medição que seriam utilizados dali em diante, e teve uma surpresa. Haviam sido roubados. Fawcett então teve e se contentar com os seus próprios e precários relógios-cronômetros e o sextante que havia levado consigo.

Além de fazer as medições necessárias da fronteira naquela região, Fawcett traçou um projeto para a criação de uma linha de trem entre Porvenir e Cobija. Quem sabe um dia pudesse ser construída. Não faltavam propostas para serviços particulares. Por saber desenhar muito bem e ter poder oficial para demarcar também propriedades, os grandes latifundiários ofereciam a Fawcett muito dinheiro para terem demarcadas as terras de onde tiravam a borracha, e assim obter legitimidade perante o governo. Nenhum agrimensor se aventuraria a chegar até aquela cidade, escondida nos confins da Amazônia. Somente os loucos e os gananciosos iriam tão longe. Na parte brasileira a borracha era ainda um negócio lucrativo. Havia vários senhores milionários, morando com luxo, tudo importado da Europa com dinheiro da borracha, vindo através de Manaus. O mundo naquele lugar haveria de ser diferente de todos os outros lugares do planeta. O português e o espanhol se misturavam no universo dos negócios, dos escravos e das prostitutas. Fawcett percebeu que no Brasil não se escravizavam índios, brancos ou negros, como na Bolívia, e que as condições de vida eram bem melhores. Havia uma grande mudança ao cruzar a fronteira.

Ele guardava algumas curiosidades para quando entrasse mais um pouco no território brasileiro. Todos os planos de prosseguir viagem para a região do Abunã ficaram para o ano seguinte. Pelo momento, Cobija vivia os preparativos para as festas de final de ano. Fawcett passou o dia de Natal como convidado de um rico comerciante. Foi uma festa fora do comum, com muita música e bebida. Fawcett bebia pouco, mas teve de fazer também um discurso para uma platéia eufórica e armada, e foi aplaudido por palmas e uma saraivada de balas. Muitos tiros a esmo, que poderiam atingir alguém. No dia seguinte bem cedo, acordou Dan e um ajudante peruano chamado Donayre, para subir rio acima. Novamente umas dezenas de tiros marcaram a despedida. Donayre tinha um armazém localizado a sete dias de viagem de Cobija.

CANIBAIS E ÍNDIOS BRANCOS

Fawcett pretendia entrar futuramente na região do rio Purus, onde deveria levantar alguns dados arqueológicos com os índios brasileiros. Donayre, ao saber do interesse do major, disse conhecer bem a região, porque vivera dois anos entre esses índios para aprender o idioma deles. Casara-se com uma índia e se adaptara aos hábitos alimentares. Entre eles, o de comer carne humana. Donayre, entretanto, disse que os índios não gostavam muito de comer carne de branco, preferiam mesmo a dos outros índios, e que ele próprio chegara a experimentar. Donayre falava sobre canibalismo, para o major, como se estivesse dizendo que comia macacos. Para ele, como para os índios, carne de gente e de caça era a mesma coisa – pelo menos se aproveitava alguma coisa quando se matava alguém. Fawcett se convenceu de que o companheiro falava a verdade. Donayre fez uma observação que tocou Fawcett. Segundo o veterano das matas, um desgarrado que não sabia porque fora parar naquele lugar, as pessoas que mais se adaptavam a essas regiões longínquas ou à vida com os selvagens geralmente eram pessoas inteligentes ou cultas. Na selva, se tornavam simples e resignados. O homem do mato não tinha interesse em viver como índio. Queria mesmo era ficar rico e se mudar para La Paz ou Manaus.

Fawcett ouviu aquilo quase como uma mensagem para si. Não era o seu caso, porque estava apenas de passagem. Donayre, sem querer, falou na existência de índios de pele clara morando nas montanhas próximas do Peru. Pela primeira vez Fawcett ouviu falar da existência de índios brancos. Para o major inglês, o assunto foi mais que uma história. Ele queria de qualquer forma conhecê-los. Seria impossível fazer uma expedição para aqueles locais, levaria no mínimo mais dois meses de procura. Descobrir a origem daqueles índios seria o grande mistério que acompanharia Fawcett até o fim daquela viagem e nas suas aventuras futuramente para o interior do Brasil. O trabalho, entretanto, o fazia lembrar mais de sua responsabilidade do que de levantar dados sobre cavernas ou locais que pudessem conter algum indício de ter existido no passado uma civilização até hoje desconhecida. Existia uma paixão por esse assunto, nascida no Ceilão e até então guardada, esperando uma hora oportuna para ser concretizada, na forma de uma grande expedição.

Meses depois, Fawcett iria conhecer um francês em Santa Rosa, no rio Abunã, que lhe contaria uma bela história sobre o contato com uma tribo de índios brancos no Acre. O irmão do francês fora atacado por homens altos, bem-formados de corpo e com as feições bonitas, quando navegava pelo rio Tanhuamanu. Esses índios tinham os cabelos vermelhos e os olhos azuis. Quando um deles foi morto a tiros, os outros recolheram o corpo e desapareceram no mato. Quando se falava de índios brancos, as pessoas diziam que eram mestiços de índios com espanhóis. Quem já os vira, como o francês, sabiam que não eram.

A viagem no rio Acre conduzia Fawcett para mais uma experiência incomum. Passaram por uma região de fronteira com o estado do Acre, onde o Brasil comprara uma parte da Bolívia por dois milhões de libras esterlinas. Em três anos, o Brasil produzira tanta borracha que pagou com ela o dinheiro investido. Eram verdadeiras montanhas de borracha nas margens do rio, esperando embarcação para Manaus, em tal quantidade que se perdiam, estragadas. Existiam duas margens diferentes. Do lado direito, o Brasil, com seus armazéns bem-arrumados, o seringueiro dono de sua "estrada", mas não da terra. Na Bolívia, os seringueiros não eram sequer donos das "estradas", um conjunto com cerca de 150 árvores que o seringueiro percorre todos os dias para colher o látex. No Brasil, os seringueiros davam "descanso" às árvores. Os bolivianos tiravam todo o leite até matar as seringueiras. Mas estava chegando ao fim o chamado ciclo da borracha. O valor da matéria prima estava muito baixo no mercado internacional e os reflexos disso já se faziam sentir naquele fim de mundo, onde só apareciam pessoas atrás do dinheiro produzido por um produto gerado pela natureza. Não havia replantio das árvores mortas nem a preocupação em manter a fonte geradora de riqueza. Tudo girava em torno da borracha, até o coração dos homens.

O ano novo de 1907 foi comemorado no posto de compra e venda de borracha na margem do rio Acre. O armazém era pequeno para tanta gente. Mesmo assim, houve festa com bebidas, tiros de revólveres e rifles. Foi também nessa noite que Fawcett conheceu uma mulher brasileira, morena mestiça, de fazer qualquer homem perder a cabeça. Aliás, oito homens haviam morrido por sua causa. Somente doze tinham possuído tal criatura, que parecia ter saltado da tela de um filme de aventura. Mas muitos haveriam ainda de se aventurar numa disputa: quem ganhasse a teria; quem perdesse, como os oito infelizes, morreria sem ter esse prazer. Fawcett não resistiu. Olhava para morena como se estivesse diante de uma deusa amazonense, com "cabelos pretos, longos e sedosos, feições perfeitas e o mais admirável dos corpos. Os seus grandes olhos negros teriam tentado um santo, quanto mais agora um inflamável latino daquelas selvas tropicais". Fawcett ficou tão encantado com a brasileira que pela primeira vez fez declarações sobre alguma mulher interessante no seu diário. Foi ela a única a merecer tantos elogios. Mesmo longe de Nina, e passando as piores privações, Fawcett sempre se mantivera afastado das tentações da carne, do vinho e da ganância. Isso não o impedia de admirar algumas mulheres e, se dormiu algum dia com uma, suas normas éticas e militares irão impedir sua língua de falar sobre o assunto.

As mulheres na Amazônia eram raras e muitas vezes acabavam disputadas a balas ou no facão. Em Rosário, Fawcett conheceu uma índia de 17 anos que foi disputada a bala por dois irmãos e dois sócios. Um irmão morreu, um sócio fugiu e os dois restantes se abraçaram e juraram amizade eterna depois da tragédia. Fawcett não viu nada de sedutor na índia. Mas compreendia que se matava por muito menos no lugar onde estava. Até mesmo um major, um militar estrangeiro, se quisesse uma mulher nova teria de comprar ou disputá-la com algum aventureiro cheio de dinheiro. Fawcett sabia que teria de ficar longe desse tipo de problema. Os índios na região eram traiçoeiros e evasivos. Defendiam-se como podiam dos caçadores de escravos e não temiam atacar quem tentasse invadir seu território, cheio de armadilhas e trilhas que levavam os brancos à morte. Fawcett voltou para o barco e continuou a descida do rio. Havia marcas que denunciavam a presença dos índios o tempo todo em suas margens. Era sinal de que estavam sendo vigiados. Se não tivesse índios na tripulação, provavelmente já teriam sido atacados. Se fossem atacados por índios brancos, Fawcett não se importaria.

Logo depois de Santa Rosa, na barra do rio Rapirran, Fawcett conheceu um índio boliviano chamado Medina, que havia feito fortuna com a borracha. Ele tinha uma filha, a mais bela índia loira de toda a região e que deixou Fawcett embasbacado. A adolescente tinha feições delicadas, cabelos sedosos e dourados, e era dotada de uma beleza capaz de ornamentar a corte de um rei. No entanto, já estava destinada a fazer parte de um harém do gerente do posto de Santa Rosa, como a quinta mulher. Ele devia tê-la comprado com muito trabalho, para poder possuir tamanha beleza, diferente de tudo já visto na Amazônia. Fawcett tirou muitas fotografias da menina. Rolos e rolos de filme de quatro polegadas feitos com uma máquina Stereocopic Company foram gastos para provar que tal mulher existia. Infelizmente todas as fotos se perderam, assim como as tiradas das paisagens do Abunã, quando foram reveladas em Santa Rosa. A umidade havia estragado os filmes. Fawcett também precisava de água fria dos rios, o que nem sempre era possível, para revelar os negativos com qualidade. Nas viagens seguintes, ele encontrou máquinas mais compactas e modernas, e filmes também mais resistentes. Mas a indiazinha loira já estava perdida.

O INFERNO

Fim da viagem. O batelão de Fawcett chegava aos confins do inferno. Montaram acampamento na divisa com o Peru, numa região onde o mundo estacionara o seu tempo e esquecera de sair. Haviam deixado Rosário no dia 9 de janeiro num grande batelão que mal conseguia viajar nas águas rasas do rio Acre. Em menos de uma semana, Fawcett contou 120 corredeiras, onde o barco encalhava nas rochas e era rebocado por um corda, contra a força da água. Sem falar que só haviam comido macacos *leoncitos* (mico-leão de várias espécies) nos últimos dias. O pior era ter de enfrentar tudo outra vez, no retorno para Cobija.

Os índios cateanas, donos da região, eram as únicas presenças invisíveis e perigosas. A floresta era pobre de seringueiras, por isso a região ficara inexplorada, um deserto verde onde o armazém de Yorongas era o último do rio. Para seguir até a divisa real, no centro da mata virgem onde ninguém nunca fora, era preciso viajar em pequenas canoas. Fawcett, Willis e alguns índios subiram igarapés, conhecendo um universo praticamente intacto, onde lontras, porcos, capivaras e toda espécie de macacos eram encontrados a todo momento. Havia muita caça e pouca gente. A quatro dias de Yorongas, o grupo encontrou um pequeno bando de porcos. Foi uma histeria. Todos descarregaram suas armas nos animais, como se estivessem desesperados por uma carne fresca. Quando a cena terminou, havia cinco animais mortos. Os feridos conseguiram escapar. Um deles passou debaixo das pernas de Willis, jogando-o ao chão. Fizeram um banquete. Quando o rio acabou e não se podia dar mais um passo, Fawcett fez a marca de um Y numa árvore, tirou fotos, e chegou de volta a Yorongas no dia 7 de fevereiro, onde deveria pegar os batelões e retornar para Cobija. De lá, entraria pelo Brasil até Xapuri, seguindo por terra até o rio Abunã, um lugar onde mais surpresas aguardavam os expedicionários.

O grupo chegou em Cobija no sábado, dia 23 de fevereiro. Fizeram uma pausa de alguns dias para retornar novamente ao trabalho. Algumas semanas depois, Dan, Willis e Chalmers seguiam com uma tropa de mulas em direção a Xapuri. Comparada com Cobija e outras cidades bolivianas, Fawcett achou a cidade brasileira luxuosa. Dan comprou um terno novo, um par de botas amarelas e um relógio com uma grande corrente de ouro. Estavam no mundo civilizado, mas nem por isso menos hostil que a floresta. Existiam homens armados em todos os lugares, pessoas que, por um nada, tirariam a vida de outras. As mortes eram rotineiras e a lei estava nas mãos dos donos de seringais. Os desordeiros davam a Xapuri o aspecto de uma cidade de faroeste em que o cenário do ouro havia sido invertido para o cenário da borracha, mas os personagens eram os mesmos. Armados e fanfarrões ou ricos e autoritários.

Fawcett procurou seguir viagem o mais rápido possível. Chegaram com poucas mulas num lugarejo conhecido como Empresa, onde morava o governador do Acre, coronel Plácido de Castro. O governador, que lutara contra a Bolívia em 1903, cedeu mulas para Fawcett prosseguir seu trabalho, agora em direção ao sul, a Abunã e Madeira, locais que precisavam ser delimitados. Plácido ficou conhecido por ter mudado a cor amarela do uniforme dos militares do exército para o verde, quando percebeu que estava tendo muitas baixas nos confrontos dentro do mato.

A expedição deixou Xapuri e seguiu para o sul, rumo à região do Abunã. Pela primeira vez, Fawcett sentiu realmente a morte de perto. Ao passar montado numa mula por um profundo ribeirão em Gavião, a pinguela quebrou. A mula afundou na água sobre Fawcett, que se afogava sem conseguir sair de baixo do pesado animal. A mula dava vários coices, e se um deles tivesse acertado, quebraria os seus ossos. O major ficou preso na lama e por um triz conseguiu emergir a cabeça antes de perder a consciência por falta de ar. Escapou da morte por alguns segundos. Mas ela continuava seguindo os passos da expedição. No dia 10 de abril, Fawcett chegou em Santa Rosa e encontrou três homens mortos por mordida de cobra. O lugar era tão perigoso que os homens trabalhavam em pares, para um ajudar o outro em caso de acidente com as serpentes. Muita gente desaparecia misteriosamente. A região de pântano favorecia a doença de maleita e acrescentava mais um índice de mortalidade. Se alguém quisesse morrer, que fosse morar em Santa Rosa. Chalmers escapou das cobras e dos índios, mas foi atingido pela febre da maleita. Fawcett mandou-o de volta para Riberalta, juntamente com mais cinco indígenas no mesmo estado. Ficou com três índios e com Dan e Willis para subir o pior de todos os rios, o Abunã. Na região habitavam os índios brancos que Fawcett queria muito conhecer, além da filha de Medina.

Quem pretendia subir o Abunã era advertido para os perigos de um desastre. Fawcett já estava irritado com tantas pessoas avisando de doenças, de índios hostis, corredeiras perigosas, lugares inóspitos e tribos desconhecidas. Desde La Paz ouvira falar dos rios Abunã e Rio Verde, lugares de onde retornava apenas a metade da expedição, ou ninguém, das várias que haviam tentado explorá-los. Talvez

numa dessas regiões existisse alguma tribo diferente, nunca descoberta, formada por pessoas de pele clara. Havia um homem que
passava a noite gritando, acorrentado para não se jogar no rio. Um
seringueiro disse a Fawcett que era sobrevivente de uma expedição
de 48 homens que haviam subido o rio Negro, afluente do Abunã,
à procura de borracha. Somente 18 deles tinham voltado, alguns
enlouquecidos por causa da experiência pela qual tinham passado.
Fawcett não acreditou nas histórias que lhe contavam e pôs os batelões
na água antes que a tripulação desistisse de continuar. Com ou sem
perigo, o trabalho haveria de ser terminado.

No primeiro dia de viagem no Abunã, que na margem esquerda
era do Brasil e na outra da Bolívia, surgiu um "bufeo", um mamífe-
ro que se parece com gente, cujas fêmeas possuem até seios. Eles
seguem os barcos e navios como fazem os golfinhos. Os moradores
locais dizem que a carne é saborosa. Dizem também que eles têm
muita força e são capazes de matar jacarés. Logo Fawcett esqueceu o
animal de seios, quando encontrou uma enorme "anaconda", ou
"dormideira", uma sucuri capaz de engolir um boi inteiro. O major
apressou-se em pegar seu rifle 44 e atirou contra o animal, acertan-
do na cabeça, antes que os outros o fizessem. Os índios, com voz
trêmula de medo, pediam para Fawcett não fazer o que já tinha
feito. A cobra gigante se debateu e foi parar debaixo do barco, fazendo muita espuma e tentando virar a embarcação. Os índios se
recusavam a encostar o batelão na margem para ver a serpente de
perto. A cobra media cerca de 20 metros de cumprimento e se con-
torcia, soltando pela boca um cheiro fétido, capaz de enjoar toda a
tripulação. O cheiro, segundo os índios, servia para atrair as vítimas
e depois paralisar os movimentos. Quando Fawcett escreveu para os
jornais de Londres sobre a tal cobra, chamaram-no de mentiroso.

A matança da cobra deixou o grupo tenso. Falava-se pouco para
tentar ouvir algum sinal de perigo se aproximando, da anaconda ou
de um índio traiçoeiro. No começo da manhã do dia seguinte, quando

o barco parou na margem para caçar macacos, Dan se distanciou do grupo e se embrenhou na floresta. Passado um tempo, ouviram os seus gritos desesperados vindos do interior da mata. Ficaram todos apavorados pensando ser um ataque de índios. Puseram-se de prontidão, com as armas prontas para atirar. Dan surgiu correndo feito um louco, passou direto por eles e se jogou na água. Estava coberto de formigas, que lhe mordiam toda a pele. Teve de passar a noite tirando as formigas que haviam grudado em todo o seu corpo.

De manhã cedo, Willis tirou o lençol do rosto, levantou a cabeça para olhar o tempo e gritou alto:

– Índios!

Uma porção deles se deslocavam na margem do rio, pintados de urucu. Fawcett julgou serem karapunas, uma tribo conhecida, e tentou se aproximar. Era costume grupo como aqueles, com até 200 índios, recepcionarem os barcos. Os índios da expedição, entretanto, pressentiram o perigo e começaram a remar com toda força para longe da margem. Os selvagens começaram a gritar e atirar flechas contra os batelões. Fawcett viu uma nuvem de pequenas varas vindo na sua direção e se escondeu no fundo do barco. Uma flecha atingiu a lateral com força, atravessando a grossa madeira e saindo próxima do rosto do major, que pedia para não atirarem nos índios. Fawcett lembrou de um inglês que havia morrido por uma flechada pouco tempo antes e pensou ter chegado a sua vez. No desespero, os tripulantes do batelão remaram com tanta força que saíram rapidamente do alcance das flechas. Durante os dois dias seguintes, a embarcação andava sempre no meio do rio, com temor de encostar numa das margens até mesmo para caçar macacos.

O rio Abunã era raso e as corredeiras pareciam enfileiradas uma após a outra. Cada uma mais alta e veloz que a outra. Enfrentar suas águas era um inferno, mas ele delimitava uma fronteira importante, até hoje sem uma medida precisa por parte da Bolívia. O leito estava praticamente vazio, e as pedras de granito no fundo do rio tiravam lascas na madeira, ameaçando destroçar o barco. Havia sempre uma parada após essas passagens de tensa travessia, chegaram no rio Madeira, e a situação ficou mais calma. No entroncamento dos rios, onde o Abunã entrava para o território brasileiro com o nome de rio Madeira, havia seis soldados embriagados, jogados naquele fim de mundo somente com suas espadas, um pouco de sal e um penico. O comandante havia sido baleado pelos soldados e desaparecera. Fawcett finalizava naquele ponto a primeira fase de seu trabalho. Tinha suportado mais do que podia para chegar onde chegara, e continuava na esperança de fazer alguma descoberta arqueológica importante com base em informações fornecidas por índios brasileiros e bolivianos. Essa possibilidade estava cada vez mais próxima.

Fawcett ficou uma semana no posto até conseguir uma passagem no batelão para Vila Bela, meio caminho para Riberalta, subindo novamente o rio Beni. No entanto, antes de chegarem a Vila Bela, quatro homens de Fawcett morreram depois de caírem doentes e com febre. Se alguém adoecia, os companheiros zombavam dele. Quando morriam ficavam com os olhos arregalados. Os outros índios amarravam o corpo em um pau e o enterravam numa cova feita com os remos, na margem do rio. Celebravam depois com grandes doses de cachaça e muita gritaria. Como se fossem para algum lugar melhor, o mesmo lugar para onde todos iriam em breve.

As cataratas foram os grande inimigos do major durante esses meses todos. Ao chegarem em Riberon, Fawcett não acreditou que pudesse passar ileso. Subiam pelas margens, segurando nas pedras. Mesmo assim, um dos batelões afundou e por sorte os passageiros e a tripulação não morreram, porque os índios eram bons nadadores. Os desastres eram constantes, principalmente nessa região de confluência dos rios Beni e Mamoré. Próximo a Vila Velha, um dos portos mais importantes da Bolívia, a expedição teve de atravessar sobre um grande poço, com o dobro da largura do rio, conhecido como cemitério de índios e de embarcações. Por conta do álcool, muitos caíam na armadilha do remoinho, uma espécie de furacão de água que engolia embarcações inteiras, incluindo a tripulação. Sob a água negra, coberta de bolas de espuma amareladas e sementes de tamanhos variados, existia um tesouro escondido nos barcos, repousando no fundo, na escuridão total, onde nenhuma corda alcançaria.

Ao chegar em Esperanza, Fawcett foi recepcionado por índios pacaguaras. Pintados para a guerra, dez deles seguiram o batelão de longe, até próximo ao porto. Os habitantes olhavam de longe, em polvorosa, com medo de um ataque. Temerosos, atiravam na direção da canoa dos selvagens, mas as balas não alcançavam. Gastaram fortunas em munição para nada. Os índios se afastaram lentamente como se as balas não fossem dirigidas a eles. Estavam longe e faziam isso apenas para provocar. Todas as vezes que os índios rodeavam Esperanza usando pinturas de guerra (era comum a invasão de portos por índios) a população ficava inquieta, atirando de longe, para evitar a aproximação.

O DIFÍCIL CAMINHO DE VOLTA

Finalmente, no dia 18 de maio, Fawcett partiu para Riberalta, onde só chegaria dentro de algumas semanas. Depois partiria para La Paz. Antes teria de passar por Rurenabaque, dois meses e meio de viagem pela frente. Tinha ainda muito chão e rio a serem percorridos, com a vantagem de estar voltando por caminhos um pouco conhecidos. No entanto, ao chegar em Riberalta Fawcett foi realmente conhecer a cidade. Além do grande número de escravos tratados no chicote, uma grande parte da população sofria de uma doença que lhe dava vontade de comer barro. Fawcett, que também dominava algum conhecimento em medicina – para o seu próprio bem, porque jamais encontraria um médico naquela região – tentou entender o tipo estranho de moléstia. O doente inchava até morrer. O único remédio usado pelos índios eram excrementos de cachorro. Fawcett chegou a conhecer um europeu com essa doença e ficou chocado ao saber que ele estava usando o remédio. Percebeu que se adoecesse não teria escapatória.

Em Riberalta também não existiam relógios. Nem precisava, porque as pessoas, com exceção de alguns funcionários do governo, não sabiam ler as horas. A população pediu para que fosse instalado um relógio de sol e o administrador mandou vir um de La Paz. Fawcett ouviu uma gritaria à noite, próximo ao relógio recém-instalado, e onde havia um grupo de pessoas revoltadas, tentando quebrar o aparelho, porque não estava funcionando. Tudo tinha sido um golpe do "imperialismo inglês". Começou um bate-boca, entre quem queria quebrar o relógio e outros que diziam que à noite ele não funcionava, que precisava da lua. Outro chegava e dizia que só funcionava durante o dia, com a luz do sol. O resultado é que, dois dias depois, o relógio apareceu completamente destruído.

Fawcett estava cansado de esperar uma embarcação para Rurenabaque. A cidadezinha já tinha esgotado as suas atrações. Tentou viajar num barco sobrecarregado, que afundou um quilômetro depois, quase matando todos afogados. Fawcett teve de ficar mais três semanas até encontrar novamente uma embarcação. Pressionava os órgãos do governo prometendo dar queixa quando chegasse em La Paz. Willis e os outros ajudantes passavam o dia bebendo, gastando todo o dinheiro que haviam ganho. Depois de muita insistência, Fawcett partiu com um monte de bêbados, e por algumas vezes o barco novamente naufragou. Estava virando rotina proteger toda a bagagem para quando caísse na água. Somente no dia 24 de setembro, depois de muitas mortes de índios pelo caminho, ele conseguiu chegar em Rurenabaque. Finalmente pôde dormir num modesto hotel.

Na noite seguinte, Fawcett conheceu um bandoleiro, típico caubói, chamado Harvey, o bandido mais procurado na América. Era um assaltante de trens, rápido no saque com as armas, mas que preferia o silêncio a ficar contando histórias. Após longa conversa com Fawcett, Harvey contou como, ao assaltar um trem, conseguiu matar em poucos minutos um grupo de soldados que o perseguia. Havia um prêmio de mil libras para quem o encontrasse. Ele se escondia na Bolívia, um país que não tinha pacto de extradição. Rurenabaque estava cheia de gente como Harvey, assim como Xapuri e outras cidades onde o ouro e a borracha faziam brotar dinheiro das árvores e do chão.

Após vários dias de viagem de barco, Fawcett retornava agora para as mulas e subia novamente os Andes. Com o corpo pesando quase noventa quilos, o major sentiu os efeitos dos solavancos, após longas jornadas de batelão. No dia 17 de outubro, Fawcett chegou em La Paz. Quem o visse no momento em que entrou na cidade jamais o reconheceria. A barba longa encobrindo boa parte do rosto e a pele queimada pelo sol o transformavam num típico aventureiro, algum louco ressurgindo do fim do mundo, de onde pouca gente voltava. Fawcett se hospedou num bom hotel, fez a barba e procurou o governo. O próprio presidente da Bolívia, General Montes, recebeu os relatórios e fez novo convite, dessa vez para realizar as delimitações fronteiriças com o Brasil e o Paraguai. Eram novas oportunidades para fazer suas pesquisas, que, por falta de tempo, haviam sido adiadas. No entanto, dependia de Londres, do exército, liberá-lo novamente. A burocracia anterior para liberação de dinheiro para a viagem na região do Beni havia desaparecido, e cedeu lugar a uma amistosa relação de respeito. Pagaram-lhe rapidamente o que faltava e ofereceram-lhe tudo que pedisse, para prosseguir com a agrimensura no ano seguinte.

Na noite de Natal, Fawcett estava com família toda. Nina, Jean, a filha de dois anos, Jack, com quatro anos, e Brian, que ensaiava os primeiros passos. Sentia necessidade de conviver com a família, esquecer um pouco as atrocidades presenciadas na selva e se recuperar psicologicamente para outra jornada, que deveria se iniciar em breve. O governo inglês também gostou do resultado do trabalho de

Fawcett, que obteve uma boa repercussão, e o liberou novamente, sem restrições. Talvez dessa vez ele pudesse levar Nina para La Paz. Ficaria mais sossegado e teria notícias dela e das crianças, enquanto estivesse trabalhando. As férias em Londres, apreciando uma paisagem muito familiar, não lhe tiravam as lembranças do Acre da cabeça. Poderia ir mais longe, continuar estudando civilizações antigas *in loco*, onde ninguém nunca pesquisara. Não havia como adiar sua volta ao inferno. No dia 6 de março de 1908, despedia-se novamente de Nina e partia de Southampton, com destino a Buenos Aires, de onde deveria iniciar o novo trabalho. Dessa vez Fawcett levou Fisher, um novo assistente de Londres, com formação em engenharia.

RECOMEÇANDO

Fawcett desembarcou em Buenos Aires com planos de seguir imediatamente para a fronteira da Bolívia com o Brasil, utilizando um novo caminho. O começo da expedição seria fácil e confortável, de barco, navegando o rio Paraná, até a divisa com o Mato Grosso, onde deveria delimitar uma região menos perigosa e complicada que a do Acre. Mas depois a moleza acabaria. Teria de chegar nas cabeceiras do rio Verde, lugar onde existia um "mundo perdido", desconhecido pela humanidade. Isso era realmente fascinante. Após duas semanas na capital argentina, partiram no vapor para Assunção, no Paraguai, numa viagem para durar quatro dias. Dessa vez, Fawcett estava bastante prevenido, levando consigo equipamentos novos, necessários para fazer um trabalho de alta precisão, além de uma máquina fotográfica moderna para recolher imagens de alguma descoberta que indicasse a existência arqueológica de antigas civilizações, tal como a Inca, no Peru. Em Assunção, tomou um navio chamado *Fortuna*, que o levou através do rio Paraguai até o estado do Mato Grosso, no Brasil. Durante a viagem, Fawcett ouviu histórias inacreditáveis sobre monstros existentes na região. Alertavam sobre um tubarão de água doce que, apesar de não ter dentes, atacava as pessoas ferozmente. Diziam que na Bolívia e no Brasil existia uma mesma lenda, de uma criatura humana gigantesca, que mora no pântano, com a metade de seu corpo submersa, muito feia, e que ataca pessoas. Nos rios também havia um peixe ou castor que destruía suas margens. Lendas e mitos que cercavam de fantasia ainda mais o universo místico de Fawcett, que, como típico inglês, era um bom ouvinte dessas histórias. O Brasil possui uma grande quantidade de lendas, especialmente na região norte, contadas para crianças no interior do país como se fossem verdadeiras, e passadas oralmente por muitas gerações. Muitas delas são inspiradas nas mitologias vindas da África e da Europa. Para Fawcett todas se originavam das fábulas indígenas.

Um madeireiro com quem Fawcett conversou muito durante a viagem contou-lhe que existia em Vila Rica, próximo do rio Paraná, por onde haviam passado antes de entrar no rio Paraguai, uma caverna com inscrições e desenhos numa língua desconhecida. Novamente tudo o que Fawcett tinha recolhido junto aos índios e nas pesquisas na Índia se juntavam. Pensou alto na possibilidade de que além "da civilização Inca, houvesse outras civilizações antigas no mesmo continente que os próprios índios incas tivessem surgido de uma raça maior e mais espalhada, cujos traços, ainda desconhecidos, poderiam ser descobertos em algum ponto do planeta". Sem que Fawcett percebesse, essas idéias de procurar para valer vestígios arqueológicos ganharam seriedade, e passou a entrar nos seus planos a inclusão dessa mais nova tarefa, sem perda de tempo. Ele estava viajando para um lugar onde as cavernas e as montanhas seriam fósseis intactos para se explorar. Se dependesse dele, desceria do barco, pegaria uma mula e se embrenharia nas cadeias de montanhas que se desenhavam na sua frente, vistas de longe do convés do vapor.

Fawcett esperava encontrar em Corumbá uma população parecida com a de Riberalta ou Rurenabaque. Mas foi surpreendido com uma cidade desenvolvida e limpa, com pessoas "elegantemente vestidas". O major foi bem recebido pela Comissão de Limites Brasileira, responsável pelas demarcações fronteiriças do Brasil, que o recepcionou com uma pequena festa regada a champanhe, no próprio navio a vapor. A vida social era agitada e o comércio grande para uma cidade isolada nos confins da América Latina, tal como as vilas do rio Beni, mas com o conforto de uma grande cidade, incluindo os hotéis. Novamente moradores falaram sobre índios brancos. Eles estariam próximos das Minas dos Martírios, ao norte, num lugar que ninguém sabia precisar a localização. Todos os estrangeiros que chegavam no Mato Grosso procuravam ouro. Para a população local, Fawcett também deveria estar fazendo a mesma coisa. Por isso lhe indicavam, como faziam para todos os forasteiros, as Minas dos Martírios, um lugar onde pepitas de ouro vêm grudadas na raiz do capim, quando se tira uma touceira do chão. Sem falar na grande quantidade do metal sobre a terra, onde basta apanhá-los com as mãos, sem precisar cavar. A lenda dos Martírios existe desde a entrada dos primeiros bandeirantes. Diz a lenda, pesquisada por muitos historiadores, que um índio se desgarrou de sua tribo, cruzou a Amazônia e encontrou o local, próximo a uma serra com o desenho de uma cruz.

Terminadas as medições na região de Corumbá, Fawcett foi novamente convocado para fazer a delimitação na região do rio Guaporé, um lugar inóspito, e tentar chegar nas cabeceiras do rio Verde, região perigosa onde não havia quem tivesse coragem de entrar. Como Fawcett estava procurando mais aventura e possibilidade de encontrar as Minas dos Martírios ou outro sítio arqueológico, aceitou a proposta de viajar para o rio Verde, para fazer a medição do último trecho de fronteira e também a reparação de uma área que no passado fora tirada da Bolívia. Fisher, o engenheiro auxiliar, concordou em aceitar a proposta brasileira, para acabar de vez com o litígio. Mas Fawcett queria mais, e propôs explorar o rio Verde, mesmo existindo a possibilidade de fracasso. Era uma questão pessoal penetrar num lugar onde ninguém entrara antes. A ousadia de Fawcett conquistou os brasileiros, até mesmo porque, com as medições corretas do rio, se evitariam conflitos futuros.

Devidamente abastecido com provisões para dois meses, Fawcett partiu para o interior da Bolívia, na companhia de Fisher, de um escocês chamado Urquhart e de seis peões, indo em uma lancha da Comissão Brasileira até a fazenda Descavaldo, um pouco mais de 100 quilômetros do porto de Corumbá. Da fazenda, foram de carroças e mulas para o interior do país, na direção norte, onde mais uma série de novas aventuras esperava o major Fawcett. O militar cada vez mais falava na possibilidade de futuras descobertas, mas pouca gente acreditava nele.

O MUNDO PERDIDO

Fawcett, com o seu inseparável chapéu Stetson, uniforme caqui e botas longas, chegou em San Matias montado em um cavalo, seguido por uma trupe de conquistadores prontos para enfrentar desde um exército de índios a um enxame de abelhas. Após conseguir alojamento e pasto para os animais, Fawcett foi conhecer as famosas grutas de calcário, cheias de lagos transparentes e paredes coloridas. Na maioria delas dava para ver cardumes inteiros de peixes em grandes poços subterrâneos, como se fossem gerados ali mesmo, na própria água, porque não se sabia de onde vinham. No lugar só havia beleza, nenhuma inscrição nas paredes que merecesse maior atenção. Partiram dois dias depois e encontraram no caminho uma cidade chamada Matias. Fawcett entrou numa máquina do tempo e chegou numa vila medieval, onde cada indivíduo tinha a sua própria arma e a sua lei. Matias era uma aldeia-fantasma, ao sul da serra do Aguapé, na divisa com o Brasil, onde se via de cima de um morro as serras de Ricardo Franco, como se elas estivessem a mil quilômetros de distância. O lugar era tão mórbido e lento que as pessoas se comportavam como se já estivessem mortas. Os homens usavam um revólver e uma faca na cintura e estavam sempre alcoolizados, caídos no chão, nas sombras das casas de adobe ou na coluna de uma igreja. A praça, no centro da aldeia, estava cheia de garrafas de bebida vazias. Não se trabalhava, apenas esperava-se os dias passarem sem ninguém para incomodar. Fawcett cuidou de se apressar e chegar logo na cidade com o nome de Mato Grosso, onde pegaria um barco para o rio Verde.

Na pequena vila Mato Grosso, Fawcett foi surpreendido por uma moderna linha telegráfica, ligada a Cuiabá, onde poderia se comunicar com Londres imediatamente através de cabograma. Mandou um telegrama para Nina e obteve a resposta no dia seguinte. Era no mínimo curioso uma instalação daquela natureza num fim de mundo. Na verdade, tratava-se de uma instalação militar, estratégica, para reforçar a segurança das fronteiras brasileiras. Da cidade, Fawcett partiu de barco junto com os dois companheiros e alguns ajudantes índios. Subiram o rio Verde sem surpresas. Mas o rio ficou estreito, as corredeiras mais velozes, e não houve remédio senão abandonar os barcos e prosseguir viagem a pé. Deixaram parte do carregamento e os barcos ocultos sob a vegetação. Podiam aparecer índios hostis e saquear as bagagens. Deixaram também 60 libras em ouro dentro de uma caixa, enterrada sob uma árvore, para ser recolhida na volta, que não aconteceu. A história do ouro enterrado cresceu com o tempo. No início o tesouro tinha 600 libras em ouro, depois seis mil libras, e anos mais tarde virou uma lenda com direito a caçadores de tesouro tentando encontrar a arca.

Fawcett calculou mal o tempo que gastaria para chegar até as cabeceiras do rio Verde. No dia 15 de setembro de 1908, deixavam a água e recomeçavam a expedição a pé, sem poder sair das margens do rio, procurando um caminho melhor, porque era preciso medir com precisão a extensão percorrida até aquele momento. O rio era o limite entre os dois países e valiam os cálculos de Fawcett, pois ninguém era maluco de voltar ali para checá-los. O metal dos facões ficou encardido de tanto cortar cipós para abrir picadas em lugares impenetráveis. Levavam as bagagens nas costas e as armas nas mãos. Não havia animais para transportar os equipamentos e tampouco como se proteger de um ataque. Contavam apenas com dois cachorros para ajudar encontrar comida. A todo momento alguém era picado por abelhas, marimbondos e formigas. Caminhavam devagar, e assim demoraria ainda mais para chegar na cabeceira do rio, onde um marco seria colocado. Atingir esse ponto era a conquista de um exaustivo trabalho.

Mas algo estava saindo errado e talvez não conseguissem ir até o fim. A comida, prevista para durar três semanas, desapareceu nos primeiros dias de viagem. Precisavam seguir o rio de qualquer maneira, porque não havia outra alternativa. Afastar-se da mata para um lugar aberto prejudicaria todo o trabalho. A fome começava a incomodar. Só se via mato e mais mato. Até o canto dos pássaros sumiu. Quanto mais se aproximavam da nascente, mais fechada e silenciosa ficava a mata. Não havia sinais dos terríveis índios cabixis, nem de animais, e depois nem de peixes. Fawcett descobriu que a água do rio era amarga por uma razão desconhecida, e que por isso não havia peixes e os animais se recusavam a bebê-la. Se por um lado a ausência de vida se explicava por causa da água, por outro a situação se complicava à medida que avançavam. Os peões foram dispensados das sentinelas noturnas, e apenas os cachorros ficavam de vigia. Não havia sinal de vida, além do grupo, naquele fim de mundo.

No dia 23 de setembro, Fawcett comeu o último lote de provisões. Não havia mais alimentos, nem caça, nem peixe. Somente um longo trabalho a ser realizado. E agora, como sobreviver até chegar na nascente do rio e depois retornar? Todos resolveram que deveriam prosseguir, até mesmo porque Fawcett estava disposto a ir até o fim. Ficaram sem comer durante dois dias, mas depois disso não conseguiram mais andar. Comiam apenas palmito, mas não era o suficiente para matar a fome. Na manhã do dia 25, Fisher acordou pronto para encontrar uma caça. Haveria de existir algo vivo que se pudesse comer. Pegou seu rifle, ergueu a aba do chapéu, olhou para longe e andou em linha reta. Enxergara um enorme peru selvagem. Ficou parado, olhando, como se visse uma miragem. Levantou a arma devagar, puxou o gatilho e apontou. Urquhart, Fawcett e os peões olhavam para ele e para as árvores onde mirava. De repente o pássaro negro bateu asas e sumiu nas copas. Decepcionado, Fisher ficou um tempo com a arma apontada esperando ver seu almoço desaparecer. Quando se virou percebeu todos olhando para ele com cara de fome. A esperança de encontrar alimentos, além dos palmitos, se foi. Estavam fracos, especialmente os peões; mesmo assim tiveram de levantar acampamento e seguir. O desespero tomava conta da expedição, mas Fawcett insistia em continuar. Voltar não resolveria. Uma semana depois, encontraram uma colmeia de abelhas. Comeram tanto que o mel fermentou no estômago, causando cólicas violentas e vômitos. Mais uma vez, tentaram dormir com o incômodo estômago vazio. Na manhã seguinte um dos cães achou um ninho de pássaro com quatro ovos. O cão ficou com um e os outros três serviram apenas para aumentar o apetite do grupo. Bichos e peixes não davam sinal, como se tivessem combinado para derrubar a expedição. Somente no dia 3 de outubro conseguiram finalmente atingir a tal cabeceira do rio Verde. O sacrifício foi válido. Tanto que a região atualmente tem o nome de Nascente Fawcett, em homenagem ao major, o primeiro homem a chegar àquele lugar. Seu feito está registrado nos mapas de todo o mundo.

Mas a tormenta ainda não havia terminado. Como sair da nascente do rio Verde? Estavam todos famintos, sem forças até para caminhar. Fisher estava disposto e ajudava Fawcett a controlar os peões. A qualquer momento apareceria uma caça e todos sobreviveriam. Não existe floresta tão rica como aquela e sem vida. Enquanto FAwcett fazia a medição, os peões foram procurar comida. Voltaram apenas com palmitos e algumas frutas desconhecidas. Desamarraram as redes, recolheram as armas e em fila indiana deixaram o pequeno rio, para um rumo traçado por Fawcett, que chegaria a Vila Bela, também fazendo a demarcação do percurso. Deixariam os barcos e o ouro para serem resgatados quando estivessem com a vida salva. Andavam cambaleando. Fracos, a toda hora os peões tropeçavam e caíam. Demoravam para se levantar e para recolocar a bagagem, agora pesando 15 quilos, nas costas. As mochilas pareciam grudadas no chão. Fawcett precisava terminar sua medição e, portanto, prosseguir para a região de Vila Bela, onde faria a finalização do percurso, de forma triangular. Acamparam mais uma vez em uma clareira, próxima da serra do Ricardo Franco. De longe, os paredões negros da montanha pareciam uma fortaleza como a de Sigiriya, no Ceilão, onde construíram um castelo esculpido no topo da imensa pedra com mais de meio quilômetro de altura. No dia seguinte, não havia mais como caminhar. Fawcett obrigou todos a levantar e prosseguir, senão seria mais uma expedição que sumiria sem dar notícias. De repente, Fawcett sentiu falta do chefe dos peões. Seguindo suas pegadas, foi encontrá-lo caído atrás de uma moita, chorando. Fawcett o chamou mas ele apenas disse que ficaria ali até morrer, porque não suportava mais o sofrimento causado pela fome. Sem alternativas, Fawcett puxou o facão e cutucou-lhes as costelas com a ponta. O peão deu um grito e levantou-se assustado. Fawcett disse a ele que se quisesse morrer que o fizesse como homem, de pé. Com medo do bravo major lhe enfiar o facão para valer da próxima vez, o homem tratou de se integrar ao grupo.

Fawcett explicou que não havia condições de retornar pelo caminho seguido até então, pelas margens do rio. Tampouco poderiam atravessar uma cadeia de morros que se formava ao norte. A esperança era sair pela encosta e chegar na cidade de Vila Bela dentro de duas ou três semanas. Até lá encontrariam algo para comer. Fisher e Urquhart concordaram em seguir, pois só podiam contar com a esperança, não tinham certeza de nada àquela altura. Se escapassem vivos, seria muita sorte. Uma grande tristeza tomou conta do grupo. Seguiam a passos lentos, escorregando nas encostas úmidas da serra de Ricardo Franco. Os morros tinham um cume plano e misterioso, com seus pequenos riachos de águas frias escorregando em suas rochas escuras, parecendo uma paisagem de um outro planeta, sem vida. Era algo indescritível. Fawcett ainda teve tempo de fotografar alguns trechos. Suas fotos causaram sensação em Londres, mais tarde.

A história dos morros com mais de 800 metros de altura, com seu topo plano como se estivesse num planalto, comprovada com fotografias, foi relatada por Fawcett ao escritor Conan Doyle (o criador do famoso Sherlock Holmes), que a transformou num livro de sucesso, *O mundo perdido*, em 1912. Inspirado numa das visões mais admiráveis de Fawcett nos confins da Amazônia, o romance ficou famoso no mundo inteiro. Muitas das indicações do local do livro têm saído, até os dias atuais, erroneamente. Embora Doyle nunca nunca tenha revelado de onde veio a inspiração para escrever *O mundo perdido*, constantemente surgem citações, na literatura e em matérias jornalísticas, afirmando que a serra citada no livro seria o Monte Roraima, na fronteira com a Venezuela e a Guiana.

O major explorou o teto da montanha muito rapidamente, com esperanças de poder voltar outra vez naquela mesma região, onde a fome e o desespero não lhe davam tempo para uma exploração mais minuciosa. Poderia haver ali, quem sabe, algum indício arqueológico. Nesse mesmo ano, havia expedições se preparando para explorar vários lugares ermos no mundo. Theodor Koch-Grunberg saía em busca do Eldorado, e a cidade perdida dos incas, Machu Picchu, estava próxima de ser descoberta.

Fawcett tirou as armas dos peões com medo que fizessem alguma besteira. Os homens, de pescoços finos, olhavam para os cachorros como se fossem gordos cabritos. Estavam dispostos a comer os companheiros, e só ainda não o haviam feito porque Fawcett os impedira a tempo. Chegou um momento em que o major teve de se exceder em sua autoridade e fazer os peões caminharem sob socos e empurrões. O descontrole podia ocorrer a qualquer momento, e alguém podia morrer mais cedo do que devia. Desconfiavam que os cães achavam caça e comiam sem que ninguém percebesse. Estavam resistindo à fome por muito tempo. A idéia de comê-los voltou e outra vez Fawcett os impediu. Mas sabia que os cachorros seriam fatalmente mortos e comidos caso não conseguissem alimento por mais um dia. Entretanto, algo surpreendente aconteceu. Chegou um momento em que os próprios cães, esgotados, pararam de andar, deitaram e dormiram. Não acordaram mais. Morreram dormindo. Fawcett começou a se desesperar e chegou a rezar em voz alta diante da peãozada, pedindo por alimento. Estavam todos no limite de suas resistências físicas e à beira do delírio. Muitas vezes Fawcett suspeitava de que estivesse surdo, pois, na lentidão em que estavam caminhando, mal podia ouvir os próprios passos. E o que era mais terrível: ele media o trajeto com os seus passos, para ter uma noção exata da distância entre a nascente do rio Verde e a Vila Bela. A partir daquele momento, ninguém tinha coragem para dormir. Tinham medo que acontecesse com eles o mesmo que acontecera com os cães. Mesmo abatido, Fawcett mantinha a lucidez e não parava de andar. Era uma marcha lenta, ininterrupta, silenciosa, com as pessoas olhando para tudo que se movia na esperança de encontrar algo que pudessem comer, além dos palmitos sem sabor.

Finalmente, no dia 13 de outubro, quando haviam acabado todas as perspectivas de sobrevivência, Fawcett viu diante de si um belo veado. Todos imediatamente olharam para o major e, em seguida, para o veado. Prenderam a respiração enquanto o inglês tirava sua Winchester lentamente e preparava a pontaria, evitando tremer as mãos e pôr tudo a perder. Podia também ser uma miragem. Mas precisavam arriscar. Como estavam um pouco distantes, aumentava o medo de ele errar o tiro. Na boca de alguns peões, os lábios tremiam e o sussurro de uma oração qualquer, rezada pela metade, pedia para que o tiro fosse certeiro. A salvação de suas vidas estava na boa pontaria de Fawcett, no poder de fogo de sua arma. Se o almoço atrasado de duas semanas escapasse, não teriam mais forças para prosseguir. Ouviu-se um tiro e um pulo do veado, depois a sua queda, praticamente no lugar onde estavam. Correram eufóricos para pegar o animal abatido. Assaram o bicho ali mesmo. Os peões comeram a carne quase crua, cheia de pêlos, porque não tiveram tempo de retirar a pele. Fawcett sentiu falta dos cachorros. Se tivessem resistido, teriam o que comer agora. Dois dias depois, os homens encontraram mel e novamente comeram e depois vomitaram tudo. Todos da expedição deliravam com a falta de açúcar. Era um desejo coletivo. Sonhavam estar comendo doces, e, quando mordiam os favos de mel, achavam que estavam cobertos com o açúcar. No dia 19 de outubro, chegaram em Vila Boa, onde comeram aveia com leite condensado, parte das provisões que haviam sido deixadas ali na ida. Fawcett também recebeu um comunicado do governo boliviano referente ao último pagamento pelo trabalho cartográfico. No dia 18 de novembro, Fawcett e sua tropa já estavam em Descalvado. Foram de lancha até Corumbá, onde ficou decidido que no ano seguinte uma comissão mista, formada por brasileiros e bolivianos, deveria retornar à selva morta das cabeceiras do rio Verde.

COMISSÃO MISTA

No ano seguinte, em junho de 1909, Fawcett estava novamente em Corumbá. Comprou animais e víveres suficientes para não passar pelas mesmas agruras do ano anterior. Teria de fazer o mesmo trajeto, acompanhado de uma missão brasileira, de ordem diplomática, para cumprir determinações fronteiriças inclusas no Tratado de Petrópolis. Como era de praxe, um marco fronteiriço só tinha validade se houvesse a presença de representantes dos países interessados. Portanto, Fawcett combinou de encontrarem-se na vila Mato Grosso, nas margens do rio Guaporé, do qual o rio Verde era afluente. A comissão brasileira era presidida pelo almirante José Cândido Guillobel, e acompanhada de uma subcomissão que viajaria a campo liderada pelo capitão-de-fragata Frederico de Oliveira. Nos primeiros dias de viagem, Oliveira sofreu um acidente e caiu no rio, apanhando maleita. Teve de voltar para Vila Boa e o grupo, formado por 14 pessoas, passou a ser chefiado pelo tenente Rabelo Leite, de apenas 29 anos, mas que tinha experiência no mato, pois trabalhara na equipe da Comissão Rondon. No dia 13 de junho, Fawcett partiu de Corumbá, mas o barco também sofreu um grave acidente logo no primeiro dia. O major resolveu embarcar os animais, que precisaria para o trajeto por terra, no próprio barco. Como a viagem era curta, Fawcett não se preocupou com a superlotação do batelão, contendo mulas, bois, cães e sua tripulação. A embarcação começou a vazar água e numa noite Fawcett acordou com o barco afundando. Os peões estavam dormindo e se salvaram por um triz. Duas mulas conseguiram escapar, enquanto as outras morreram afogadas, juntamente com uma dupla de bois de carga. O prejuízo foi muito grande, mas não houve perda de vidas humanas. Fawcett resolveu prosseguir assim mesmo, e faria novas compras de material e animais em Vila Boa. Os aparelhos de medição foram salvos.

Fawcett prosseguiu viagem com poucos animais e deixou parte de sua bagagem em San Vicente, quando partiu no dia 1º de julho para se encontrar uma semana depois com a comissão brasileira, que já o aguardava. O major estava investigando o monte Boa Vista e tinha planos de fazer o mesmo quando chegasse no seu "Mundo Perdido", nos grandes platôs das serras de Ricardo Franco. Quis pesquisar novamente a região que fascinaria Conan Doyle e viu uma mula rolar pela encosta. A região, além de alta, era úmida e escorregadia. Dessa vez, Fawcett subia os fascinantes morros com animais.

Foi um sacrifício fora do comum, mas valia a pena: estavam descobrindo um lugar até então desconhecido pelo homem.

Dezesseis dias após deixar Vila Boa, Fawcett chegou na nascente
do rio Verde numa situação bem mais confortável que a do ano
anterior. Após algumas medições, partiu novamente, deixando apenas o comandante Lamenha Lins e a sua tropa de oito soldados para
receber os brasileiros que estavam demorando muito, além do combinado. Estava criada uma crise diplomática do lado brasileiro.
Fawcett deveria esperar a Comissão Brasileira onde seria o marco de
divisa, com alimentos, porque a tropa vinha pelo rio e chegaria es-
fomeada no mesmo local onde Fawcett tinha chegado quase morto,
no ano anterior.

A expedição brasileira, formada pelo tenente Rabelo Leite, o
médico Gouveia de Freitas, o farmacêutico Júlio César Diogo e
uma tropa de dez soldados, passou as mesmas privações do grupo
de Fawcett em 1908. Foram 126 quilômetros de medição em ter-
renos acidentados, durante um mês. Quando chegaram na nascente do rio Verde ainda atiraram para o alto, para ver se Fawcett ouvia. Mas nada de resposta. Não havia comida, nem remédios. Estavam jogados à própria sorte. O marco também não fora levantado,
porque seria necessária a presença de Fawcett juntamente com os
brasileiros. Sem a menor esperança de retornarem vivos para a cidade, Júlio César e Gouveia de Freitas pensaram em suicídio. Era
preferível morrer com um tiro de fuzil que esmaecer de fome, feridos, até serem devorados por urubus, ainda conscientes. Comiam
alguns pássaros abatidos com fuzil, mas não era o suficiente para
amenizar a fome de tanta gente. Rabelo chegou a pensar que o
próprio Fawcett havia sido morto pelos índios. E Lamenha, onde
estava?

Somente depois de semanas de viagem foram encontrá-lo em
Mato Grosso, onde toda a história foi finalmente esclarecida. E
Fawcett, que rumo tomara?

A expedição de Fawcett entrou pela chapada, alcançou o rio Capivari e de lá tomou a direção de Vila Boa. Chegando na cidade, encontrou o capitão Oliveira, que não pudera viajar por causa da malária, e foi imediatamente perguntando onde estavam os brasileiros. Fawcett, surpreso, contou que não os tinha visto e que deixara Lamenha com mapas e alimentos para trazer a tropa de volta, quando aparecessem. Oliveira disse que achou que os brasileiros estavam perdidos, ou quase mortos de fome, e mandou uma expedição de salvamento imediatamente para a nascente do rio Verde. Lamenha, por sua conta, também deixou o ponto e depois contou que não podia esperar mais os brasileiros, porque também morreria de fome. Nem sequer tinham certeza de que os brasileiros conseguiriam chegar até eles. Por isso foram embora, sem deixar qualquer tipo de aviso ou de provisão.

Para as autoridades militares brasileiras, inclusive para o marechal Rondon, Fawcett havia deixado a expedição brasileira à míngua para fazer suas investigações arqueológicas particulares, procurando desde então alguns vestígios de civilizações antigas mais inteligentes que os habitantes índios, que nem uma escrita rudimentar tinham. Depois de vasculhado o território do Mato Grosso, Fawcett e Fisher tomaram um barco no rio São Luiz e resolveram voltar para La Paz. No caminho, passaram mais alguns maus bocados, na região onde havia conflitos no Paraguai, entre militares e guerrilheiros. Por falta de lanchas, Fawcett teve de passar por muitos apertos até chegar em Buenos Aires. De lá, retornaram para a capital boliviana, fazendo um roteiro turístico no sul da Argentina, incluindo as ilhas Malvinas.

O presidente da Bolívia novamente propôs mais um desafio a Fawcett. Estava disposto a pagá-lo muito bem para fazer o levantamento da fronteira do Peru. Para isso o major teria de pedir licença ao exército britânico, pois já havia ficado muito tempo fora do serviço militar. Fawcett, ao chegar em Londres, pediu baixa e passou para a reserva como tenente-coronel, mas com um salário menor do que quando estava na ativa. Agora ele era livre para fazer o que mais gostava. Não importavam as dificuldades que encontraria. Nina teria de se acostumar com a sua ausência por mais alguns anos.

Apesar de a nascente do rio Verde levar o nome de Fawcett, o local onde ele havia chegado em 1908 não era de fato a verdadeira nascente. Em 1946, o coronel Bandeira Coelho descobriu uma nova nascente a sudeste da antiga posição, que formava o curso principal do rio. Fawcett nunca soube disso. A caixa com as moedas de ouro que ficara nas margens do Rio Verde, na primeira viagem, também nunca foi recuperada. Um boato sobre um tesouro enterrado em algum lugar misterioso da nascente, no valor de um milhão de libras, havia se espalhado e algum aventureiro já estava pensando em subir o rio para procurá-lo.

NO PERU

Antes de retornar ao Peru, em maio de 1910, Fawcett recebeu uma homenagem da Royal Geographical Society, em Londres, por ter realizado as façanhas das demarcações na América do Sul. Em seu discurso, falou sobre cidades perdidas. Mas foi um artigo publicado no *Geographical Journal*, uma espécie de boletim da RGS, relatando a possibilidade de encontrarem uma civilização perdida na Amazônia que causou sensação nos meios científicos. Fawcett passou a ser mais conhecido. Tornava-se cada vez mais pública a sua intenção de realizar uma importante descoberta arqueológica:

"Muito se fala na existência de uma tribo estranha no interior da América do Sul, mas a sua comprovação é difícil. Porém, encontrei uma meia dúzia de homens que juram ter visto índios brancos com os cabelos loiros. Pessoas que tiveram contato com eles afirmam que possuem olhos azuis. Esses aborígenes tem até um nome; são os índios Morcegos, que se escondem durante o dia e caçam à noite. Os informantes sobre esses índios têm credibilidade. Ainda existem muitas

*coisas curiosas dentro da Amazônia, como velhas ruínas, animais
exóticos e caminhos nunca antes trilhados por seres humanos. Não
resta dúvida de que esses casos não passam de fábulas, mas devemos
lembrar que os pigmeus da África e o Okapi foram por muito tempo
considerados uma lenda".*

No dia 10 de junho de 1910, Fawcett partia de La Paz para mais
uma expedição, dessa vez para as cabeceiras do rio Heath, na fronteira com o Peru. Percorria novamente as terras incas, o lago Titicaca,
numa repetição de paisagem que lhe agradava muito. Todas aquelas
ruínas milenares foram templos e moradia de um povo com domínio de conhecimento fora das nossas previsões. Uma civilização superior que simplesmente desaparecera. Por que não haveria outras,
além daquelas montanhas? A nova expedição de Fawcett tinha uma
missão menos espinhosa, mas com a mesma dose de perigo de sempre. Teria de enfrentar um longo caminho montado em mulas, à
beira de profundos abismos, e de viajar por rios nem um pouco
dóceis, sem contar que teria de procurar índios para ajudá-lo a chegar e voltar de onde pretendia fazer o levantamento topográfico. Os
índios guarayos tinham o hábito de envenenar as nascentes dos rios
para atingir populações que se utilizavam da água. Algo parecido
deve ter ocorrido com a estranha nascente do rio Verde, sem vida na
água e à sua volta. Havia uma suspeita de que a água estava envenenada e matara todos os peixes e animais que bebiam dela.

Dessa vez, Fawcett levou consigo dois ajudantes de Londres, os
cabos da artilharia Costin e Leigh, e o soldado Todd, um alegre
militar que seria muito útil nos momentos de grande tensão. Todos
eram considerados bons para o serviço que estavam fazendo, e inte-
gravam uma unidade do exército chamada N.C.O. (Non Comissional
Officers). O governo boliviano recebeu os expedicionários como se
fossem membros da família real inglesa. Fawcett tinha conquistado
o respeito dos governos inglês e boliviano. Tanto que o governo sul-

americano pôs oficiais à sua disposição: os capitães Vargas e Riquelme, juntamente com uma grande tropa de mulas, sem mencionar um médico com 20 caixas de medicamentos e mais um exército de ajudantes. Fawcett não gostou da ajuda. Para ele, quanto mais gente, pior. Dizia sempre que numa expedição o que conta não era o número de pessoas, mas a capacidade delas para resistir à fome e à doenças. "As grandes expedições estão fadadas ao fracasso", falava Fawcett para os amigos. Fawcett mandou o grupo de bolivianos fazer levantamentos na região do Chaco, local que deveria ir no ano seguinte, quando terminasse o trabalho na fronteira com o Peru. Mesmo assim, continuou com um pouco a mais de gente em sua expedição.

Costin, nos primeiros dias cavalgando nas mulas, demonstrou ser um grande atleta – era instrutor de educação física – quando uma delas despencou próximo a um precipício com quase 300 metros de altura. Costin puxava o animal, se distraiu enquanto fazia um cigarro e não percebeu que a mula despencava serra abaixo. Num piscar de olhos, ele a segurou pelo cabresto antes de ela escorregar totalmente, usando toda a sua força. Leigh ajudou a puxar o animal, salvando a vida e os equipamentos. Foi uma façanha que alegrou Fawcett, pois precisava de gente com força e sem medo de enfrentar riscos. No rio Madre de Dios tiveram de usar batelões até a entrada do rio Heath, e passaram maus momentos durante a travessia na região dos índios chunchos, que estavam em guerra. A qualquer momento, poderiam entrar no meio de uma batalha.

No sexto dia subindo o Madre de Dios, num rio de águas profundas e margens cobertas por grandes árvores, uma surpresa estava reservada aos navegantes. Nos lugares mais rasos, as pedras ficavam de fora e a passagem para os barcos se restringia a canais, geralmente próximos das margens. Nos pontos cheios de pedras, a vegetação era mais baixa e dava para ver além da margem. Era um tarde morrinhenta quando a expedição foi surpreendida por um numeroso bando de índios acampados num banco de areia, na ponta da ilha. Haviam vários guerreiros, mulheres e crianças. Muita apreensão e suspense pairaram, pois não se sabia o que poderia acontecer quando os batelões passassem perto deles. Sabia-se apenas que estavam agressivos, pois já havia notícias de ataques recentes dos famosos guarayos. De repente os selvagens começaram a gritar. As mulheres corriam de um lado para outro, recolhendo seus filhos pequenos enquanto os homens apanhavam seus arcos e empurravam as canoas para a água. Remaram para a margem e em poucos minutos todo o barulho se foi e os índios sumiram, ficando a expedição de boca fechada. Tudo em volta era um sinistro silêncio. O ambiente parecia estar em perfeita harmonia. Vagarosamente, mas com muita energia nos remos, o batelão seguiu seu curso sem acreditar que todos aqueles índios haviam sumido tão de repente.

Algo se moveu entre as árvores. Sombras no chão se movimentavam mais rápidas que os galhos balançando no vento. Em menos de um minuto o silêncio foi substituído por gritaria. Surgiram índios de todos os cantos, atirando suas flechas contra os batelões, de longe. Fawcett havia dado uma ordem que deveria ser obedecida à risca: não poderiam atirar jamais contra índios. O que fazer então numa situação como aquela, quando uma chuva de flechas saía das folhas das árvores, cruzando o céu e se dirigindo para cima de suas cabeças? O capitão Vargas se precipitou e caiu no rio antes mesmo de as flechas chegarem ao barco. Um tiro de escopeta fez um barulho de trovão, mas as flechas continuavam caindo. Vinham com tanta força que chegavam a atravessar a madeira grossa da embarcação. Fawcett estranhou o fato de os índios errarem a pontaria, pois nenhuma flecha atingiu os tripulantes, mesmo lançadas por selvagens de mira perfeita. Fawcett também não viu as flechas no momento do ataque. Somente passado um tempo, quando os índios desapareceram, da mesma forma como haviam surgido, é que lhe mostraram como ele tinha sido quase alvejado. Elas vinham sobre eles em linha direta, de forma difícil de se enxergar. Tinham quase dois metros de comprimento e pontas de ossos, capazes de atravessar o corpo de um homem com grande facilidade. Faziam isso com as antas, um animal com o corpo de uma mula, apesar de mais baixo.

Passado em parte o perigo, a expedição acampou na mesma praia onde estavam os agressores e retirou as flechas do batelão. Os guarayos deviam atacar a qualquer momento, e não havia como se defender com tiros. Matar um índio poderia gerar um conflito maior. Fawcett então pediu que Todd tocasse seu acordeão e que todos cantassem. Precisavam mostrar aos índios algum sinal de paz. Sabiam que os índios estavam olhando para eles, e por isso também gesticulavam com sinais de aproximação. Amarraram o barco na praia e desceram. Fizeram um círculo de forma que todos vissem o que surgisse por trás das costas do companheiro que estivesse na sua frente. Trêmulo, Todd tirou o seu instrumento da mala, pôs no peito e apertou os teclados. O som do acordeão saiu rouco, desafinado, quebrando o silêncio do mato e do rio. Ele era um bom músico, e por isso também Fawcett o levara, mas naquele momento tentava encontrar algo apropriado para a situação. Da boca de cada integrante da expedição saiu uma canção diferente. Enquanto Todd tentava tocar *Old Kent Road*, Costin balbuciava uma letra totalmente diferente, assim como os demais. Até o capitão Vargas cuidou de cantar algo do folclore boliviano. Pareciam crianças em um jardim de infância tentando seguir uma melodia cantada numa língua indígena. Olhos começavam a aparecer entre os arbustos. Vez por outra uma cabeça também surgia e desaparecia. Fawcett tinha muita vontade de saber o que os selvagens pensavam deles.

Então ele chamou o médico e Todd para uma difícil tarefa. Precisavam ir até a margem onde os selvagens se encontravam, já à mostra, esperando um contato. Todd continuou tocando até chegar perto. De repente, mais de cinqüenta índios guarayos surgiram do nada, com os rostos pintados de urucu e usando enormes arcos e algumas armas de fogo, possivelmente tomadas de algum aventureiro. Iniciou-se um diálogo difícil entre os selvagens bolivianos e Fawcett. Presentes foram oferecidos para os índios, que logo riram da maneira como o inglês falava com eles. Estava criado o laço de confiança pretendido. Em meia hora, os temíveis guerreiros já admiravam as roupas e as armas dos expedicionários. O acordeão também chamou muita atenção, e Todd quase morreu de ciúmes quando um imenso guarayo pegou o instrumento e começou a imitá-lo tocando. Poderiam quebrá-lo. O cacique também apareceu e ganhou presentes. Terminadas as congratulações, seis índios permaneceram na praia até o dia seguinte. Fawcett escalou uma guarda para ficar 24 horas de prontidão. Depois de três dias de calorosas trocas de confetes, a expedição retornou seu curso normal. Todd no entanto ficou sem o seu rifle e munição. Na última noite, em que montava guarda, os índios lhe roubaram as armas enquanto dormia. Não eram tão confiáveis assim. O restante da viagem até o Heath haveria de ser muito tenso.

Depois de muita labuta, sobe e desce cachoeiras, tiros contra sombras que se pareciam com índios, Fawcett conseguiu chegar ao seu destino e realizou a demarcação sem problemas com os peruanos. No dia 25 de outubro, retornaram a La Paz e o grupo se desfez. Todd, Leigh e o médico retornaram para a Inglaterra, enquanto Fawcett e Costin ficaram esboçando o plano para a expedição do ano seguinte. Mais uma vez, Londres ficava sabendo dos feitos do militar inglês.

A DESCOBERTA DE MACHU PICCHU

Em abril de 1911, Fawcett partia para mais uma expedição, desta vez com Manley, um ex-militar inglês que havia trabalhado com ele em uma base militar na Inglaterra. Novamente cruzaram o Titicaca e outras relíquias da arquitetura pré-colombiana e inca. Fawcett ainda teria tempo de estudar esses fósseis arqueológicos com mais precisão. Estava sempre adiando para uma situação mais oportuna. Durante três meses, ele delimitou as montanhas da cordilheira, sobrevivendo como podia sobre a neve e enfrentando algumas situações delicadas com os índios dos vilarejos de Pelechuco, Munhecas e Apolo. Os índios, ao perceberem a chegada da Comissão de Limites, se armaram achando que fossem militares para lutar contra os peruanos. A situação para os militares do Peru, que acompanhavam Fawcett, ficou crítica até a saída da região. Durante os longos trajetos sobre colinas e estreitas trilhas nas encostas cobertas de neve, perdeu-se muito material e alguns animais. À noite, a temperatura caía a níveis insuportáveis. O único calor com que Fawcett podia contar dentro de sua barraca era a fumaça de seu cachimbo, um vício que ainda permaneceria por algum tempo.

Uma outra expedição, com propósitos diferentes, realizava pesquisas arqueológicas no Peru, bem próximo de onde Fawcett trabalhava. Ele jamais poderia imaginar que, a poucos quilômetros de onde estava, o norte-americano Hiram Bingham, liderando a Expedição Yale, descobria a cidade de Machu Picchu. Essa descoberta causou sensação no mundo e fervilhou a imaginação de Fawcett. Em pleno século 20 ainda existiam grandes cidades, praticamente intactas, escondidas nos alto das montanhas ou sob as florestas. A cidade estava ali, a 2.045 metros de altura, toda construída com enormes blocos de rochas, que até hoje não se sabe como tinham sido cortadas e coladas uma nas outras com tanta precisão e à prova de terremotos.

— Assim como a montanha de Machu Picchu não foi encontrada durante toda a ocupação colonial, muitos outros lugares ainda existem para serem descobertos. Precisamos procurá-los, pois é através das lendas indígenas que se descobre o verdadeiro mistério destas antigas civilizações — disse Fawcett para Manley, acampados próximos de uma vila encostada na cordilheira.

— Nunca tinha ouvido falar dessa cidade, coronel.

— Essa história começou em 1875, quando um inglês chamado Charles Weiner fez uma grande viagem através do Passo de Panticalla. Foi lá que ele ouviu pela primeira vez falar da cidade de Machu Picchu, perdida em algum lugar desconhecido no Peru. E foi por causa desse boato que muita gente foi procurar a cidade

Essa descoberta deixou Fawcett esperançoso de ser bem sucedido numa expedição unicamente para aquele fim. Estaria na hora de ele também começar a investigar a existência real dessas cidades de que os índios tanto falavam? Até então Fawcett tinha conhecimento de uma cidade perdida no Brasil, citada num documento oficial do governo de 1743. Podia ser uma das chaves para se descobrir também uma maravilha como Machu Picchu, ou até mais esplendorosa, no entender dele. Porém, para se atirar num projeto daquela natureza, ele precisaria de muitos estudos e de um bom apoio financeiro e de mídia. Não bastava encontrá-las, o mundo precisava saber. Todos esses fatores começavam a se juntar num grande mosaico, nas idéias do explorador inglês. Por enquanto, ele descobria plantas exóticas, animais estranhos, uma fauna e flora desconhecidas da zoologia.

OS MAXUBIS

No dia 6 de janeiro de 1912, Fawcett e sua equipe retornaram à Inglaterra. Ele precisava encontrar a família antes de iniciar uma nova expedição, planejada para o ano seguinte, para percorrer a região pantanosa no mesmo serviço de delimitação fronteiriça que já se tornava uma rotina. A Bolívia, o Peru e o Brasil estavam sendo esmiuçados por um maluco inglês que não temia os obstáculos da natureza. Por isso, ele estava ficando famoso em Londres, principalmente entre os escritores de aventuras e os amigos esotéricos. A Royal Geographical Society também começava a receber o mais novo associado e um futuro colaborador de peso.

Um ano depois, Fawcett, Todd e Costin retornavam a La Paz. Chegaram no dia do fuzilamento de um bandoleiro chamado Jorge Chávez. O criminoso recebeu várias descargas de oito fuzis e demorou para morrer. No mesmo dia, aviões cruzavam pela primeira vez o céu da capital boliviana. Na cidade, só havia assunto para esses dois acontecimentos. A expedição partiu novamente para o Beni, passando por Santa Cruz de La Sierra e Rurenabaque. Teriam de chegar em Santa Cruz na época das secas, senão seria impossível prosseguir viagem na região pantanosa. Fawcett agora estava realmente calejado. Mas sempre levava consigo algum novato, que de alguma forma passava por experiências novas e servia para o coronel medir o seu poder de conhecimento e resistência. Na páscoa, a expedição voltava para La Paz, mas em seguida retornava para a selva. Durante o ano inteiro, uma série de aventuras se sucederiam a cada momento, mas foram encaradas com naturalidade. Encontros com índios de raças diferentes estavam se tornando muito interessantes, e Fawcett começava a colher dados sobre cidades abandonadas, deixando às vezes o serviço de demarcação de lado, quando entrava no Brasil.

Foi o caso dos índios maxubis – localizados perto da serra dos Parecis, no Mato Grosso –, com quem Fawcett conviveu por algumas semanas, aprendendo até mesmo a falar a língua deles. Aprendeu também os seus costumes, como o de acordar pela manhã e cantar qualquer coisa no pátio. Era uma forma estranha de dizer bom dia. Entretanto, o que mais lhe chamou atenção foi a presença de um índio, não-albino, de olhos azuis. O garoto de pele clara, oriundo de uma família com a pele comum, podia ter nascido daquela forma devido a uma herança genética. Seria descendente de um outro tipo de raça, vinda de outro continente, há milhares de anos. Costin estava totalmente envolvido nas histórias de Fawcett, e fazia planos de acompanhá-lo quando fosse para valer ao Brasil.

– Creio que existem muitos outros desses no Brasil, descendentes de uma civilização mais elevada – disse Fawcett para Costin, convicto de que esse tipo de índio havia se espalhado para além da cordilheira, à procura de altas montanhas onde pudesse se ocultar, como haviam feito em Machu Picchu.

Os maxubis conheciam os planetas e chamavam as estrelas de "Vira Vira", nome parecido com "Viracocha", o mesmo que sol, na língua inca. Se dependesse de Fawcett, a expedição ficaria meses na aldeia até conseguir uma pista, para saber por onde começar uma expedição. A localização dos índios morcegos, por exemplo, poderia ser um começo. Fawcett resolveu partir e foi alertado de que não deveriam viajar para o norte, onde moravam os terríveis índios maricoxis, famosos por praticarem a antropofagia. Tentariam capturar alguém da expedição, se invadissem suas terras. Então os homens foram para noroeste, com suas mulas carregadas, fotos, cães caçadores, armas de fogo e principalmente peças artesanais, arcos e lanças. Após dois dias de caminhada, cruzaram um imenso campo vazio, terra de ninguém, e encontraram um caminho seguindo mais para o norte. No dia seguinte, foram surpreendidos por um grupo de selvagens completamente nus, observando os movimentos da expedição de longe. Fawcett resolveu repetir a experiência com os guarayos. Tirou da mochila a sua clarineta e começou a tocá-la como nunca, acompanhado por Todd no acordeão e Manley com uma *peineta,* um pente de cabelo embrulhado com papel, de onde saía um som desafinadíssimo. Ficaram nessa enrolação por um longo tempo. Anoiteceu, acamparam, e no dia seguinte não havia mais sinais dos índios.

Ao retornarem a marcha, com o sol quente infernizando as mulas, surgiu de repente, de dentro do mato, um índio usando máscara, com um arco e flecha nas mãos, e se deteve na frente de Costin, gritando como um bicho. Pulava de um lado para outro, numa estranha dança, e a todo momento colocava a flecha no arco e apontava para o inglês. Fawcett não suportou mais. Tirou sua pistola Mauser da cintura e atirou na direção do índio. A criatura soltou um monte de gritos e desapareceu apavorada. Resolveram procurar outro caminho, pois estavam sendo ameaçados por maricoxis famintos. O território brasileiro se tornou um novo mundo para Fawcett, repleto de histórias fantásticas, todas com algum mérito e credibilidade.

Por isso, o retorno para a região onde estava localizado o "Mundo Perdido" de Conan Doyle teria de ser feito imediatamente.

Mas Fawcett ainda teria de esperar muito mais do que imaginava. Em setembro de 1914, foi informado oficialmente da guerra na Europa (Primeira Guerra Mundial) e precisou retornar para a Inglaterra. O serviço para o governo da Bolívia havia terminado e o exército o convocara novamente. Despediu-se de Costin, Manley e Todd com a promessa de se encontrarem novamente. No começo de janeiro de 1915, Fawcett se reincorporava ao exército britânico, promovido a tenente-coronel. Foi transferido para Flandres, na França, onde combateu por quatro anos, até se afastar definitivamente da carreira militar. Por causa dos bons serviços prestados durante a guerra, Fawcett ganhou a comenda *Distinguished Service Order*, além de cinco citações positivas na Ordem do Dia, de grande valor para o currículo militar. A guerra estava obrigando-o a adiar seus planos para novas viagens. Deixou a farda quando servia no Estado Maior como Chefe Oficial de Brigada. Ao pedir baixa, começou a planejar somente a sua grandiosa expedição, para encontrar algo maior que a cidade de Machu Picchu, uma descoberta para ficar na história para sempre. Precisava voltar ao Brasil.

Fawcett, sentado, à frente do grupo, na nascente do Rio Verde.

O vilarejo de Rurenabaque (foto acima).

Fawcett em uma canoa, com os índios guarayos (ao lado).

3

A CIDADE PERDIDA

Existem no Brasil imensas minas de prata, próximas a uma cidade de origem desconhecida, escondida em algum lugar do Nordeste, que ainda hoje excitam a imaginação de aventureiros e expedicionários fascinados por mistérios dessa natureza. São as famosas Minas de Muribeca. A história dessas minas, que um dia caiu nas mãos de Fawcett, começou nos primeiros anos do descobrimento do Brasil, quando a caravela de Diego Alvarez naufragou na costa brasileira. Alvarez foi o único sobrevivente, recolhido por índios tupinambás. Salvou-se da morte por causa de uma índia de nome Paraguaçu, que, simpatizando com o tipo estranho e exótico, casou-se com ele. Após muitos anos entre os índios, Alvarez foi encontrado e, logo depois, mudou-se para a Bahia, juntamente com a sua Pocahontas. Um sobrinho de Alvarez casado cóm uma irmã de Paraguaçu também viveu muitos anos entre os índios, que o chamavam de Muribeca. Vivendo entre os tapuias, Muribeca encontrou minas de prata, ouro e pedras preciosas, tornando-se um homem muito rico. Suas jóias, trabalhadas pelos índios, ficaram famosas nas cortes da Europa.

Muribeca teve um filho chamado Robério Dias, que, por volta de 1600, resolveu pedir um título de marquês ao rei de Portugal, D. Pedro II, em troca da localização das minas de seu pai. Robério era ambicioso, mas D. Pedro era muito mais. O rei aceitou a proposta, mas advertiu que ele só receberia o título após entregar as minas. Robério partiu da Bahia com militares, para os quais deveria mostrar o local. Desconfiado, persuadiu o oficial a abrir o envelope que deveria conter a carta com o título de marquês. Para surpresa de Robério, dentro do envelope havia apenas um título sem importância, de capitão em uma missão militar. Injuriado, Robério se revoltou e se negou a entregar as minas, acabando preso por esse motivo. Ficou trancado durante anos, sempre se recusando a revelar aonde estavam as fabulosas minas de seu pai, o Muribeca. Diego e o próprio Muribeca já haviam morrido, e não havia mais a quem o rei apelar. Robério morreu em 1622 levando consigo um segredo que já fez muita gente se aventurar pelo sertão, em busca de tais lugares. Serviu também de inspiração para José de Alencar escrever *As minas de prata,* em 1862. O escritor Richard Burton, que era companheiro de Fawcett na Royal Geographical Society, também se valeu desta história para escrever *The Highlands of the Brazil*, em 1869.

O documento mais importante sobre estas minas, entretanto, só apareceu em 1839, no Tomo I do jornal do Instituto Histórico Geográfico Brasileiro. Tratava-se de um relato minucioso de um bandeirante que, em 1753, havia encontrado finalmente as famosas minas e, mais ainda, uma Cidade Abandonada, com vários caracteres de uma escrita nunca antes vista, como se o lugar tivesse sido habitado por seres de uma outra civilização. O manuscrito, que ficou conhecido como Documento 512, estava bastante comido por cupins, mas uma grande parte estava intacta, inclusive a que falava da região onde estariam as tais minas, próximas ao rio Una, na Bahia. A cidade e as Minas de Muribeca foram encontradas por um grupo de bandeirantes liderados por João Silva Guimarães, que sumiu durante 20 anos e reapareceu em 1752, afirmando ter encontrado finalmente o lugar tão procurado, quando se encontrava perdido no sertão do Nordeste.

"Depois de uma grande peregrinação, incitado pela insaciável cobiça do ouro, e quase perdido em muitos anos por este sertão, descobrimos uma cordilheira de montes tão altos que parecia tocar no céu; que servia de trono para o vento; talvez às estrelas. O sol a fazia o mais admirável espetáculo formando uma vista tão grande que ninguém daqueles reflexos conseguia afastar os olhos. Choveu e uma nuvem de cristalina maravilha, sobre as pedras a escorrer água, precipitou-se do alto do rochedo, parecendo neve ferida por raios de sol. Não haveria como não se encantar com aquele admirável prodígio da natureza. Resolvemos chegar até os pés dos montes, sem temer matos e rios. Não conseguimos, entretanto, subir as altas encostas.

No dia seguinte, um negro escravo foi procurar lenha e encontrou um veado branco, que correu ao vê-lo. O negro perseguiu o veado, que entrou por um caminho entre as duas serras, e descobriu uma passagem que não havia sido feita pela natureza e sim por maneiras artificiais. Parecia uma calçada antiga, com pedras soltas, mas ainda com as suas formações originais. Durante três horas, subimos aquelas escadas que levavam para um caminho desconhecido, cheio de cristais. Ao chegar no cume do monte, tivemos uma grande surpresa. Vimos o que parecia uma grande cidade, uma corte do Brasil. A grande povoação estava deserta, mesmo assim iniciamos a descida com cautela. Como os sinais de pessoas eram evidentes, alguns exploradores foram na frente, investigar o local e saber do que se tratava, porque até então em lugar nenhum do país se sabia da existência de tal cidade. Ao longe, ouvia-se galos cantar, e um índio entrou finalmente na cidade, não encontrando sinal de habitantes.

Armados e prontos para encontrarmos alguma surpresa, entramos na cidade durante a madrugada, após vários dias de hesitação. Tudo era imenso, diferente, em nada se comparando. Na entrada, havia três arcos muito altos. Um arco maior, entre dois menores. No arco maior, havia letras desconhecidas. Seguimos por uma rua da largura dos três arcos, com casas e sobrados com as fachadas de pedras traba-

lhadas, mas bastante denegridas. Na verdade, era uma grande ruí-
na, com casas semidestruídas, sem telhados ou sem paredes. Nos espa-
lhamos procurando algum vestígio de civilização, mas não encontra-
mos móveis ou roupas que pudessem denunciar a presença recente de
algum morador. No final da rua principal, havia uma praça, onde
tinha uma estátua de um homem com o braço direito estendido, sobre
uma coluna de pedra preta. Em cada canto, existiam Agulhas, imi-
tação dos romanos, bastante estragadas pela erosão. No lado direito
da praça, encontrava-se um grande edifício, talvez de um senhor da
terra, com um imenso salão na entrada. Entramos na construção à
procura de alguma pista de seus moradores, mas só encontramos ruí-
nas. Havia também na rua, povoada de morcegos, uma figura de
meio relevo talhada numa pedra e despida da cintura para cima.
Coroada com louro, a figura de pouca idade e sem barba, tinha uma
banda atravessada e um fraudelim na cintura. Debaixo do escudo,
havia alguns caracteres gastos pelo tempo (ver inscrição nº 1) .

Do lado esquerdo da praça, havia outro edifício totalmente arrui-
nado. Os aspectos do que restava erguido mostravam evidência de ter
sido um grande templo, com naves de pedras, desenhos de aves, corvos
e outras miudezas, que precisaria de tempo para descrevê-las. Havi-
am montes de pedras e árvores nascidas sobre os escombros, além de
rachaduras na terra, como se ali houvesse ocorrido um terremoto.

Diante da praça, corria um grande rio. Suas margens estavam
limpas de troncos e entulhos que as inundações costumam trazer. A
profundidade chegava a dezesseis braças. Na outra margem, campos
com grande variedade de flores e lagoas com plantações de arroz
completavam o cenário. Grande quantidade de patos para se caçar
com as mãos, sem precisar de chumbo. Seguimos três dias rio abaixo,
como se estivéssemos no Nilo ou no oceano. Havia muitas ilhas cober-
tas de verdes relvas, os animais criados sem a perseguição de caçado-
res. Em um local mais para o oriente, encontramos grandes cavernas
e buracos, que a mais comprida de nossas cordas não conseguia che-

gar ao fundo. Achamos também muitas pedras soltas na superfície da terra, cravadas de prata, como se tivessem sido tiradas de uma mina antiga. Entre as furnas do que teria sido a mina, encontramos uma laje com mais inscrições (inscrição n° 2), e sobre a pequena porta do templo havia também alguns sinais (inscrição n° 3).

Afastado da povoação havia um edifício parecido com uma casa de campo, de duzentos e cinquenta passos de frente, e na qual se entrava por uma pequena porta. Dentro, havia uma escada de degraus com pedras de várias cores que dava numa grande sala. Depois, existiam mais quinze casas pequenas, com as portas e bica d'água voltadas para a sala. Numa coluna havia mais inscrições (n° 4).

Depois de admirar bastante a cidade, entramos pelas margens do rio para fazer experiências e procurar ouro. Sem muito trabalho, encontramos pepitas na superfície da terra, prometendo-nos muito ouro e prata com facilidade. Admiramos não encontrar alguém que explicasse que habitantes moravam ali. Como mostram suas ruínas e figuras, podemos imaginar a grandeza e a opulência que foi esta cidade quando estava povoada. Hoje habitada apenas por andorinhas, morcegos, ratos e raposas, que cevadas ficavam maiores que um cão perdigueiro. Os ratos têm as pernas tão curtas que pulam ao invés de andar.

Um companheiro nosso, chamado João Antônio, achou nas ruínas de uma casa uma moeda de ouro, maior que a de seis mil quatrocentos. Numa face da moeda existia o desenho de um moço de joelhos e na outra, um arco, uma coroa e uma seta. Com certeza, esta moeda era de um habitante do povoado, e poderia existir mais sob os escombros. Precisaríamos de braços fortes e poderosos para revolver os entulhos calçados de tantos anos. Vimos também, muito distante, a presença de dois homens civilizados, em um barco, vestidos à moda européia. Não sabemos quem eram, pois não responderam ao nosso chamado.

Estas notícias mando a Vm. deste sertão da Bahia e dos rios Paraguaçu e Una. Não demos parte do que vimos a pessoa alguma, mas eu a dou a Vm. as minas que temos descoberto, lembrando muito o que lhe devo. Suposto que da nossa companhia saiu um companheiro com pretexto diferente. Contudo peço a Vm., que largue de penúria e venha desfrutar destas grandezas, destes tesouros".

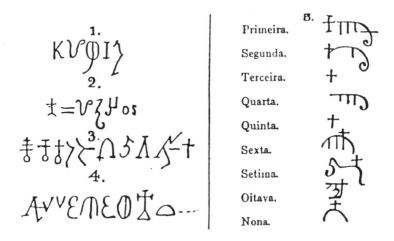

Inscrições encontradas na Cidade Abandonada

EM BUSCA DA CIDADE ABANDONADA

Em meados de 1840, o cônego Benigno José de Carvalho foi procurar as tais minas e a cidade perdida descritas na carta. Vasculhou toda a região do rio Una e Paraguaçu e disse ter encontrado as famosas minas na região da serra do Sincorá. No entanto, morreu pobre em Salvador, em 1848, sem comprovar nada do que dissera. Além disso, sofreu muita injúria da população, transformando-se numa pessoa sem credibilidade. Numa carta datada de 23 de janeiro de 1845, o cônego relata que chegou na cidade sobre a qual falava o Documento 512 levado por um negro, conhecido como escravo Francisco, que havia fugido dos senhores para um quilombo e lá encontrara as maravilhas relatadas no Documento. Francisco do Orobó, como ficou conhecido, morava em um lugar onde existiam três quilombos. Nos domingos, descansavam no rio citado, e viam as torres e as colunas nas suas margens. O cônego terminava sua carta afirmando que se animava em dizer que a cidade estava descoberta, "mas para dar com mais brevidade esta gostosa notícia aos sábios do Brasil e da Europa, que estão com os olhos em mim, para saber de certo a existência de um monumento de tamanha transcendência para a história deste país, são-me necessários socorros...". Em 1878, Teodoro Sampaio afirmou ter encontrado cavernas com inscrições parecidas às contidas no Documento 512, e não uma cidade, como havia sido ventilado em 1753, ou pelo cônego.

Desde então, sempre havia alguém tentando descobrir onde realmente se escondia a tal cidade. Ou aonde estavam as minas de ouro e prata. A maioria dos aventureiros procurava na verdade o grande tesouro a céu aberto, e não as ruínas do que teria sido uma civilização perdida. Em 1913, o tenente-coronel inglês O'Sulivan Beare, ex-cônsul no Rio de Janeiro, fez uma expedição para procurar as Minas de Muribeca e voltou afirmando tê-las achado a leste do rio São Francisco, a doze dias de viagem de Salvador (na época se chamava Bahia). Fawcett conheceu pessoalmente Beare, no Rio de Janeiro, e este lhe detalhou a sua aventura, deixando ainda mais fascinado o colega de farda que tinha os mesmos objetivos na vida, dali em diante. Sem duvidar de nenhuma palavra, Fawcett colheu todos os detalhes de como fazer o mesmo roteiro e quem sabe, com uma pesquisa arqueológica primorosa, chegar realmente ao local exato encontrado por João Guimarães. Beare entregou-lhe alguns mapas e disse que as ruínas estavam cobertas de vegetação, em local de difícil acesso, mas se viam claramente restos de uma estátua sobre um pedestal preto no centro do que seria uma praça. Um temporal havia surpreendido o tenente-coronel inglês, afugentando as mulas, com a alimentação sua e do guia, e obrigando-os a retornarem imediatamente para a civilização, sob o risco de morrerem de fome. Assim ele não pôde fazer um mapa preciso da localização. Disse a Fawcett, portanto, que este poderia ter mais sorte.

Fawcett queria mais. Tinha lido bastante sobre o assunto e sabia da existência de outras ruínas descobertas por padres jesuítas. Esses padres tinham documentos, escritos em hieroglífico, até mesmo uma múmia originária de uma antiga civilização, cujos habitantes haviam desaparecido. Fawcett também sabia de uma outra cidade, com características que se assemelhavam às do Muribeca, mas que não fora destruída por um terremoto, como afirmara o documento 512. Somente três homens poderiam encontrar tais cidades: um francês que conhecia as minas dos jesuítas, mas perdera um olho ao chegar próximo do local; um inglês, que seria Beare, morto de câncer pouco antes de deixar o Brasil; e o terceiro, que seria o próprio Fawcett, como ele mesmo chegou a escrever. "Sou provavelmente agora o único que conhece esse segredo. Obtive-o na árdua escola da luta nas florestas, e graças também ao escrupuloso exame que fiz em todos os documentos existentes na República e às informações que recebi de algumas fontes confiáveis". Fawcett escrevia artigos para jornais e revistas de Londres, afirmando haver no Brasil uma área de pesquisa arqueológica de interesse mundial. Procurava ajuda e patrocínio para levar adiante um grande trabalho de campo. Sem apoio financeiro, seria impossível encontrar as cidades.

Fawcett passou a chamar as ruínas de Cidade Abandonada. Chegar até elas exigiria uma expedição com o menor número possível de pessoas e com a disponibilidade para ficar anos subindo e descendo morros, vasculhando cada palmo de chão daquela e de outras regiões, o que provavelmente levaria o mesmo tempo que ele gastara entre a Bolívia, o Peru e o Brasil. Para quem estava acostumado com as piores situações nas selvas da Amazônia, as chapadas do Nordeste e do Mato Grosso de nada afetariam.

Ao ler o Documento 512, que até hoje se encontra na Biblioteca Nacional do Rio de Janeiro, Fawcett escreveu um grande artigo intitulado "A cidade perdida de minha busca", relatando a sua crença em poder encontrar a Cidade Abandonada em algum lugar do Brasil, local da sua próxima expedição. Vasculharia a região brasileira sob o paralelo 12, do Mato Grosso à Bahia, principalmente a região do rio Gongogy, em busca de algum vestígio que lhe desse a certeza de ter encontrado as Minas de Muribeca e a sua Cidade Abandonada. Ou mesmo a Atlântida, pois as escritas antigas do Documento 512 se aproximavam de outras escritas oriundas do oriente.

A ATLÂNTIDA NO BRASIL

Fawcett não escolheu o Brasil para as suas investigações místicas e arqueológicas por acaso. Além das histórias sobre as Minas de Muribeca, Fawcett ganhou em Londres um estranho presente do escritor H. Rider Haggard, autor do famoso livro *As minas do rei Salomão*: uma estatueta de basalto, medindo cerca de 25 centímetros. A pequena peça possuía letras de um alfabeto desconhecido e sua tradução poderia desvendar o mistério de sua origem. Haggard era muito amigo de Fawcett e disse ter certeza de que a peça viera do Brasil, trazida por seu filho, que tinha morado muitos anos no Mato Grosso. O filho do escritor vivera numa fazenda no interior, onde era visitado por índios vindos de uma tribo distante. Ele ganhara a estatueta de um índio, depois repassara-a ao pai, que por sua vez a entregou para Fawcett, numa reunião em casa de amigos. A pequena peça de basalto tinha poderes fora do comum. Era mais um enigma para o explorador inglês decifrar. O que diziam aquelas cinco inscrições nos pés e no peito?

A imagem foi parar no Museu Britânico, onde ninguém soube explicar sua origem e a sua estranha força magnética, que deixava Fawcett mais perplexo ainda.

"Existe uma propriedade particular nessa imagem de pedra, e todos podem sentí-la ao tocar a mão. Estranhamente, uma corrente elétrica atravessa o braço da gente, causando um choque tão forte que muitas pessoas a largam de imediato. A razão dessa energia eu desconheço", dizia Fawcett para os peritos do Museu, que não viam nada de anormal na estatueta, além do enigma desenhado em hieróglifos.

Fawcett não se deu por vencido e procurou outro meio de descobrir a origem e o significado dos caracteres.

"Acredito sinceramente que ela veio de uma das cidades perdidas. Quando descobrir os significados existentes nela, descobrirei também o caminho para chegar no lugar de onde se originou", disse Fawcett para Haggard, excitando a imaginação do escritor, criador do personagem Alain Quarteman, um arqueólogo caçador de tesouros antigos. Fawcett resolveu procurar uma pessoa especializada em psicometria.

A psicometria estuda e interpreta o poder energético que todo objeto possui. Pessoas com sensibilidade são capazes de descobrir até mesmo os segredos contidos numa pedra. Fawcett era um iniciante nesses estudos, mas acreditava que logo essa "ciência" iria evoluir o suficiente para ficar conhecida. A psicometria já era comparada com as ondas eletromagnéticas do rádio, na época uma grande novidade e avanço científico e tecnológico.

Fawcett entregou a imagem ao psicometrista sem que ele soubesse no que estava tocando. De repente, o especialista, com a imagem nas mãos, entrou em transe e começou falar. Dizia estar vendo um grande continente de forma estranha, se estendendo da costa da África para a América do Sul, coberto por numerosas montanhas e vulcões. A vegetação era muita variada e a população tinha a pele escura, porém mais clara que a negra: "Vejo também sinais de aldeias e civilizações bastante adiantadas e certos edifícios muito ornamentados, que podem ser templos. Vejo umas esfinges semelhantes à que tenho em minha mão, colocadas em várias partes do templo. A que estou segurando é um sacerdote de alta categoria". O psicometrista deixou Fawcett embasbacado quando começou a falar sobre erupções nos vulcões e uma grande tempestade se formando. O mar se agitava e as águas invadiam o continente matando a população por afogamento. Um sacerdote pegou a imagem e fugiu para o alto das montanhas sacudidas por terremotos Ele tomou a direção leste e desapareceu, enquanto uma voz dizia claramente que a punição que estava ocorrendo à Atlântida cairia sobre todos os que endeusassem o poder.

O enigma em parte estava revelado. Para Fawcett, a estátua encontrada no Brasil viera da Atlântida. Em outras palavras, parte da população do continente desaparecido fora para o Brasil mais de dez mil anos antes. O segredo milenar poderia ser descoberto junto a uma cadeia de montanhas em solo brasileiro, segundo Fawcett. Bastava agora decifrar os códigos da estatueta. Isso só seria possível junto aos índios da Amazônia, especialmente do Mato Grosso, de onde viera a tal peça. Não era a fantástica novela de André Laurie, *Atlântis*, publicada em Paris em 1895, que enchia a sua imaginação, mas a Atlântida real, a que sobrevivera após um longo terremoto e de cuja existência ainda deveria existir amostras, tão exuberante quanto ela fora nos seus tempos áureos, com grandes palácios cobertos de ouro.

Fawcett em 1906,
com a expedição
em Porvenir.

Costin,
no Brasil, junto
com os índios
maxubis.

Povoado de Santo Antônio,
no chaco boliviano.

Fawcett em Santa Cruz
de La Sierra, em 1906.

4

MUDANÇA PARA A AMÉRICA

Fawcett desembarcou no Brasil no início de fevereiro de 1920, com o firme propósito de encontrar a Cidade Abandonada, perdida em algum lugar inexplorado das selvas brasileiras, com recursos tirados do próprio governo local. Seria uma expedição histórica, com o propósito de obter um resultado positivo e de repercussão internacional. Alugou a sua casa em Seaton, na Inglaterra, e com o dinheiro do aluguel levou Nina e os três filhos para a Jamaica. A mudança, com toda a família, fora motivada pelas dificuldades para se viver na Europa pós-guerra, onde até o alimento estava escasso. Se ficasse no Brasil a família seria muito pressionada, portanto a Jamaica, onde ele tinha amigos, era o lugar ideal para deixar os seus. Uma expedição dessa natureza poderia demorar até dois anos.

O momento era oportuno para Fawcett voltar a seus projetos pessoais. Ele havia atingido o auge de suas conquistas como militar e "delimitador de fronteiras". Quatro anos haviam se passado desde o reconhecimento da Royal Geographical Society e, se não fizesse algo naquele momento, todas as suas façanhas logo seriam esquecidas. O Brasil, portanto, era a alternativa para continuar suas buscas por cidades escondidas no coração das trevas amazônicas, e também para obter recursos para tal empreitada. Em Londres ele não havia convencido ninguém a financiar uma expedição, sem garantias de que chegaria em algum lugar. Fawcett estava bastante desanimado, porque "o objetivo da expedição era demasiado romântico para conservadores cabeçudos que preferiam jogar na certeza".

O maior incentivo para Fawcett viajar ao Brasil foi o encontro com o presidente eleito Epitácio Pessoa, durante uma visita a Londres, em 1919. Fawcett o procurou para pedir ajuda, porque o Brasil seria o maior favorecido caso encontrasse no país algum vestígio de civilizações antigas. Seria o acontecimento do século. Epitácio o recebeu bem, por conta do prestígio que o topógrafo e arqueólogo tinha na América Latina. O inglês falou então de tesouros fabulosos e cidades cobertas de ouro erguidas na Amazônia, como se tivesse certeza da existência delas. Foi tanta a sua convicção que Epitácio prometeu estudar a possibilidade de ajudá-lo a encontrar tais eldorados. Epitácio também disse que o Brasil passava por problemas financeiros e que não seria fácil conseguir dinheiro para esse tipo de projeto, mas, no entender de Fawcett, estava aberta a possibilidade de o presidente auxiliá-lo numa expedição, no ano seguinte, quando então já seria presidente de fato. Essa crença entusiasmou tanto Fawcett que ele resolveu se mudar com toda a família para a América. Na Jamaica, durante o longo período em que Fawcett ficou no Brasil, Nina e seus filhos passariam por grandes privações, vivendo em situação pior do que se tivessem permanecido na Inglaterra.

No Brasil, Fawcett decidiu então que ficaria no Rio de Janeiro até conseguir condições de viajar para o Mato Grosso, onde fez várias incursões em regiões próximas à fronteira da Bolívia, e onde também ouviu dos índios as histórias das "cidades iluminadas" e de selvagens de pele clara. Ele tinha conhecimento de que no norte do país havia lugares maiores que a Inglaterra, nunca explorados pelo homem. Hospedado no Hotel Internacional, Fawcett peregrinou durante semanas por gabinetes oficiais e empresas privadas em busca de algum apoio financeiro para a expedição, enquanto aguardava uma audiência com o presidente Epitácio Pessoa. Em poucos dias, percebeu que a obtenção de recursos iria demorar mais do que planejara, e que poderia ficar sem dinheiro até mesmo para pagar sua hospedagem. O quantia que possuia era pequena, e o câmbio no Brasil desvalorizava a moeda inglesa absurdamente. Fawcett, então, resolveu procurar uma solução antes que a situação se complicasse. Até mesmo porque precisava sustentar Nina e as crianças na Jamaica. Com a desculpa de que o hotel "estava infestado de alemães", com os quais não suportava conviver, conseguiu sensibilizar o embaixador inglês Ralph Paget a convidá-lo para morar na sua residência, na Embaixada, localizada em um local privilegiado do Rio de Janeiro, de onde se tinha uma bonita vista da então capital do país. Ficou tão deslumbrado com a paisagem que planejou trazer a família para morar na "cidade maravilhosa" onde esperava "terminar seus dias com Nina, numa das maiores maravilhas do mundo".

RONDON X FAWCETT

Independentemente das dificuldades, Fawcett estava decidido a permanecer no Rio de Janeiro o tempo que fosse preciso para conseguir os recursos de sua expedição. Seu projeto baseava-se apenas em suposições e na insistência de realizá-la como bem pretendia, com o apoio oficial – mas sem interferência – do governo brasileiro. Quando o assunto chegou às autoridades militares, a reação foi negativa. Não foram levadas a sério suas intenções de descobrir a Atlântida no Brasil. Isso Fawcett só iria saber quando se encontrasse com o engenheiro e general Cândido Mariano Rondon, que há tempos percorria os mesmos lugares onde ele, Fawcett, pretendia ir. Naqueles anos, Rondon construiu 2.270 km de linhas telegráficas e criou o SPI, Serviço de Proteção aos Índios, órgão ao qual cabia autorizar qualquer pessoa a entrar em contato com índios em território brasileiro, selvagens ou não. Fawcett, em tese, precisaria dessa autorização. Rondon era uma pessoa famosa e seus feitos bastante conhecidos, inclusive por Fawcett. Ele fizera os primeiros contatos com novas tribos indígenas e o levantamento geográfico da região, até então inexplorada. Essa região ia além do Mato Grosso, estendendo-se pelo Acre e por Rondônia. Fawcett, com certeza, teria de se confrontar novamente com o militar, com quem, há pouco mais de dez anos, tivera uma pequena desavença, mesmo sem conhecê-lo pessoalmente.

Na manhã do dia 26 de fevereiro de 1920, o general Rondon recebeu um telefonema do gabinete do presidente da República, Epitácio Pessoa, convocando-o para uma reunião naquele mesmo dia. Chegando ao palácio, subiu desconhecendo o assunto a ser tratado. Mesmo ciente de que Fawcett estava no Brasil, não esperava encontrá-lo tão logo. Na sala de reunião foi recebido apenas pelo presidente e um senhor bem-vestido, que lhe foi apresentado como o coronel Percy Fawcett.

Ao entrar no gabinete, Rondon ouviu Fawcett dizer ao presidente que tinha documentos capazes de comprovar que estava falando a verdade sobre as suas expectativas de ser bem-sucedido nas pesquisas arqueológicas, além de fazer levantamentos topográficos de altíssima precisão por onde andasse. Rondon entrou, cumprimentou Fawcett e relembrou rapidamente a história do desencontro na nascente do rio Verde em 1909, demonstrando cordialidade com o militar inglês, diante do presidente. Rondon tinha conhecimento das intenções de Fawcett de descobrir cidades perdidas, mas não tocou no assunto – apenas se pôs a ouvir para saber corretamente do que se tratava a reunião. O coronel inglês, muito educado, pessoalmente passava as suas idéias a Epitácio, com a maior calma do mundo. O presidente, como leigo, achava o assunto absurdo, mas precisava respeitar aquela pessoa com mais fama do que Rondon. Então ele interrompeu o interlocutor para falar diretamente com Rondon, explicando o motivo de sua convocação. Virou-se para ele e disse com voz firme:

— O senhor Fawcett tem um plano capaz de descobrir uma imensa riqueza oculta em nossas selvas. Gostaríamos que o senhor desse sua opinião sobre esse valioso projeto e que o ajudasse na sua empreitada.

Rondon não só ficou espantado, como reagiu dignamente e com dureza, chegando a ser deselegante diante do fiel súdito da rainha da Inglaterra. Sem pensar duas vezes, respondeu para Epitácio Pessoa:

— Para fazer expedições pelo Brasil não precisamos de estrangeiros, pois temos civis e militares brasileiros aptos a fazer tal trabalho. Na Marinha e no Exército temos pessoas preparadas para realizar esse empreendimento, senhor presidente.

Fawcett, entendedor do bom português, assustou-se com a recepção de Rondon. O presidente ficou completamente sem ação diante do inglês e tentou contornar a situação constrangedora. Virou-se, também com dureza, para Rondon e disse:

— Eu estou de acordo com o seu pensamento. Temos pessoas qualificadas para uma expedição dessa monta. Mas o senhor Fawcett pretende entrar no Mato Grosso a pedido do embaixador inglês, Ralph Paget. Eu já dei a minha palavra e o meu apoio à sua viagem. Por isso preciso da sua ajuda.

Rondon percebeu que na verdade Fawcett já tinha montado toda a história, e sugeriu então que o inglês fosse acompanhado de uma comissão de brasileiros, na qual ele, Rondon, seria agregado. Assim Fawcett poderia realizar plenamente a pesquisa, com o seu apoio. O inglês reagiu imediatamente:

— Pretendo ir sozinho. Uma viagem com muita gente tem os seus inconvenientes.

Rondon tentou retornar o discurso a seu favor e sugeriu novamente uma outra forma de expedição. O marechal pretendia então fazer um projeto conjunto e expôs a Fawcett que ele teria toda liberdade para pesquisar, mas que se fazia necessário, para defender os interesses do país, que o coronel fosse acompanhado de um militar ou um civil de confiança do governo. Fawcett, quase irritado, retrucou novamente que, se não pudesse ir sozinho, não faria a viagem.

Estava criado um impasse diplomático. O presidente, que respeitava bastante Rondon, perguntou-lhe então se já tinha ouvido falar de algum tesouro escondido no Xingu, região que ele conhecia tão bem.

– Os bacaeris, os índios mais civilizados da região, que percorrem todas as aldeias do Paranatinga-Xingu, jamais comentaram comigo sobre qualquer tipo de cidade perdida, coberta de ouro, ou outras fantasias. Se houvesse qualquer coisa parecida com uma cidade, eles já teriam revelado a mim – disse Rondon.

– Os índios não sabem de nada – respondeu Fawcett.

Não havia saídas. Rondon insistiu mais uma vez em que só ajudaria Fawcett se pessoas de seu exército participassem da expedição. Colocou uma posição bem clara, da qual não abriria mão. A contragosto, Fawcett aceitou a idéia de Rondon e o caso se deu como encerrado. Rondon tinha vencido esse *round*. Não pretendia perder o militar de vista um minuto, até descobrir os verdadeiros objetivos das tais pesquisas. Pelo momento, havia suspeita de que o coronel estivesse procurando apenas ouro, usando a desculpa de encontrar a Cidade Abandonada.

Uma semana depois, o capitão Tibúrcio Cavalcante estava pronto para organizar uma expedição de apoio ao inglês, a pedido de Rondon. O coronel teria toda a infra-estrutura para andar no mato e seria acompanhado por civis que haviam trabalhado nas demarcações em Mato Grosso. Junto com Tibúrcio, viajaria mais um capitão que conhecia muito bem a região, Ramiro Noronha, o primeiro a descer o rio Culuene, afluente do Xingu. Antes de Noronha, outros visitantes tinham andado pelo lugar: Von Stenen, em 1864 e 1867, e Teles Pires, em 1889. Em 1900, Pirineu de Souza também fizera suas andanças nas cabeceiras dos formadores do Xingu. O local desejado por Fawcett não era inexplorado e habitado por canibais, como ele havia divulgado em Londres antes de embarcar para o Brasil.

Antes mesmo de Tibúrcio e Noronha marcarem a primeira reunião com Fawcett para tratar dos detalhes da expedição, incluindo o extenso trajeto a ser percorrido, Rondon foi novamente chamado ao palácio.

Sem que Rondon soubesse, Fawcett havia passado todos esses dias insistindo com o embaixador britânico, Ralph Paget, para que interferisse a seu favor junto ao presidente. Fawcett estava disposto a realizar a expedição à sua maneira e obter todos os méritos dos resultados para si. Ele sempre afirmara isso. Assim como Rondon não concordava em permitir que Fawcett viajasse sozinho, o inglês também não abria mão de encontrar a cidade perdida à maneira dele. O impasse surgia novamente.

O presidente, mais uma vez constrangido, comunicou a Rondon que, por pressões do embaixador inglês, representante de um país com o qual o Brasil tinha fortes laços econômicos, havia concordado que Fawcett viajaria por conta própria, sem a obrigação da presença de brasileiros. Rondon ficou completamente irritado com tamanha deselegância para com as autoridades locais, mas nada disse ao presidente, respeitando a decisão dele. Novamente foram convocados para uma reunião.

Fawcett, logo que chegou ao palácio, foi inquirido por Rondon sobre como pretendia fazer tamanha viagem, com meses a fio embrenhado no sertão, sem um bom amparato de "campanha". Fawcett afirmou que sabia o que estava fazendo, e pretendia levar apenas duas pessoas de sua inteira confiança, sem ligação nenhuma com o governo ou militares brasileiros, para poder assumir toda a responsabilidade do que viesse a acontecer. Rondon, sem poder mais argumentar, prometeu ajudar caso ele precisasse, mas não detalhou o tipo de ajuda.

Curioso, Rondon tentou, então, descobrir alguns detalhes da expedição. Mas foi o presidente quem respondeu à pergunta.

– O senhor Fawcett pretende entrar nas selvas do Mato Grosso a pé, usando guias de Cuiabá e sertanejos. Ele me relatou suas experiências na Bolívia, demonstrando saber o que está fazendo.

Rondon, então, falou diretamente com o coronel, perguntando qual o percurso que ele pretendia fazer. Obteve uma resposta seca e direta:

– É sigiloso, não posso revelar.

– Faço votos para que o coronel tenha uma boa sorte – respondeu Rondon, pois nada mais poderia fazer, além de mandar alguém vigiá-lo à distância. Epitácio havia lavado as mãos diante do delicado assunto.

A expedição na verdade já estava idealizada na cabeça do explorador inglês. Ele já vinha dizendo que os métodos como trabalhava os brasileiros não serviam para ele. Através do Ministério das Relações Exteriores, Fawcett recebeu 600 mil réis de subvenção, uma pequena fortuna na época. Por conta da subvenção, e não pelo valor, porque os números só foram revelados anos mais tarde, estava montada uma grande intriga, que acabou ganhando as páginas dos jornais brasileiros.

O bate-boca na imprensa favoreceu, de certa maneira, Fawcett, que já conseguira apoio econômico e precisava provar para a opinião pública que a Atlântida estaria escondida no Brasil, próximo ao Paralelo 12, para onde ele subiria através do estado do Mato Grosso, e de lá seguindo em direção à Bahia. Teria de se justificar de maneira a não ser chamado de maluco.

Fawcett publicou nos jornais que os índios brasileiros eram remanescentes de uma raça superior, oriunda de uma civilização desaparecida há milhares de anos. Não convenceu ninguém, a não ser a imprensa estrangeira, que via o Brasil como um país selvagem, com seres e animais exóticos. Fawcett, entretanto, havia conseguido o que queria, incluindo o apoio financeiro. Agora precisava encontrar as pessoas certas para acompanhá-lo. A possibilidade de procurar ruínas de uma nova civilização estava se concretizando, porque, mesmo com as questões surgidas sobre os verdadeiros objetivos do coronel, conhecia-se há anos seu interesse em fazer uma grande descoberta, algo que ficasse na história da humanidade. Essa descoberta, no seu entender, estava no Brasil, possivelmente a mesma feita por Muribeca.

A VERDADEIRA HISTÓRIA

Somente vinte anos depois o jornalista Edmar Morel, dos Diários Associados, começou a contar a verdadeira epopéia da expedição, publicando longas entrevistas com Rondon e com os envolvidos na história. Foi então que se revelou quanto dinheiro havia sido doado a Fawcett. Anos mais tarde, as anotações de Fawcett sobre o caso foram publicadas e não havia um comentário sequer sobre os desentendimentos com Rondon, que sempre acreditara no fracasso da expedição, assim como qualquer menção ao dinheiro recebido. Para Fawcett, todos os que lutavam contra ele não tinham conhecimentos suficientes sobre antigüidade para serem levados a sério. Haveria algo de místico e misterioso nessas cidades que só um iniciado nas artes ocultas poderia decifrar.

Fawcett conseguiu colaboradores para seus planos, como o Secretário Geral do Conselho Nacional do Trabalho, Afonso Bandeira de Mello, e também opositores, como o diretor do Serviço de Proteção aos Índios (SPI), José Bezerra Cavalcante. Antes de Fawcett partir para o Mato Grosso, os dois se encontraram ocasionalmente e Cavalcante disse ao secretário que a idéia de Fawcett era outra. O militar estaria a procura de ouro e outras riquezas e não de cidades encantadas, como anunciava.

– Por que ele recusara a colaboração de nossos técnicos e dos homens do sertão na descoberta da Atlântida? Por que pretendia Fawcett fazer tudo às escondidas? – perguntou Cavalcante.

– Porque Fawcett alega que a região a ser percorrida não dispõe de pastagem para muitos animais e que há pouca alimentação para muitas pessoas – respondeu Bandeira de Mello.

A resposta parecia ter saído da boca de Fawcett. Era do conhecimento de todos que as expedições realizadas na região foram feitas com o auxílio de mulas e que sempre houvera alimento para os animais, seja no verão ou no inverno. Bandeira de Mello estava seduzido pela idéia de Fawcett, porque este, apesar de não pedir nenhuma autorização ao SPI para entrar em terras indígenas, havia feito um relatório detalhado de como seria a Atlântida e entregue ao Secretário como prova de que não estava realizando algo fantasioso. No relatório, havia também símbolos de uma escrita antiga, como os caracteres da estatueta e outras escritas oriundas de civilizações extintas. Rondon nunca tomou conhecimento deste tipo de material.

No dia 12 de agosto, Fawcett finalmente partiu do Rio de Janeiro para São Paulo. Da capital paulista, ele tomaria um trem para Corumbá, e depois um barco a vapor até Cuiabá, numa viagem de oito dias por rios pantanosos, infestados de mosquitos. Os ajudantes, ele deveria contratá-los quando chegasse em São Paulo, onde alguns candidatos já o estavam aguardando. Os problemas com Rondon haviam sido solucionados.

OS PREPARATIVOS

A publicação de anúncio em um jornal de São Paulo foi a solução imaginada por Fawcett para encontrar colaboradores não espiões e não brasileiros para acompanhá-lo na expedição. Fawcett ficou seis meses morando no Rio de Janeiro e não suportava mais o desgaste de seus interesses diante das repercussões de sua expedição misteriosa. São Paulo era a melhor alternativa, além de ser um caminho por onde teria de passar, para preparar a longa viagem. A embaixada de Londres prometeu enviar da Inglaterra dois oficiais para acompanhá-lo, mas esses não se dispuseram a realizar a expedição nas condições propostas por Fawcett, sem antes terem segurança quanto à alimentação e animais de sela para todo o trajeto a ser percorrido, que tinha apenas a data inicial, mas nenhuma previsão de quando terminaria realmente. Podia ser um mês, um ano ou até dois. No fundo, Fawcett planejava muito mais do que isso, mas não divulgava. Parecia também não ter intenção de querer a companhia de oficiais, mesmo sendo militares do seu país. Organizava seu séquito de forma a não haver interferência nas pesquisas de campo, que precisariam de muita paciência. Não se descobria uma antigüidade de uma hora para outra.

Com a ajuda do consulado em São Paulo, o anúncio atraiu dezenas de candidatos a participarem de uma "excursão". Apareceu gente de vários lugares, assediando Fawcett de todas as maneiras, até porque o trabalho seria bem pago. Depois de muitas entrevistas, Fawcett conseguiu encontrar um no qual achou que poderia confiar, não por ser resistente a longas caminhadas, mas por ser estrangeiro. Tratava-se de um australiano chamado Butch Reilley, ex-lutador de boxe, ex-marinheiro e ex-vaqueiro na Austrália. Butch tinha um metro e oitenta, ostentava uma medalha com a "Cruz da Vitória" e não tinha onde cair morto. Havia encontrado o companheiro ideal.

Em conversas reservadas, Fawcett afirmava que Rondon lhe prometera a ele dois oficiais brasileiros para acompanhá-lo, o que não era verdade. Dizia isso para evitar mais desentendimentos com algum militar nacionalista, e porque o apoio de Rondon em qualquer projeto desta natureza ganhava mais credibilidade. Na verdade, Rondon não recebera qualquer pedido de Fawcett depois do último encontro no Rio de Janeiro. E quando outro militar de sua equipe ofereceu ajuda, Fawcett recusou. Mas, por precaução, pegou alguns mapas da região, feitos por membros da Comissão Rondon.

A estada em São Paulo foi curta. Fawcett pegou o trem para o Mato Grosso na companhia de Butch. Antes de embarcar, passou pelo Instituto Butantã, conheceu de perto vários tipos de cobras venenosas e recolheu algumas ampolas de soro antiofídico, produzidas no laboratório do Instituto. Teve também uma festa em sua homenagem promovida pelo consulado e colônia inglesa no Brasil.

Em Corumbá, Fawcett recebeu um telegrama de Londres, confirmando o cancelamento da vinda dos militares ingleses. Outro telegrama do Rio de Janeiro, entretanto, trazia uma notícia animadora. Estava a caminho um ajudante, especializado em ornitologia, para acompanhá-lo por todo o sertão o tempo que fosse preciso, até mesmo porque o companheiro, que se chamava Felipe, tinha interesse por pássaros. Fawcett passou um mês em Cuiabá, preparando a viagem e comprando alimentos e animais. Apareceu então Felipe, uma pessoa comunicativa, que se apresentava apenas por este nome, sem que ninguém soubesse na verdade como se chamava. Fawcett, em seus relatórios de viagem, nunca citou a nacionalidade do seu assistente e nem seu nome verdadeiro. Somente alguns anos depois, no relatório realizado por Ramiro Noronha, foi revelado o verdadeiro nome de Felipe: Ernest G. Holtt, natural de Montgomery, no Alabama. Com o novo integrante, Fawcett montou a mais louca das expedições, planejada para ser realizada na mais completa irracionalidade, no que se referia às questões de sobrevivência. Os cuiabanos não conheciam as histórias sobre as longas jornadas de Fawcett, sob condições bem piores, passando horrores nas delimitações da fronteira com a Bolívia. Também existia o boato de que o explorador inglês estava procurando o "ouro dos Martírios". Os estrangeiros sempre chegavam ao Mato Grosso com este objetivo. O Estado tinha ouro em tudo quanto era lugar. Em Cuiabá as ruas não eram pavimentadas por causa de uma curiosa razão: constantemente alguém encontrava uma pepita na porta de sua casa. A rua era imediatamente revirada. Fawcett não deu ouvidos aos comentários de que estava procurando riquezas. Apenas confiava na sua experiência e apostava que nada daria errado antes de encontrar o que procurava. Mesmo assim ouviu com atenção uma história contada por Von Den Steinen, sobre a existência de índios no Xingu que usavam pepitas de ouro nos colares e criavam gado como se fossem fazendeiros. Ouviu falar também de uma história real, sobre o Porto de Moz, uma colônia religiosa localizada às margens do Xingu, de onde três padres e um escravo, em 1790, subiram o rio, entraram num afluente à esquerda e voltaram tempos depois com vários sacos de couro cheios de ouro. Na segunda viagem voltaram apenas um padre e o escravo. Onze aventureiros tentaram fazer o mesmo e dez deles morreram. O sobrevivente conseguiu chegar ao Posto, mas morreu de febre. Não se ouvia uma história boa, com final feliz, para quem procurava o ouro dos Martírios ou outra mina qualquer. Segundo se contava na época, os Martírios estavam localizados nas serras do Iriri e Curuá, onde homens brancos, carregando grande quantidade de ouro, tinham sido vistos. O local foi vasculhado também por Bartolomeu Bueno Jr., o filho do Anhanguera. Mais uma vez alguém tentaria chegar até os afluentes do Xingu, especialmente nas nascentes dos rios Culuene e Ronuro. Há quem aposte que encontrarão apenas a morte.

Os planos verdadeiros de Fawcett previam passar um ano e meio no interior do país, até cruzar todo o sertão do Centro-Oeste e do Nordeste, saindo na Bahia, sem ter de voltar para o Mato Grosso. Logo se intensificaria o período das chuvas – já estavam no final de setembro – e como bom conhecedor do clima da região, deveria prever as dificuldades a serem enfrentadas com os rios transbordando. Fawcett, entretanto, passaria a temporada chuvosa junto com os índios, pois seria impossível trafegar pela região por locais alagados, sem infra-estrutura. A única idéia de Rondon aceita por Fawcett foi a sugestão da compra de dois cavalos e dois bois para transportar a carga. Eles serviriam até determinado ponto. Os animais não conseguiriam resistir a uma longa caminhada. Nas primeiras semanas, os expedicionários seguiriam por trilhas já conhecidas, parando em pequenas fazendas para se abastecerem de alimentos, até chegar ao posto na aldeia dos índios Bacaerys, fundado pela comissão Rondon. Depois disso não haveria como planejar. Era puro sertão agreste.

RUMO À ATLÂNTIDA

De posse da estatueta de basalto, que lhe serviria de mapa para chegar a sua Cidade Abandonada, rebatizada de Misteriosa Z, Fawcett se despediu dos amigos cuiabanos prometendo uma surpresa. No pouco tempo em que ficou na cidade, logo se juntou à elite intelectual e à comunidade espírita. Deixou a cidade na direção norte, na companhia de Felipe, que chegara dois dias antes da partida, e de Butch, que deu muita dor de cabeça a Fawcett ainda em Cuiabá, onde queimou seu dinheiro com prostitutas e bebidas. Butch tinha as suas desculpas, pois se tratava de um marinheiro possuidor de todos os vícios da profissão.

– Sei trabalhar e sei gastar, senhor. Passei muitos anos no mar, solitário. Quando saio, eu desconto tudo que não vou ter e quando chego desconto o tempo que fiquei longe das mulheres e do vício. Ninguém é de ferro, como o senhor – dizia Butch.

Fawcett sabia muito bem o que ele estava dizendo. As privações na selva eram quase idênticas aos meses a fio passados dentro de um navio. No momento, precisava era de um bom ajudante e não de um aventureiro desgarrado que descontava a sua vida mundana no álcool. Mas nem bom peão o ajudante conseguiu ser. Butch se mostrou um desastre no primeiro dia de viagem. Na saída de Cuiabá, quando tentou montar a primeira vez no cavalo não conseguiu se segurar em cima da sela e escorregou para o outro lado do animal. Em dois dias caiu quatro vezes, a última dentro de um riacho. O australiano esbravejava em inglês, mas o cavalo não o entendia e não obedecia às suas ordens. Felipe, animado nos dois últimos dias, tornou-se silencioso assim que entrou no sertão.

A legião dos estrangeiros loucos, em busca da Atlântida Perdida, da Misterioza Z e das cidades perdidas, andava muito devagar.

Os bois são mais lentos que os cavalos. Tem capacidade para levar mais peso e para resistir a longas jornadas, mas, por outro lado, caminham vagarosamente. Butch, devido às críticas que recebia de Fawcett, por tê-lo enganado ao dizer que havia sido vaqueiro, além de marinheiro, e por não se adaptar dentro do mato, pediu as contas no quarto dia de viagem e retornou a Cuiabá. Fawcett estava cada vez mais irritado com o fato de o australiano maltratar o cavalo com as esporas todas as vezes que não obedecia a uma ordem, ou quando jogava o grandalhão no barro vermelho da Chapada. Queria ter trazido Costin e Todd consigo, mas eles estavam casados e não pretendiam deixar a família.

Butch, antes de deixar a expedição, fez um tipo de acordo com Fawcett: prometeu não falar mal do coronel quando chegasse em Cuiabá. Ou seja, não iria revelar que não havia suportado viajar na companhia do severo militar inglês, e que ele próprio havia pedido demissão. Butch desapareceu e nunca mais se teve notícias dele.

Após uma semana de cavalgada, Fawcett chegou ao vilarejo Rosário do Oeste, onde descansou e se reabasteceu. Ele era obrigado agora a seguir diretamente na direção do oeste, antes de caminhar rumo ao Posto Bacaerys, pois precisava de suprimentos encontrados nas fazendas, para completar a jornada. Na época, só havia uma alternativa: pegar a trilha da fazenda Rio Novo e de lá outro trajeto para a fazenda Laranjal, caminhando na região plana e árida da chapada. Daí, teria de atravessar o rio Paranatinga, e depois entrar na mata fechada até encontrar os índios. Não havia outro caminho além desse, se quisessem chegar à região do Xingu.

A esperança de não passar fome estava no rifle Winchester calibre 30, ideal para matar pássaros, veados e cotias caçados por dois cães vira-latas que acompanhavam a tropa. Vagabundo, um cachorro encontrado nas ruas de Cuiabá, e Vermelho, um cão muito esperto, mas de grande apetite. Felipe era uma pessoa educada, de fazer reverências às pessoas mais velhas, se curvando para cuprimentá-las como se estas fossem bispos ou reis. Fazia isso quando encontrava um fazendeiro. Fawcett se divertia com a maneira exagerada do amigo, mas mantinha a sua linha dura, militar, mesmo sem o uniforme. Fawcett vestia calça e camisa de linho, botas longas e um chapéu de abas largas. Perdera, no trem entre São Paulo e Corumbá, um modelo caríssimo, da marca Stetson, comprado em Londres, como sempre fazia antes de partir para uma expedição.

As novidades dos primeiros dias foram se acabando e a viagem começou a ficar rotineira para Felipe. Aos poucos, o botânico foi se calando. Fawcett não ligava a mínima para a transformação do companheiro. Parava em tudo quanto era lugar onde havia rochas esculpidas pelo tempo e ficava horas procurando desenhos e cavernas. Fawcett só tinha expectativa para uma descoberta a qualquer momento. Cada pedaço de pedra encontrada poderia ter sido um tijolo de uma torre de uma cidade cíclope, ou da sua Misterioza Z. Logo que entrou na Chapada, encontrou a "Cidade de Pedra", um lugar onde ficou um dia inteiro observando cada torre, todas elas imperiosas no meio do cerrado.

À medida que os dias passavam, a convivência entre Felipe e Fawcett piorava notoriamente. Na Bolívia, Fawcett tinha uma tropa maior sob seu comando, em que prevalecia a sua palavra. Isso era necessário até mesmo para manter o grupo unido em lugares perigosos. No Mato Grosso, ocorria uma expedição diferente. Fawcett não fazia um trabalho por encomenda. O seu interesse particular prevalecia acima de tudo. Por isso, de alegre e interessado nos pássaros que via logo que saiu de Cuiabá, Felipe agora vivia em silêncio, esquecendo as aves, ou qualquer outro atrativo. Procurava apenas cumprir as ordens do homem que o contratara e o pagara adiantado 600 libras, para até dois anos de trabalho. Dentro das circunstâncias penosas de se caminhar sem um rumo certo, por lugares infestados de índios arredios e guerreiros, entre outras armadilhas da natureza, além de passar vários dias sem contato com nenhum, ser civilizado, a relação entre Fawcett e Felipe haveria de ser neurótica. Fawcett poderia, se quisesse, tomar a iniciativa de manter Felipe um pouco mais esperançoso para poder contar com a sua colaboração até o fim da jornada que estava apenas se iniciando.

Fawcett só percebeu realmente o que acontecia com Felipe quando a situação ficou crítica. Um mês e meio depois de partir de Cuiabá, Fawcett reclamou para Felipe que Vermelho estava roendo os arreios feitos de couro de boi que amoleciam e cheiravam mal por causa da chuva. De tanto o cachorro roer os arreios, estava prejudicando os bois, pois as cangalhas para sustentar a bagagem estavam arranhando a pele e criando enormes "bicheiras". Felipe tomou imediatamente uma atitude que comprovava sua total falta de controle. Quando Fawcett deu por falta do cão, ele disse apenas que não tinha com que se preocupar: havia atirado no coitado. Um cachorro, naquelas circunstâncias, era tão importante quanto os bois. Não só para procurar caça, mas para montar guarda à noite, evitando o ataque surpresa de animais nocivos ou índios. Restou apenas Vagabundo, sem o companheiro para brincadeiras. Era um cão esperto e um bom farejador.

ÍNDIOS MORCEGOS

A chegada, na fazenda Rio Novo, do "coronel" Hermenegildo Galvão, trouxe um alento para Felipe e Fawcett. Galvão era proprietário de um terço das terras do Mato Grosso. Não havia limites nas suas propriedades. Dizia-se que a demarcação de seu território se estendia até onde seus animais pudessem ir. O fazendeiro, que ficaria amigo de Fawcett, deu-lhe tudo o que precisava para prosseguir na sua caminhada. O inglês havia conquistado um bom aliado dentro do mato. Galvão obtivera o título de coronel devido à sua fama na região. Nesta época, perto dos 60 anos de idade, e mesmo com o fim do regime de escravidão, ele tratava os seus empregados no tronco, a chibatadas. Tinha também um exército de quase cem jagunços, agregados nas "suas terras". Por conta disso, exercia grande influência política em Cuiabá, já que precisavam dos votos dele em tempos de eleição.

Durante os dias em que ficou na fazenda, Fawcett ouviu várias histórias sobre os índios morcegos, uma das mais fantásticas invenções do imaginário sertanejo, mais emocionante que as do Saci e do Curupira, por serem mais próximas da realidade. Dizia a lenda que os "morcegos" eram do tamanho de um pigmeu e considerados os mais selvagens da Amazônia. Tinham aparência de macacos e viviam em cavernas. Daí o nome de morcegos. Com o detalhe de que esses índios só saíam à noite para caçar, como faziam os pássaros mamíferos.

Fawcett ouviu o testemunho de um sertanejo contando sobre um conhecido que escapara das garras dos Morcegos. Quem conta uma história dessa natureza sempre diz que o fato ocorreu com outra pessoa. Nunca se encontra realmente quem tenha vivido uma estória absurda. O homem relatou então que a tal pessoa havia percorrido o rio Xingu numa expedição com dez pessoas. Morreram nove e apenas ele havia escapado. Foi aprisionado pelos morcegos e levado para suas tocas. Lá, uma índia se engraçou com ele, o fez de esposo e assim, ele escapou da morte. Passado um tempo, conseguiu fugir durante o dia, enquanto a tribo dormia. Para não ser perseguido, ele andava sobre as árvores, pois assim não poderiam seguir suas pegadas e saber qual direção tomara. Por causa da pressa em fugir, não foi capaz depois, de localizar o lugar onde esses índios viviam. Mas se Fawcett insistisse, iria encontrá-los.

Além dessa história, Fawcett ouviu outras que falavam de uma cidade com templos e luzes que não se apagavam nunca, como as estrelas. A mesma que ouvira dos Maxubis. Estava no caminho certo, segundo previu Fawcett para Felipe. Todos apontavam a direção norte como sendo os lugares onde ocorriam os fenômenos, a poucos dias de viagem de onde se encontravam. Cada relato fascinava mais o militar inglês, obcecado pela idéia de encontrar um tesouro arqueológico. Para Fawcett, os índios morcegos, morando sob a terra, poderiam realmente ser descendentes de uma comunidade Atlântis, da cidade perdida há mais de 10 mil anos. Poderia também encontrar ouro, pois toda a terra dessa região estava forrada do metal amarelo. Dentro de uma caverna haveria muitas riquezas, além de habitantes exóticos. Segundo relatou Ramiro Noronha, Fawcett disse, em tom de brincadeira, que levaria uma sonda para o caso de encontrar alguma riqueza no subsolo. Declaração que colocou Fawcett, tempos depois, como um mero caçador de ouro, como tantos outros que apareciam no Mato Grosso.

Com bastante suprimentos. Fawcett saiu da fazenda com um guia, emprestado por Hermenegildo, para levá-lo até o Posto. Mais uma vez a expedição seguiu para o norte, rumo à nascente do Rio Culuene e Curisevo. Por falta de conhecimento da região, Fawcett passava muito tempo de sua viagem perdido entre uma fazenda e outra. Dava muitas voltas, desperdiçando dias de viagem, porque até mesmo os mateiros da região tinham dificuldades em andar por trilhas desconhecidas. Por isso, parou na Fazenda Laranjal, próxima ao rio Paranatinga e de lá partiu com outro guia na direção certa do Posto, onde pretendiam ficar mais uns dias para se reabastecerem. Tanto Fawcett como Felipe estavam desgastados de tantos atropelos no mato e nas pedras. Os carrapatos e os mosquitos fizeram um verdadeiro campo de guerra nas suas peles. Tinham marcas por todo o corpo, mas o ânimo do coronel superava qualquer mal estar físico. O mesmo não ocorria com Felipe, cada dia mais desesperado para voltar, ou para chegar a algum lugar onde houvesse a civilização, que não fosse a que Fawcett procurava. Mas a viagem ainda estava começando. Até o paralelo 12, levaria talvez um mês ainda.

OS PODERES MÍSTICOS DE FAWCETT

O marechal Rondon, na verdade, nunca havia se conformado com o fato de um estrangeiro invadir as terras brasileiras em busca de tesouros e cidades perdidas, num local que ele conhecia perfeitamente. Foi o primeiro a abrir picadas na chapada e na selva. O primeiro a explorar os rios formadores do Xingu e Tapajós. Não seria coincidência, portanto, um encontro inusitado em pleno sertão entre Fawcett e o capitão Noronha, um dos principais homens de confiança do marechal.

Em meados de outubro de 1920, quase um mês após ter saído de Cuiabá, o capitão Noronha, que realizava um levantamento topográfico entre a Chapada e o rio Paranatinga, se deparou com três pessoas repousando no meio de uma tarde de sol quente, à sombra de uma sambaíba. Já sabendo da presença do inglês na região e até esperando encontrá-lo, parou diante dos viajantes, perguntando se era a expedição do coronel Fawcett. O coronel se encarregou de responder que sim. Estava acompanhado por Felipe e o peão da fazenda Laranjal, dois cavalos e dois bois, além dos dois cachorros. Felipe ainda não tinha dado os seus ataques de fúria.

Noronha convidou então a comitiva de Fawcett para que fossem juntos até o posto Bacaerys, distante cinco quilômetros do local onde se encontravam. Fawcett aceitou o convite e levantou acampamento. Sem o guia, ele jamais conseguiria alcançar o lugar onde chegou. Agora, na companhia dos militares, ele dispensara o peão. Noronha recomendou que sua tropa seguisse em frente, enquanto ele iria junto com o grupo de Fawcett para poder conversar mais sobre os trabalhos dele no Mato Grosso. Fawcett apresentou Felipe e partiram rumo ao posto.

Durante a caminhada, que duraria a tarde inteira e boa parte da noite, aproveitando a suave luz da lua, Noronha fez várias perguntas e uma delas foi sobre até onde Fawcett pretendia chegar. A respostas foi a seguinte:

– Eu vou seguir para o norte até o paralelo 12 e de lá me encaminho para o nordeste, alcançando o estado da Bahia. O que procuro ainda está muito longe daqui.

– Acho esta travessia uma loucura. Vai chegar um momento em que não haverá mais sinal de caminhos e talvez, nem de índios – respondeu Noronha.

– Não será tão difícil. Estou treinado com a alimentação do sertão. O meu fuzil também se encarregará de fornecer boa caça. Só preciso de tempo para voltar com uma grande descoberta. A gente deve olhar de outro modo essa natureza ao nosso redor. Algo muito importante se esconde nessas cadeias de montanhas – disse Fawcett.

Desconfiado das pesquisas de Fawcett, Noronha mais tarde divulgou que o paralelo 12 "em qualquer mapa do Brasil, o mais rudimentar possível, abrange o Guaporé e depois de atravessar serras, rios e pântanos, alcança a região aurífera da Bahia, principalmente Bomfin e Diamantina". Mais uma vez se dizia que o coronel estava apenas atrás de riquezas.

Noronha continuou a conversa com Fawcett enquanto Felipe não disse uma palavra durante todo o trajeto. Noronha não pôde saber se era pelo fato de Felipe não falar português ou simplesmente porque não gostava de conversar.

Fawcett, então, aproveitou a ocasião para obter mais informações a respeito de como alacançar o divisor do Tapajós-Xingu, onde estava localizado o paralelo 12, para de lá seguir rumo à Bahia, cruzando o Estado de Goiás e talvez o Maranhão. Noronha, solícito, explicou em detalhes como deveria prosseguir, apesar de achar um absurdo andar por lugares cheios de surpresas, com apenas dois cavalos de montaria e dois bois de carga. Era um suicídio. Logo os animais não resistiriam e não havia como substituí-los. Além do mais, teriam de atravessar o rio Xingu em algum ponto. Dificilmente conseguiriam passar os cavalos se a água não estivesse muito baixa. Mas Fawcett tinha confiança e convicção de que chegaria aonde desejava. E disse mais:

– Tudo o que quero, eu realizo. Tenho uma força de vontade férrea. Até os homens eu sei dominar por magnetismo. Se precisar, um dia usarei. Nós aprendemos muitas coisas e usamos poucas delas. O poder da mente é um exemplo.

Noronha ouviu aquilo e continuou olhando para o coronel esperando receber, como ele próprio frisou depois, algum fluido que lhe alterasse a consciência. O fato é que os dois conversaram tanto que acabaram se entendendo muito bem. Fawcett revelou inclusive a Noronha em tom de bricadeira que estava levando consigo a sonda para o caso de encontrar "ouro ou outras riquezas".

Finalmente chegaram ao posto, onde a expedição ficou hospedada por três dias. Fawcett revelou que era praticante da religião budista e que havia estudado ocultismo na Índia. Para o militar, isso não parecia estranho, mas para o sertanejo, parecia coisa de gente maluca, pois nunca imaginaria existir outra religião, além da católica, no mundo. Muita gente ficava curiosa e sem entender o porquê das suas meditações. Fawcett sentava-se diante de uma imagem estranha, colocada sobre um pano amarelo como se fosse algo sagrado e se prostrava em silêncio, quieto, durante meia hora.

Fawcett, aos poucos, foi ganhando a confiança de Noronha e mostrando os seus manuscritos e estudos arqueológicos. Havia um entendimento entre os dois desbravadores de mato, e de alguma forma um precisava um pouco do conhecimento do outro. Fawcett resolveu então mostrar algo que tinha bem guardado.

– O senhor já viu algo parecido? – perguntou Fawcett para Noronha, mostrando a pequena estatueta de basalto.

– Não. Parece um boneco de louça.

– Isto aqui pertencia a um índio Cabixi, da região do Guaporé. Eu ganhei de presente do escritor Haggard. Veja os sinais. Pesquisei todos eles. Das quatro inscrições, eu consegui decifrar três. Trata-se de caligrafias de antigas civilizações vindas do oriente para o ocidente. Há quem diga que estas inscrições sejam *Cara Maya*, com cerca de dois mil anos. Eu acho que são muito mais velhas, talvez tenham 10 mil anos. Houve, ou ainda há, uma cidade criada por estes povos entre o Xingu e o Tocantins, na altura do paralelo 12. Daí a minha insistência em seguir este roteiro.

— E como o senhor espera encontrar tal cidade?

— Usando esta estatueta como mapa, investigando cada tribo que encontrar, para saber se algum índio já viu algumas destas letras.

— Que índios, coronel?

— Os índios Morcegos. Se eu os encontrar ou qualquer outro que possa me indicar alguma pista de ruínas. Elas existem em algum lugar e eu vou achá-las. Fala-se desses povos desde a Bolívia. Eu sempre digo que as grandes descobertas partiram de boatos. Machu Picchu é um exemplo. Desde 1875 ouvia-se falar nessa cidade perdida em alguma daquelas imensas montanhas no Peru. Eu estava lá perto quando isso aconteceu, há dez anos.

— Já ouvi falar dessa cidade e dos Morcegos. Será que são os mesmo que o senhor procura?

— São.

— E como o senhor sabe disso?

— É uma longa história. Esses índios teriam vindos do Oriente das Américas, onde viviam na cordilheira ou no Ocidente. Eles foram expulsos por outros povos mais fortes e adiantados, os Incas, ou os próprios espanhóis. Houve, naquela época um verdadeiro êxodo através do divisor Prata-Amazonas, e trouxeram consigo seus prisioneiros, que lá conservaram em custódia por muitíssimos anos em cavernas. A estatueta vai me servir também para neutralizar os sentinelas das cidades subterrâneas ou das aldeias indígenas.

— Desejo-lhe boa sorte, coronel.

A conversa se estendeu e Fawcett acabou amigo de Noronha, a quem presenteou com a sua Winchester, pois acreditava, na verdade, que somente os anzóis lhe garantiriam comida. Não contava com caças, pois poderia ter os mesmos problemas encontrados no Rio Verde. Preferia apostar no pior. Levaria apenas a pistola Mauser, que tinha um adaptador com coronha, para se transformar em um rifle. Estava em seu poder desde a última expedição na Bolívia, quando visitou os Maxubis.

O Posto Bacaerys era um dos primeiros pontos civilizados criado por Ramiro Noronha, dentro do projeto da Comissão Rondon naquela região. Tinha posto médico, uma boa quantidade de reses e galinhas, além de dependências para aquartelar as tropas do exército. Os índios ainda estavam um pouco assustados com a presença de estrangeiros, mas já conseguiam uma amistosa aproximação. Uma das grandes barreiras entre os civilizados e os silvícolas, mesmo que se tornassem amigos, era a língua. Por isso, Fawcett não podia contar, por enquanto, com a sua valiosa colaboração para saber mais sobre cidades escondidas nas florestas. Além do mais, falava apenas o portunhol. Porém, as lendas eram muito comuns. Os sertanejos e índios, pouco conhecedores dos lugares mais adentro das matas, foram educados ouvindo as lendas sobre luzes nas montanhas, nêgo d'água e uma série de personagens da imaginação popular, que sobrevivem até hoje na região. Uma hora, acertava numa delas.

Após três dias de descanso, Fawcett, que precisava de mais tempo para recuperar os animais, trocou os seus bois por outros e partiu para o norte, numa tentativa de se ausentar do campo de ação de Rondon. Sabia que enquanto estivesse na área dos Bacaerys, estaria sujeito a encontrar a todo momento uma comitiva de Noronha. Havia recusado também as indicações das cartas geográficas feitas por Noronha, dizendo que "não lhe seriam muito úteis".

Sem procurar diretamente os Morcegos, Fawcett dirigiu sua comitiva suicida para o norte do estado, sob a reprovação de militares, índios e sertanejos que se encontravam no posto. Todos, entretanto, admiravam a sua coragem. Fawcett jamais se intimidou diante de um obstáculo qualquer. Dizia sempre que já tinha passado por todo tipo de privação, fome e perigo, inclusive por uma guerra sangrenta, e que nada haveria de lhe fazer mal. Nunca se ouviu algum tipo de reclamação a respeito de algum sofrimento, nas suas expedições.

O FRACASSO

Após duas semanas de caminhada por trilhas sem direção, encontraram um pequeno rio de fortes correntes e águas profundas. Ao atravessá-lo, o cavalo de Felipe não resistiu e morreu afogado. O americano foi obrigado a andar a pé, fazendo companhia para Fawcett, que fazia isso há alguns dias, desde que seu animal não mais conseguia levá-lo. O cavalo agora carregava apenas pouca bagagem, para aliviar os bois, também fracos. Em dois dias de caminhada, Felipe começou a sentir dores nas pernas. Dizia ter um problema adquirido quando era criança, depois disse que tinha outra doença no pulmão. Mais alguns dias, e estava desconfiando que o coração falhava. Quanto mais entravam na mata, mais o americano se queixava. A ponto de um dia deitar-se no chão e pedir a Fawcett que seguisse sozinho, pois ele estava disposto a morrer.

Fawcett havia completado 56 anos, três meses antes. Era um senhor de feições duras e envelhecidas devido ao trabalho árduo nas matas da África, Bolívia e Peru. Sempre fora um homem de campo, acostumado a tomar sol e chuva ininterruptamente por vários dias, sem trocar de roupa. Estava agora diante de um jovem que mal conseguia andar e que, além do mais, reclamava o tempo todo. Fawcett, apesar de toda a sua experiência, não tinha sido treinado para resolver esse tipo de problema. Não podia simplesmente mandar Felipe de volta, pois com certeza se perderia no caminho e morreria em algum lugar desconhecido. Por isso, já pensava em abandonar a expedição, após um mês de caminhada sem descanso, parando nas poucas fazendas encontradas pelo caminho. Agora estava num lugar onde havia poucos habitantes e, se seguisse adiante, entraria na selva, onde não morava ninguém. Se continuasse em frente, não haveria mais retorno. Os Bacaerys tinham sido guias por dois dias e já haviam regressado.

Um boi morrera, em seguida à perda do cavalo de Felipe – motivo para mais desânimo. Chovia praticamente todos os dias. Os rios e córregos transbordavam. O calor insuportável castigava durante o dia e o desconforto durante a noite com muita umidade, piorava o humor e a disposição dos expedicionários na manhã seguinte. Apenas Vagabundo tinha energia para correr na frente do boi e do cavalo restante. O boi que sobrevivera tinha uma noção de caminho e não era necessário surrá-lo para que ele andasse. Chegou até a auxiliar na retirada do cavalo, quando este ficou preso num atoleiro. Praticamente, os dois estavam sendo levados pelo animal. Até que um dia o boi afundou no rio, levando boa parte de sua bagagem. Fawcett, entretanto, não explicara porque não parara em alguma fazenda até passar a época de chuva, já que, com os índios, seria impossível ficar, apesar de ter afirmado isso no Rio de Janeiro e em Cuiabá. Além disso, havia poucas cadeias de montanhas interessantes para investigar. As maiores que lhe cativaram a atenção eram a do Roncador, muito distantes de onde se encontrava.

O resultado foi um desastre. A região atingida, próxima ao rio Tanguro, era alta, formando grandes planaltos, onde existia apenas mato, ora chapada, ora floresta. Fawcett seguia trilhas onde não encontraram rios, por isso ficaram duas noites e um dia seguidos sem água. Se os dois estavam exaustos, o cavalo mal conseguia andar sozinho. Felipe pedia a toda hora para ser deixado onde estava. Até que, ao atingir o rio Tanguro, o único cavalo prostrou-se e não mais levantou. Fawcett foi obrigado a matá-lo. Não havia mais o que fazer, senão retornar. Estavam muito abatidos, cansados, sem roupas nem alimentos. Fawcett fez uma medida do lugar (Lat. 11°, 43'S. e 54°, 35'O.) e o batizou com o nome de Campo do Cavalo Morto. O local mais tarde seria bastante conhecido e questionado, quanto às medidas exatas. Por enquanto, era uma pequena clareira em um lugar qualquer do Xingu, provavelmente noutra localização distante da Latitude 11.

Não havia realmente o que fazer. Toda bagagem possível de ser carregada foi organizada de maneira a ser transportada nas próprias costas. Selas e arreios teriam de ser deixados e os cupins cuidariam de destruí-los. Foram dois meses de caminhadas por locais ermos, sobrevivendo com pouca alimentação, apesar da fartura de animais e aves para caçar. O segredo era andar no mato em silêncio, para facilitar o encontro com a caça durante o dia. Se fizessem muito barulho não veriam animais. Fugiam e se escondiam nas suas tocas. Aí ficavam dependendo do faro de um cachorro para encontrá-lo. Por isso Vagabundo era tão querido e era o mais animado para tomar o caminho de volta. Felipe se alegrou um pouco quando andou os primeiros passos em direção a Cuiabá. Fawcett decidiu que deveria fazer novamente a expedição, e culpava, de alguma forma, a moleza de Felipe pelo fracasso.

No entanto, após andarem dez dias, Fawcett começou a sentir fortes dores nas pernas, a ponto de mal poder andar. Agora era Felipe que se sentia bem e o chefe imbatível entregava os pontos. O que fazer então no meio da selva? Do ponto onde estavam, levariam mais de uma semana até o Posto. Felipe então resolveu que iria sozinho buscar ajuda, enquanto Fawcett recuperava-se das dores e de uma febre.

Ao cair de um tarde chuvosa, no dia 2 de dezembro, Felipe chegou ao Posto, exausto e maltrapilho, pedindo ajuda para resgatar Fawcett, "que não tinha mais forças para acompanhá-lo". Noronha, que ainda fazia a medição na região do Paranatinga, ordenou então a soldados que levassem alguns animais para trazê-lo. Poucos dias depois Fawcett retornava ao Posto e Noronha foi recepcioná-lo.

— Estive próximo de chegar aonde queria, mas os animais não resistiram. Vou voltar aqui mais equipado e com ajudantes capacitados — disse Fawcett para Noronha, antes mesmo de descer do cavalo.

O coronel precisava recuperar as forças. Estava muito cansado para continuar a viagem de volta. Conhecia fórmulas medicinais e preparava o próprio medicamento. Mas não vale remédios para deter o desgaste natural da idade. Antes de se recuperar totalmente, resolveu tomar o caminho da fazenda Laranjal, montado em cavalos emprestados pelos militares do exército. Mas foi obrigado a devolvê-los quando tentou atravessar o rio Tabatinga, que se encontrava naquela época no auge de sua cheia, como todos os rios da Amazônia. Fawcett terminou o percurso a pé até a próxima fazenda. Ficou repousando quinze dias em Laranjal, onde conseguiu cavalos, e de lá partiu para a fazenda de seu amigo Hermenegildo Galvão, permanecendo mais uma semana, antes de voltar a Cuiabá. Fawcett sofreu muito com as dores nas pernas, que o fizeram "perder várias noites de sono", temendo algo mais grave. Os pés dos dois estavam em péssimo estado. Somente Vagabundo entrou animado em Cuiabá, no final do ano de 1920. Em poucos dias na cidade, Felipe já se mostrava também alegre e sociável. Fawcett resolveu então fazer um acordo com ele.

Apesar dos transtornos, Fawcett conseguira uma enorme proeza, entrando por regiões não muito conhecidas. Poderia tê-las estudado geograficamente se tivesse tido melhores condições de trabalho. Decepcionado, não fez nenhum relatório quando voltou a Cuiabá. Antes publicava nos jornais mapas detalhando a sua trajetória. Agora se recolhia no silêncio, por não encontrar qualquer ruína ou sinais que lhe dessem certeza de que estava no caminho certo. Apenas disse, aos que lhe interrogaram, que o trabalho não estava terminado. Ao coronel Jaguaribe de Matos, autor das cartas geográficas da região, Fawcett entregou duas coordenadas, com longitudes e latitudes dos rios Mequens e Colorado, pequenos afluentes do rio

Guaporé, na fronteira do Brasil com a Bolívia. Mas entregou os originais cortados, que de nada serviriam. Eram mapas de outra expedição.

A POLÊMICA VOLTA AOS JORNAIS

Rondon também estava no Mato Grosso no fim do ano de 1920, quando Fawcett retornou, sob chuva, do sertão mato-grossense. No final da tarde de um belo dia depois do Natal, Rondon estava acampado no Córrego Espraiado, próximo de Cuiabá, quando três homens surgiram diante dele. Um deles estava com a barba muito crescida e aparentemente abatido. Rondon demorou, mas reconheceu Fawcett, chegando com Felipe e um guia, da fazenda Rio Novo. Rondon se levantou e foi de encontro ao inglês:

– Bem vindo seja, coronel – disse Rondon.

– Não consegui muita coisa, general. Não parou de chover, também os índios não fizeram nada por mim. Pretendo voltar brevemente para reiniciar meus trabalhos a partir de onde eu parei – disse Fawcett para Rondon, de certa forma se justificando.

Poucos dias depois, já em Cuiabá, recuperado da viagem, Fawcett recebeu alguns jornais vindos do Rio de Janeiro, com edições atrasadas. Fawcett já vinha recebendo algumas críticas da imprensa de Mato Grosso, mas não esperava ver um artigo no jornal *A Noite*, escrito por Rondon, relatando como Fawcett "bateu em retirada antes de encontrar-se em plena exploração". O texto denunciava o fato de Fawcett não ter suportado as agruras do mato e voltado no meio do caminho, fato humilhante para qualquer explorador:

"A comissão do coronel Fawcett foi desbaratada em pleno chapadão pelas chuvas de novembro. Primeiramente, voltou seu companheiro, e, por fim, o próprio Fawcett, apesar de todo o seu orgulho de explorador, que não queria auxílio de animal e nem de ninguém, para carregar seu trem de exploração. O homem que partiu disposto a atraves-

sar e cruzar os sertões do Xingu, sem cogitar como havia de se alimentar durante essa travessia, aqui está de volta, magro e acabrunhado, por ter sido forçado a bater em retirada, antes de entrar no duro da exploração, ainda em pleno chapadão das cabeceiras do Xingu. Lamento não ter o governo organizado a Expedição Brasileira que devia acompanhar o inglês. Teria assim, Fawcett, apoio firme para varar o sertão bruto, estabelecido como está que, uma vez iniciada qualquer exploração, nenhum viajante de nossa Comissão jamais voltaria do meio do caminho."

O artigo foi enviado ao capitão Amilcar Botelho, chefe do Escritório da Central da Comissão de Linhas Telegráficas, no Rio de Janeiro.

Fawcett enviou, de Cuiabá, um texto em inglês para a redação do jornal *A Noite*, rebatendo as críticas feitas por Rondon. Tentava mostrar que a expedição não fora abandonada e que apenas as chuvas haviam atrapalhado a sua permanência. Receiava também que a notícia do fracasso chegasse até Londres, e, por viés, a Royal Geographical Society.

"Sr. Redator: Atraiu-me a atenção o telegrama do general Rondon, publicado e comentado por este jornal em dezembro último. Se-lhe-ia grato se esse jornal pudesse inquirir da veracidade desse telegrama que, encerrando notícias prematuras de tal natureza, baseadas em meras suposições, fará com que, através dos jornais estrangeiros, cause confusão num largo círculo de amigos interessados. Não sei de que fonte o general recolheu a sua informação, mas eu estava em Cuiabá na data da publicação do telegrama. Portanto, não havia dificuldade em me encontrar para esclarecimentos sobre o assunto. A expedição (dele, Fawcett) não tinha o mesmo objetivo que a missão Rondon, a qual ocupava-se em traçar, em canoas, o curso do Rio Culuene. O meu trabalho era terrestre e foi completado em dezembro. Tendo eu só um companheiro, decidi entrar em Cuiabá, para esperar o fim das chu-

vas, antes de atacar uma parte mais importante da expedição. A Missão Rondon voltou a Cuiabá em outubro e penso ser improvável que alguém julgue que eu descuidei dessa circunstância. Seria interessante para os seus leitores ter notícias de tribos de índios amigos das grandes fazendas próximas às nascentes do Xingu, através dos perigos, riscos e privações pessoais. Essa região está apenas a sete dias de viagem de Cuiabá, não se parecendo em nada com aquilo que se chama de sertão. No que diz respeito à Expedição Fawcett, até aqui ela não tem sido abandonada, no que aliás, é muito mais interessante ao Brasil do que se supõe. Os trabalhos recomeçarão em março, não exigindo nenhum método diferente, nem o serviço de um grupo mais numeroso para levar a termo o que se propôs.
– Percy H. Fawcett"

Anos mais tarde, veio à tona os telegramas trocados entre Rondon e o embaixador inglês no Brasil, Ralph Paget, em agosto de 1920, sobre a ida de Felipe para Cuiabá. Enquanto os jornais como *Le Petit Parisien, Le Soir, Paris-Times,* publicavam artigos de Fawcett afirmando que iria penetrar em regiões selvagens, repletas de índios canibais, Paget escrevia a Rondon pedindo cartas geográficas desta mesma região. O próprio embaixador reconhecia que as cartas geográficas de propriedade do governo brasileiro haviam sido feitas através de levantamento topográfico nos tais locais "selvagens" descritos por Fawcett. Ou seja, a região inexplorada já havia "sido desbravada por nove expedições". Tanto que, ao chegar na aldeia , Fawcett "ouviu o Hino Nacional Brasileiro saindo da boca dos índios que ele dissera ser canibais".

Rondon, ao receber a carta do embaixador Paget, tratou de encaminhar, através de Felipe, quando esteve no Rio de Janeiro, uma correspondência para Fawcett e junto as cartas geográficas das nascentes dos rios Araguaia, Xingu, Teles Pires, Arinos e Cuiabá. Na correspondência, Rondon acrescentou que "esperava que ele (Fawcett)

tivesse aceitado inteiramente o ponto de vista do governo brasileiro". Por isso pediu um relatório detalhado de todas as suas atividades dentro do país, como deveria ser um acordo entre militares,
cavalheiros, e governos que se respeitam. Fawcett jamais citou no
seu diário as exigências brasileiras, como também se recusou a fazer
um relatório, por menor que fosse.

O QUE FAWCETT NÃO CONTOU

Os detalhes desta expedição só foram revelados bem mais tarde,
em 1928. A pedido do inspetor do Serviço de Proteção aos Índios,
em Mato Grosso, engenheiro Antônio Martins Viana Estigarribia,
o capitão Noronha preparou um detalhado relato de tudo que acontecera nestes meses em que Fawcett ficara na sua região. Noronha
fez uma longa exposição, num documento que chamou de "Relatório Fawcett", e entregou a Estigarribia. No relatório, estava anexa-
do um cartão de visitas do "Ten. Cel. P. H. Fawcett", a assinatura do
próprio punho de Ernest G. Holtt, nome verdadeiro de Felipe, e a
sua origem, no Alabama, Estados Unidos. Além do cartão e a assinatura de Holtt, o documento trazia alguns resumos de pessoas ligadas à Comissão Araguaia-Tapajós, e um ofício de consentimento
da Royal Geographical Society, para a realização dos trabalhos de
Fawcett. Nas anotações do coronel, ele afirma que foi o próprio
Holtt quem pediu para ser chamado de Felipe, mas não explica o
motivo.

O documento revelou, finalmente, os últimos dias da expedição
nos seus detalhes, emprestando ao fato uma outra visão e não somente aquela divulgada através das cartas de Fawcett, publicada
nos jornais e enviadas à família. Em nenhum momento Fawcett
revelou, nos manuscritos, artigos de jornais, ou a viva voz, que pediu socorro para voltar ao Posto, por conseguinte, a Cuiabá. E não
citou o nome de Noronha, mesmo tendo ele presenteado o tenente
com o seu rifle Winchester, uma arma rara, de precisão e muito

difícil de ser encontrada no Brasil. Noronha, por outro lado, entregou o rifle de presente para Estigarribia. Fawcett também deixou a impressão de que Felipe seria um brasileiro nas cartas em que escreveu. Noronha confirmou depois, em Cuiabá, que Fawcett tinha perdido os bois junto com seus instrumentos de trabalho, além de ser acometido de febre, o que o impediu de continuar sua caminhada para qualquer lugar, inclusive em direção ao retorno.

Um dos pontos mais polêmicos da expedição também não foi revelado por Fawcett: ele recebera 60 contos de réis do governo brasileiro para realizar a expedição. Segundo Noronha, Fawcett não precisou gastar sequer 10 contos, porque não havia onde investir tanto dinheiro. Para se ter uma idéia de quanto representava esta quantia na época, basta lembrar que o próprio Noronha recebera apenas 20 contos para realizar o levantamento topográfico da Chapada ao rio Paranatinga, fundar o Posto, desbravar o rio Culuene; e, por fim, demarcar o divisor das águas do Cuiabá-Tapajós. Os 20 contos de réis foram transferidos para o governo do Mato Grosso, de uma subvenção destinada à Colônia Indígena Teresa Cristina. Era uma verba estadual, porque o governo federal, que tinha "jogado dinheiro fora", investindo uma fortuna numa expedição infrutífera, estava quebrado e mal podia patrocinar as expedições de levantamentos topográficos e de contatos com índios selvagens.

A questão do dinheiro patrocinando a expedição de Fawcett ganhou os jornais muitos anos depois, quando não se tocava mais no assunto referente ao apoio brasileiro às suas expedições. Fawcett precisava dele para sustentar também sua família, que se encontrava na Jamaica, passando necessidades. Por outro lado, também tinha planos de continuar na selva até encontrar a Misteriosa Z.

RETORNANDO AO PONTO ZERO

As duras críticas não fizeram Fawcett mudar de opinião a respeito de voltar para a região do Xingu. Instalado em Cuiabá, e reatando as conversas com Felipe, que se interessava novamente pelos pássaros, combinaram o início da nova expedição para fevereiro de 1921, quando terminassem as chuvas, retornando aos mesmos locais, para prosseguir de onde haviam parado, no Campo do Cavalo Morto. Em menos de dois dias, Fawcett percebeu que não podia ficar em Cuiabá, onde os jornais e a população só tinham um assunto: caçoar da expedição que não dera certo. Resolveu então que permaneceria em Corumbá, onde morava um cônsul inglês, até o início dos novos trabalhos. Fawcett e Felipe deixaram Vagabundo na cidade, com um comerciante de nome Frederico Pedro Figueiredo, do qual haviam comprado os animais antes da viagem. Eles tinham esperança de encontrá-lo quando voltassem. Tinham se apegado muito ao cão.

Poucos dias depois de chegar da fatigante viagem, tomaram o rumo de Corumbá numa lancha apinhada de gente. Fawcett queria sair rapidamente do foco das atenções, mas não o conseguiu com muita facilidade, motivado por conta de algumas atitudes de Felipe, que o fez "passar vergonha" em público. O vapor para Cuiabá tinha dois pavimentos: o de cima, onde viajavam as pessoas de recursos e da sociedade, e o de baixo, onde se juntava a ralé. Como havia uma greve dos barqueiros, com muitos vapores parados, não tiveram escolha e tomaram o único a navegar, com uma superlotação. Fawcett, que viajou no andar de cima junto com o companheiro, ficou horrorizado quando viu Felipe, no meio de toda aquela gente sociável, tirar sua bota imunda e mostrar as meias desgastadas, na frente de todos, sem o menor constrangimento. Depois encheu as mãos de vaselina e enfiou entre os dedos para curar as assaduras e as frieiras causadas pela umidade das fortes chuvas. Fawcett encarou o ato como uma falta de educação, sentindo toda a vergonha do ato caindo sobre si. Felipe, no entanto, nada percebeu. O coronel ficou furioso quando uma senhora perguntou se ele era seu filho. Fawcett não respondeu porque "não queria se associar àquele grosseirão". Teria de conviver com aquelas pessoas que viajavam com ele por alguns meses, enquanto estivesse em Corumbá.

Durante a viagem, Fawcett decidiu que a nova expedição seria realizada utilizando canoas como meio de transporte, sem o incômodo de ter de cuidar dos animais. Talvez influenciado pela segurança que o barco proporcionava, mesmo navegando em rios completamente desconhecidos, Fawcett achou melhor não mais arriscar andar a pé. Chegando em Corumbá, resolveu mandar Felipe para o Rio de Janeiro, com dinheiro e a incumbência de trazer uma série de objetos necessários à expedição fluvial, que deveria começar em fevereiro, ou seja, dois meses mais tarde. Iria também procurar mais um companheiro de viagem, para cuidar melhor do equipamento nas canoas. Planejou como deveria ser o seu contato com índios selvagens, habitantes das margens dos rios que formam a bacia do Xingu, muitos deles guerreiros prontos para atacar qualquer pessoa que entre em suas terras sem permissão.

O mês de janeiro passou rápido como as águas do rio Cuiabá descendo para o Paraguai nos dias de cheia. Fawcett não tinha o que fazer. Passava os dias escrevendo cartas, freqüentando a biblioteca e o cinema, onde exibiam filmes americanos e europeus. Vez por outra aparecia algum americano ou um inglês, morador da região, que o procurava. Fora isso, estava cada vez mais impaciente por conta das férias forçadas. Atormentava também o fato de Felipe não mandar notícias. Será que teria ido embora com o dinheiro para comprar os mantimentos?

Em fevereiro, mês combinado para a partida da expedição, Fawcett resolveu voltar para Cuiabá. Felizmente, assim que aportou, recebeu um telegrama de Felipe avisando que estava a caminho. O coronel ficou alegre e planejou detalhadamente como deveria proceder de agora em diante, a fim de evitar problemas e transtornos. Não deu entrevistas a jornais e nem escreveu para as publicações estrangeiras. Planejava descer o rio Tamitatoala ou o Curisevo. O

Culuene, já explorado por Noronha, ficava muito distante do Campo do Cavalo Morto. Esses rios eram afluentes do Xingu, que por sua vez cortava a floresta amazônica até o rio Amazonas. Poderia chegar ao paralelo 12 com mais facilidade, apesar da resistência de alguns índios da região, ainda não contatados, dificultar a sua passagem pelos formadores do Xingu. Havia na época mais de oito comunidades diferentes de índios, algumas delas constantemente em guerra.

Fevereiro passou rapidamente. Entrou março e nada de Felipe aparecer. Fawcett, impaciente, mais uma vez achou que o companheiro tinha desistido da idéia de voltar ao sertão. Cuiabá não tinha mais encanto para Fawcett, que em tudo via decadência. A cidade havia sido um "eldorado" no passado, atraindo aventureiros e garimpeiros de várias partes do país e do mundo. Não era difícil encontrar alguém caído por algum canto com uma garrafa de cachaça, como em algumas cidades da Bolívia. Fawcett foi abordado por um desses vagabundos no meio da rua, pedindo esmolas com um sotaque de gringo. O bêbado se aproximou, olhou para o rosto e as roupas de Fawcett com surpresa. Tocou na sua calça com leveza e teve um surto de lucidez. Disse reconhecer aquele brim – Fawcett vestia uma calça de brim da cavalaria inglesa – porque havia sido um major da cavalaria da Inglaterra, servindo na Índia, provavelmente na mesma época que Fawcett. Que faria aquele "trapo humano" perdido em Mato Grosso?, questionou o explorador.

Finalmente em abril, Felipe apareceu. Animado, carregado de mercadorias e de vontade para enfrentar mais um desafio. Sabia que se Fawcett encontrasse um tesouro ou uma cidade perdida nessas viagens, ficaria tão famoso quanto ele. Fawcett se controlou para não xingar o companheiro, mas não se conteve ao perceber que a mercadoria comprada no Rio de Janeiro de nada servia para a viagem através da água. Felipe trouxera apenas mantimentos enlatados e um monte de bugigangas sem serventia para a expedição.

Fawcett não admitia tamanha falha, já que ele havia viajado antes pelo sertão e conhecia, portanto, as necessidades de quem ficaria muito tempo na floresta. Trouxera também um monte de remédios para várias doenças inexistentes na região e até "grandes sovelas para consertar botinas". Da lista fornecida por Fawcett, quase nada existia. Ficou mais surpreso ainda quando Felipe lhe apresentou uma conta com as despesas pessoais dele. Um valor exorbitante, que deixou Fawcett perplexo. A idéia de viajar de barco fora por água abaixo.

O estrago já estava feito. A questão agora era conseguir os animais e traçar uma rota até um rio afluente do Xingu, próximo ao posto. Fawcett tinha acertado com um ex-oficial inglês para acompanhá-lo na expedição. Antes de Felipe chegar, Fawcett descobriu que o novo companheiro era um "degenerado", e em nada lhe serviria. O coronel tinha uma idéia fixa de que nenhum brasileiro deveria acompanhá-lo nas viagens de pesquisa. Por isso, desistiu do inglês e começou a perder as esperanças de encontrar alguém mais adequado ao seu modo, para ajudá-lo. Além de que os suprimentos e os equipamentos comprados por Felipe também não eram adequados a qualquer tipo de viagem. Só havia uma opção: cancelar a expedição no Mato Grosso. Fawcett vendeu os animais e os suprimentos para Frederico e partiu para o Rio, sem expor à imprensa o seu recente fracasso. Mais uma vez, outros foram considerados os culpados. Fawcett aprendera a lidar com sua impopularidade e não quis criar mais motivos de chacota na população local. Chegou a dizer várias vezes que esperava contar com o seu filho mais velho, Jack Fawcett, atualmente com dezessete anos, para acompanhá-lo nas suas expedições quando crescesse mais um pouco. Para isso, estava treinando-o ao seu modo. Jack precisava completar os estudos na Jamaica, um lugar, segundo Fawcett, mais apropriado para a educação de um jovem que a própria Inglaterra. Estava nos planos do coronel trazê-lo ao Brasil na próxima oportunidade.

Voltando ao Rio de Janeiro, Fawcett preparar uma nova expedição, que deveria partir imediatamente. Resolveu desviar-se por enquanto das agruras das selvas do Mato Grosso e partir diretamente para Goiás, não mais do Oeste para o Leste, mas do litoral da Bahia para o centro do país. Queria chegar à região do Gongogy, em poder dos índios Patachós, na época em guerra com os fazendeiros da região. Lá poderia estar a famosa cidade perdida de Muribeca e suas fabulosas minas de prata.

5

EM BUSCA DAS MINAS DE PRATA

Mais uma vez Fawcett descrevia a região por onde iria percorrer como sendo perigosa. Falava sempre na possibilidade de encontrar índios ferozes. Seduzia-o, entretanto, seguir os passos de O'Sulivan Beare e descobrir as Minas de Muribeca, descritas no Documento 512. Felipe mais uma vez foi chamado para auxiliá-lo na viagem por um simples motivo: seus serviços estavam pagos até o fim do ano de 1921, e ainda estavam no mês de março. Felipe aceitou de bom grado a proposta. Seria uma viagem menos dolorosa, numa região habitada desde a descoberta do Brasil, em 1500. Ainda auxiliado graças ao dinheiro do governo brasileiro, Fawcett partiu de navio para Salvador, onde chegou no final da tarde de uma terça-feira, dia 3 de maio.

Salvador, naquela época, ainda possuía vestígios do grande mercado de escravos, que existira nos seus portos até poucos anos antes. Fawcett pesquisara bastante sobre a cidade e tinha em mãos dados de 1600, quando Salvador contava com uma população de 2 mil brancos, 4 mil negros e 6 mil índios domesticados. Em 1763, a capital fora transferida para o Rio de Janeiro, mas até aquela data mantinha algumas características de seu passado de glória. Ainda era imensa a quantidade de negros trabalhando no cais. Salvador se mostrava mística de várias formas e Fawcett ouviu muitas histórias e frequentou terreiros de Umbanda e Candomblé para conhecer a religião. Budista, Fawcett era também um místico e gostava de conhecer outras religiões e culturas.

Os planos do inglês estavam além do turismo. Ele pretendia chegar até a região das nascentes do rio Gongogy e do rio Verruga. Os dois rios originavam-se nos vãos da Serra da Ouricana, próximo a Vitória da Conquista, no centro do estado, cerca de 300 quilômetros de Ilhéus no litoral. Nada muito complicado a não ser a existência de índios ferozes.

Foram de barco até o porto de Nazaré e de lá tomaram um trem para Jequié, uma cidade cacaueira nas margens do Rio das Contas, onde os dois passaram alguns dias, antes de partir para Vitória da Conquista. O Rio das Contas, como todos os rios do sertão brasileiro, possuía uma infinidade de lendas. Fawcett ouviu uma sobre um lugar conhecido como Aldeia de Fogo, uma cidade com telhados de ouro, escondida no meio de uma cadeia de montanhas. Lenda derivada da fantástica história do Muribeca. Fawcett tentava fazer as outras pessoas acreditarem na existência de tais cidades, mas não conseguia muita coisa. Os sertanejos ficavam sem entender por que um homem da cidade, bem vestido, viajado, dedicava sua vida a procurar veracidade em causos dos quais eles tinham ouvido falar desde a infância, sem se importar com eles. O homem do campo não acredita, mas também não duvida, das lendas dessa natureza. Responde de acordo com a pergunta feita. Essa resistência não fazia diminuir o fascínio de Fawcett para entrar na chapada e encontrar ruínas de outra civilização. No dia da partida, alertaram os dois viajantes sobre a possibilidade de se deparar com bandos de cangaceiros que infestavam as caatingas do Nordeste. A notícia dos bandoleiros assustou um pouco, mas Fawcett não a levou em conta. Lampião era a única lenda verdadeira que poderia ser encontrada por aquelas bandas, caso resolvesse seguir para o Norte. Seria no mínimo curioso um encontro de Fawcett com Lampião em plena caatinga.

Mais uma vez, Fawcett e Felipe se valeram de cavalos para viajar de Jequié até Boa Nova, uns 65 quilômetros por uma boa estrada de terra. Mesmo assim levaram três dias de viagem. Boa Nova era a cidade mais próxima da nascente do rio Gongogy, a menos de 30 quilômetros. O Gongogy, afluente do rio das Contas, tinha menos de duzentos quilômetros de voltas, mas passava na região da serra do Salgado, nas proximidades de Ilhéus para onde escorria toda a produção de cacau da região. Fawcett chegou no apogeu deste produto, quando o país ainda ocupava o primeiro lugar na produção mundial, e pôde ver grandes fazendas cacaueiras e muito dinheiro na mão dos coronéis. Ao contrário do que presenciara no Mato Grosso, Fawcett viu muita fartura de alimentos e uma sociedade dominada por fazendeiros; uma terra rica coberta por uma densa floresta conhecida como Mata Atlântica, que se estendia através do rio Jequitinhonha, até o litoral, próximo ao estado de Minas Gerais. Um tipo de gente e vegetação diferentes. Fawcett decidiu que percorreria serras e selvas até encontrar algum vestígio de uma antiga civilização e voltaria ao Rio de Janeiro com um troféu capaz de fazer calar os incrédulos.

Montados a cavalo, deixaram Boa Nova e tomaram o rumo das nascentes de Gongogy, dispostos a irem aonde fosse preciso. Em dois dias, estavam atravessando os paredões da serra da Ouricana e nada encontraram além de um pequeno córrego, provavelmente a nascente do rio que tanto seduzia Fawcett. Descansaram num vilarejo de nome Baixa de Fatura, um local muito alto e frio. Felipe foi o primeiro a pedir para voltar e procurar outra região para explorar. Fawcett não quis retornar sem antes fazer uma enquete e, então, procurou moradores que já tinham visto ou ouvido falar de alguma cidade perdida, ou "cidade encantada" como se costuma dizer no Nordeste. Para um bom entendedor, todas as serras da região tem encantamento. São luzes, barulhos, movimentos, vistos pelos sertanejos. As serras sempre escondem algo de misterioso, que faz o imaginário sertanejo criar muitas lendas, passadas oralmente de pai para filho, ou através dos "Romances de Cordel". Como sempre, Fawcett ouviu um homem dizer que conhecia alguém que já tinha visto uma dessas cidades. Citou nome do tal homem e acrescentando que morava numa fazenda de nome Pau Brasil distante quatro léguas. Fawcett se empolgou com a história e resolveu, junto com o homem e Felipe, visitar o conhecedor da cidade perdida. Viajaram por mais de oito léguas e ficaram decepcionados quando descobriram que o homem nada sabia sobre cidade alguma. Uma enorme perda de tempo. Seguir essas falsas histórias fazia parte da pesquisa. Seria através delas, a única forma de encontrar algo realmente concreto. Fawcett apostava que estava no caminho certo e dava como garantido encontrar ao menos sinais da sua Cidade Abandonada.

Resolveram então retornar para Boa Nova, e de lá se afastarem para Poções, seguindo depois para Vitória da Conquista. Daí iriam para o sul, onde esperavam encontrar uma região mais inóspita. Vitória da Conquista tinha uma localização privilegiada por estar situada a 921 metros de altitude. A cidade fora fundada em 1752, ao redor de uma capela, e já era a maior cidade da região. Chegaram em Boa Nova, duas semanas depois, debaixo de chuva. Ficaram na cidade apenas até a estiagem. Fawcett conseguiu um guia que conhecia todas as regiões da Bahia. Era um jagunço "com muitas mortes nas costas", mas que tinha várias serventias, incluindo a de protegê-los de cangaceiros. Com ele na frente, partiram para Vitória da Conquista, onde se hospedaram na pensão de Dona Rita de Cássia Alves Meira. Na pensão, mais uma vez, o coronel ouviu histórias sobre cidades perdidas e novamente quis verificá-las. Agora foi a vez de um mestiço dizer que tinha se perdido na Serra Geral e ao subir num lugar alto para orientar-se, avistou a Cidade Abandonada. Porém, mesmo de longe, conseguiu ver índios encostados na muralha que protegia a cidade. Por isso, cuidou de procurar outra direção sem ser visto. Fawcett imediatamente acreditou que o homem teria visto a cidade de Muribeca, descoberta em 1753. Mais uma vez, resolveu voltar para o leste, retornando às montanhas que cercam o Gongogy, ao invés de seguir para o Rio Pardo, como o planejado. Esperava ter melhor sorte desta vez.

No trajeto, Fawcett decidiu explorar a serra da Verruga, onde diziam existir vários tipos de cristais, de cores e matizes diversas. O coronel viu algumas dessas pedras numa feira em Vitória da Conquista e ficou interessado em conhecer sua procedência. Disseram que na margem do rio Jequitinhonha, no sul do estado, havia cristais à vista na superfície do solo. Um negro descobriu uma pedra pesando duzentos e cinquenta quilos e a vendeu para um alemão, pois tais pedras eram muito procuradas para a fabricação de bijuterias. Fawcett chegou ao povoado de Verruga ouvindo apenas a história das pedras. Não teve muita sorte nas suas entrevistas para localizar o eldorado de prata, e tampouco se interessou pelos cristais, de baixo valor. No entanto, um boato atrapalhou os planos para continuar seguindo a trilha das pedras. Na região do ribeirão de Couro d'Anta, havia uma tribo indígena, cujo líder tinha uma barba escura e os pés muito grandes e, ainda por cima, a pele escura. Tratava-se dos mamelucos, índios que se misturaram com negros dos quilombos, criando aldeias miscigenadas no interior do país, sem que as autoridades tomassem conhecimento. Por isso Fawcett resolveu que voltaria de Verruga para Boa Nova e de lá iria novamente para o vale do Gongogy, onde existiam muitos lugares para serem explorados.

SERTÃO CIVILIZADO

Fawcett estava decepcionado: encontrara o interior da Bahia completamente habitado. As fazendas, povoados e cidades eram distantes uma das outras, mas todo o sertão estava ligado por trilhas e caminhos bastante percorridos pela população. Há séculos a região era explorada por garimpeiros, agricultores e fazendeiros. Assim mesmo, resolveu mudar completamente sua rota e continuar em busca das minas. Novamente em Boa Nova, Fawcett e Felipe projetaram novo roteiro, desta vez mais longo e abrangendo regiões de mata fechada, difícil de serem percorridas, porque podia-se passar o dia inteiro sem ver a luz do sol. A rota era seguir para o nordeste da Bahia, na direção das florestas do Timorante, um local pouco habitado e com muitas serras. Fawcett soube que na montanha havia uma grande mina de ouro, adquirida por um fazendeiro que não tinha condições de explorá-la. Portanto, deveria estar intacta. A direção nordeste incidia diretamente para as nascentes do Gongogy, onde havia notícia de ataques de índios a civilizados. Já era rotina a existência de ouro e diamantes protegidos por algum tipo de perigo. Esses perigos, como os índios, eram os motivos pelos quais as tais minas e determinadas regiões não haviam sido exploradas ainda.

Com três cavalos, dois de sela e um para as bagagens, partiram de Boa Nova, sem descanso, até chegarem à fazenda Barra do Rio Ouro, na proximidade da foz deste rio com o Gongogy, após três dias de cavalgada. Havia rumores da existência de ruínas de cidades de pedras como também referências ao ouro nessa região, mas estas histórias logo foram desmentidas pelo dono da fazenda e pelos peões. Desacorçoado e com muitos mapas da região, Fawcett resolveu dispensar os animais a partir daquele ponto, enviando-os de volta para Boa Nova juntamente com o guia, e seguir o restante do trajeto, a maior parte, a pé, até descobrir alguma coisa verdadeira. Felipe se arrepiou, porque não gostava da idéia de caminhar, o que não incomodava em nada Fawcett. Até os fazendeiros acharam loucura fazer um trajeto de mais de trezentos quilômetros andando e carregando pesadas mochilas nas costas. Mas era assim que se fazia uma aventura verdadeira, uma expedição a lugares aos quais não se podia chegar de outra maneira. Nas horas de descanso, Fawcett orava os mantras sagrados da Índia, uma forma de equilibrar o espírito e prepará-lo para suportar privações. A recompensa haveria de ser grande.

As facilidades para andar na chapada inexistem na mata. Além das trilhas escassas, o alimento era mais difícil de se encontrar. Por enquanto, comiam nos sítios e fazendas, ou caçavam, especialmente aves, como codorna e perdizes, quando estavam acampados. Entretanto, as aves são mais astutas e difíceis de serem apanhadas. Por isso, muitas vezes o cardápio era completado com macacos, bons alvos, fáceis de localizar pois andavam em grandes grupos. Fawcett comeu um tipo de mico diferente dos encontrados nos rios bolivianos. Felipe chegou a matar um bicho preguiça quando a fome apertou para valer, mas não gostaram muito da carne. Tanto na Bahia como em Mato Grosso existia caça em abundância. Era preciso silêncio e um bom traquejo no campo para descobrir os bichos. Quando se tinha um bom cão, a tarefa ficava mais fácil. A idéia de entrar na floresta era, a princípio, a única forma de encontrar vestígios de uma civilização escondida entre árvores e cipós, como nas selvas do Peru. A segurança e a alimentação, por enquanto, eram secundárias.

Fawcett e Felipe deixaram a fazenda Barra do Rio Ouro, com a carga nas costas. No primeiro dia de viagem, começaram as queixas do botânico. Novamente reclamava da mancha no pulmão, a qual era de grande preocupação, e da sua fraqueza para determinadas atividades físicas. Fawcett não dava ouvidos às choradeiras. Depois de cinco dias de caminhada, encontraram um fazendeiro na região da Serra Pelada, próximo da nascente do Rio do Ouro. Fawcett arranchou por dois dias para que Felipe se recuperasse. Em seguida, partiram novamente para os vãos de serra, sob a advertência de que certamente encontrariam índios. Diante deles, a mata virgem, densa, como uma mortalha verde, estava pronta para acolher homens estrangeiros que não a conhecem.

ONDE ESTÃO OS ÍNDIOS?

Na região da Serra Pelada não encontraram sequer sinais de índios ou de cidades antigas. Apenas cobras venenosas, como a lendária surucucu de fogo. No interior de todo o país existem histórias contadas por boiadeiros, sertanejos, seringueiros e pescadores, sobre a ação da surucucu. Conta-se que ela se aproxima do fogo e pode morder quem estiver perto. Muita gente afirma que a cobra chega mesmo a pular dentro do fogo para apagar as chamas. Fawcett aprendeu rápido e não deixava mais uma brasa acesa para evitar ser atacadas por tais cobras, possuidoras de um forte veneno. Os peões encontravam uma grande quantidade dessas cobras queimadas em fogueiras ou roças. Existem quatro espécies de surucucu, todas elas cheias de truques, porque agem diferente das demais cobras, conforme a lenda da região. Fawcett ouviu histórias de arrepiar a respeito da surucucu. Um sertanejo lhe disse que um dia encontrou um amigo morto, com uma surucucu enrolada na perna. Ela havia mordido todo o corpo da pessoa, até cansar-se e acabar o seu veneno. Era melhor, no entender de Felipe e Fawcett, evitar essas serpentes quando estivessem vasculhando encostas à procura de alguma pista de civilizações antigas.

A ansiedade aumentava à medida que o tempo passava em vão. Fawcett precisava de alguma prova da existência, ou ao menos uma probabilidade mínima, de ruínas dentro do Brasil. Só a projeção mística de que elas existiam não era o suficiente para que as autoridades e a imprensa acreditassem em suas buscas. Por isso resolveu entrar para valer na área onde se encontravam os índios Patachós. Logo nos primeiros dias, Fawcett encontrou muitas pegadas dos índios, fáceis de identificar porque não usam calçados e andam em bando, além da existência de armadilhas para caça. O medo de um ataque surpresa aumentava, mas a necessidade de seguir em frente era maior. Esperavam ser abordados a qualquer momento mas, a princípio, não pensavam que seriam alvejados traiçoeiramente, até porque todos os índios da região eram civilizados, apesar de viverem em guerra com os fazendeiros. A maioria das armadilhas era inofensiva para o homem. Porém, era preferível evitar se ferir nas estacas afiadas no meio do caminho. Elas poderiam ter algum veneno, e um simples arranhão mataria uma pessoa, lentamente.

Fawcett enfrentava a mata com coragem em direção a Couro D'Anta e Rio Pardo, no sul do estado. Estavam nos emaranhados de riachos e serras na nascente do Rio do Ouro, andando lentamente. Toda a encosta das serras era devidamente analisada por Fawcett, para ver se era semelhante às descrições de Muribeca. Fawcett pensava que a civilização estava a centenas de quilômetros e que andavam por lugares desconhecidos. Mas se decepcionou. De repente, no meio da selva, Fawcett encontrou uma pequena fazenda. Tinha a informação de que o local por onde andava era completamente selvagem, sem moradores, só existindo índios. Depois de cincos dias de longas jornadas, incluindo chuvas e vigília contra os silvícolas, tiveram a surpresa de encontrar um rancho. Felipe gostou do lugar, e ali repousou confortavelmente. O sertanejo alimentou bem os viajantes, que partiram no dia seguinte, sem muitas convicções. Poucos quilômetros à frente, encontraram outra fazenda, na qual lhes deram bastante comida, o suficiente para levar algum alimento na bagagem. Fawcett pôde confirmar que todas as trilhas da região levavam a fazendas e que estranhamente os fazendeiros não conheciam os vizinhos. Eles foram entrando na mata e abrindo clareiras, fazendo roças e criando seu território, sem qualquer controle do governo. Fora as grandes fazendas de cacau, a maioria das terras não tinha dono, com documento registrado em cartório. Pertenciam, de boca, a algum coronel.

Para Fawcett o encontro com fazendeiros foi uma grande frustração. Estavam desfeitos os mistérios do Rio do Ouro. No entanto, mais uma vez um morador lhe disse que seguindo pelo sudoeste, mais para a região de Ilhéus, a região era inexplorada e não havia fazendas. Mas havia um agravante: estava infestada de índios. Sempre os índios. Até quando se falaria deles?

EM DIREÇÃO AO LITORAL

Debaixo de muita chuva e lama, Fawcett e Felipe tomaram o rumo do litoral. Algum tempo depois de caminharem dia e noite molhados e ainda permanecerem na região dos formadores do Gongogy, Fawcett conseguiu ver o primeiro índio. Finalmente encontrara os guerreiros donos da maioria das terras, que mais pareciam seres invisíveis. Fawcett levou um grande susto ao vê-los e pediu para Felipe se agachar para não serem vistos por eles. A imagem era clara: um índio em pé ao lado de sua cabana. Cautelosamente, Fawcett e Felipe fizeram uma grande volta ao redor da cabana para não serem descobertos. Quando fizeram o círculo, olharam para o local e o índio não estava mais lá. A cabana também não. Era tudo miragem. Fawcett fora vítima de seus próprios temores. De tanto imaginar um encontro, acabou criando uma falsa visão.

Durante uma semana de jornada, várias vezes, quase tiveram contato com índios, mas nunca chegaram de fato a encontrá-los, até mesmo porque Fawcett não tinha interesse em visitar suas aldeias e conquistá-los. Deparavam-se com várias cabanas vazias, com sinais de serem habitadas, pois havia restos de alimentos. Numa noite, chegaram até a dormir numa dessas cabanas, mas nada de índio aparecer. Provaram alguns cocos que serviam de alimentação aos selvagens e descobriram que as lesmas faziam parte do cardápio deles. Fawcett não tinha idéia de que tribo eram esses índios, se eram mansos ou se estavam em guerra. Ele não se interessava por esse tipo de cultura, muito inferior à dos descendentes dos Incas, das civilizações peruanas e pré-colombianas. O índio brasileiro tinha o misticismo apenas nos elementos da natureza, no sol e na lua. Não passava disso. A viagem estava sendo feita quase que em círculo, porque Fawcett queria explorar bem a região do Gongogy. Finalmente Fawcett chegou ao Rio Buri, na ponta da Serra do Salgado, onde havia meia dúzia de moradores espalhados perto dos riachos, e convenceu-se de que não adiantava andar mais por ali.

Novamente chegaram à civilização: Como sempre, Felipe voltava a se alegrar. O terreno trilhado agora pelos dois, rumo ao vale do Jequitinhonha e o rio do mesmo nome, em Minas Gerais, era bastante civilizado. A distância entre uma fazenda e outra não era tão grande, mas o fato de os dois não terem pressa e de não estarem indo a lugar algum os deixava mais confortáveis. Agora, que todo o vale do Gongogy tinha sido revirado, Felipe estava sempre em direção ao caminho de volta. Viajaram meses a pé, se alimentando mal e recebendo muita chuva. Mas, foram meses também de grandes aventuras que poucos homens tinham tido coragem de experimentar, buscando algo que podia não existir. Mas, se a cidade de Muribeca existisse de fato, seria Fawcett quem a encontraria, incluindo a sua riqueza. Por isso seguiram em frente, desta vez explorando as encostas de uma serra de nome Couro D'Anta, nas margens do Rio Pardo.

Na época da colonização, os vales da parte norte da montanha eram sagrados para os índios, que proibiam a entrada dos colonizadores. Isso aguçou a curiosidade de Fawcett em conhecer o lugar. Pediu a ajuda de um ex-escravo de nome Vasurino para subir a serra e entrar no lugar especial. Foram dois dias de caminhada até atingir o topo da Couro D'Anta. Fawcett ficou tão satisfeito que procurava por todos os lados os vestígios de sua cidade perdida. Tinha certeza de que, se ela estivesse ao alcance dos seus olhos, a encontraria. Não que a serra fosse tão alta, mas os vales que se formavam ao seu redor permitiam uma longa visão, até mesmo da serra da Mombuca, a mais de 60 quilômetros de distância, na divisa com o estado de Minas Gerais e a Serra Pelada, próxima de Vitória da Conquista. Dava para ver, agora, que toda a região percorrida não passava de um minúsculo território, cortado por centenas de rios, morros e serras. Parecia um sinal de que estavam chegando ao fim da jornada; todos os lugares por onde olhavam pareciam conhecidos por eles. Mesmo assim, Fawcett acreditava que sob aquela vegetação tropical se escondia uma cidade construída em outros tempos, por gente mística além da nossa compreensão.

Os monolitos de pedra chamaram a atenção de Fawcett na descida de Couro D'Anta para o Rio Pardo. A intenção era chegar até Canavieiras, no litoral, a cerca de 150 quilômetros de onde estavam, em menos de uma semana. A retirada alegrou Felipe, que voltou a assobiar; um aviso de que estava retornando à civilização. Fawcett, ao perceber que o companheiro não mais voltaria para o interior, iniciou a descida rumo a Canavieiras, passando por novos lugares, como uma curva exótica do Rio Pardo. Dois dias depois, chegaram ao centro da enorme curva de oito quilômetros, onde está situada a cidade de Angelina, na época uma aldeia com poucos habitantes. Nos arredores da cidade, Fawcett visitou uma gruta enorme, onde viviam dois padres. Eles haviam transformado a caverna numa igreja de calcário e arenito. Sem levar consigo o peso do fracasso, Fawcett determinou que voltaria para Salvador, de onde Felipe partiria para o Rio de Janeiro, e que tomaria um outro rumo.

Fazendeiros de Angelina emprestaram cavalos e guias para conduzi-los até Novo Horizonte, uma cidade a trinta quilômetro de Angelina, margeando o Rio Pardo. Em 1914, houve uma grande cheia na região e muitos povoados próximos às margens haviam ficado vários dias debaixo d'água. Fawcett ainda viu as marcas do desastre que destruíra vilas inteiras, inclusive nos arredores de Novo Horizonte. Viajaram a cavalo mais vinte quilômetros até Jacarandá, antiga cidade da época áurea da exploração de diamantes. Fawcett ouviu muitas histórias sobre a época soberba, quando os diamantes eram encontrados no leito dos rios, e também sobre a miséria que se abateu mais tarde. Os índios Aimorés tinham sido um dia habitantes do lugar. Estavam, na época, escondidos nas montanhas do Espírito Santos e das Minas Gerais.

Os cavalos e os guias foram dispensados, sem que Fawcett pagasse nada pelo serviço. Ele se acostumara a dizer "Deus lhe pague" para as pessoas que lhe ajudavam por cortesia. Seguiram de barco para Canavieiras nos trinta quilômetros restantes da expedição. A viagem foi confortável pois estavam descendo o rio, ajudados pela correnteza. Fawcett preferiu ficar em cima do forro de palha, um dia e uma noite, a ter de se misturar com a gente humilde que ficava embaixo, protegida do sol e do frio. Não foi pouco o entusiasmo quando avistou o mar naquela manhã, dois meses após deixar Salvador. Se por um lado não tinha nenhuma prova da existência de alguma cidade desconhecida, por outro lado havia uma boa história para contar. Entretanto, havia ainda uma suspeita de que as Minas de Muribeca, segundo descrições do Documento 512, estariam nas Matas de Orobó, no norte do Estado, próximo à cidade de Lençóis, segundo se cogitava.

Em Canavieiras, Fawcett e Felipe tomaram o navio "Vitória" para Salvador, numa viagem incômoda. Junto com eles, na pequena embarcação, estava um carregamento de couro de boi sem tratamento, fedendo como carniça, dois porcos vivos, dois cães, dois perus, cinco marinheiros, um ajudante e duas mulheres passageiras. As mulheres, juntamente com Felipe, tiveram enjôos durante toda a viagem, por causa do mau cheiro. Mas o pior quase aconteceu quando uma tempestade transformou o mar num inferno e o barco por pouco não colidiu com um recife de coral. Para quem havia superado maiores perigos na terra, seria injusto terminar a história no mar, sem nenhuma chance de defesa. Passada a tempestade, ficou decidido que Felipe voltaria de Salvador para o Rio de Janeiro, enquanto Fawcett permaneceria na Bahia para fazer mais uma viagem, desta vez sem aventuras no meio do mato. E sem testemunhas.

SINCORÁ E OROBÓ

De Salvador, Fawcett tomou o trem para Lençóis em julho de 1921. Fazia quase três meses que estava na Bahia, mas faltava o norte do estado para percorrer. Fawcett estava convicto de que encontraria algum sinal de uma cidade perdida nas proximidades da Serra do Sincorá, na nascente do Rio Paraguaçu, ou na Serra do Orobó, onde existia uma grande mata, no interior da qual, segundo lendas, havia construções de pedras fora do comum. Tinha todas as referências para ser bem sucedido. O lugar era exatamente o encontrado pelo escravo Francisco, em 1845. Fawcett deixou o trem em Bandeira de Mello e comprou dois animais, uma mula de carga e um cavalo de montaria, para terminar sua viagem até Lençóis.

O coronel, desta vez, tinha uma região pequena para percorrer, porque a Serra do Sincorá ficava ao lado de Lençóis. Fawcett não só explorou essa região, mas também a serra do Lagedinho, onde ficam os formadores do Rio Paraguaçu. Depois, foi mais para o nordeste conhecer as matas e as montanhas de Orobó, a 120 quilômetros de Lençóis. Fawcett, pela primeira vez, viajava completamente sozinho, sem guias ou ajudantes. Não dependeria de alguém a não ser para testemunhar um achado importante. Preferiu a solidão e não se arrependeu.

Fawcett, no entanto, jamais revelou no seu diário ou em artigos, o que realmente encontrou de interessante na região, apesar de manter correspondência com moradores de Lençóis. Existe um ponto de interrogação destacado nos mapas desenhados por Brian Fawcett, para ilustrar as aventuras do pai, na região da Lapinha. A interrogação escondia na verdade um segredo, que, se fosse divulgado na época, causaria um grande escândalo. Tratava-se do interesse de Fawcett na compra de uma mina de prata na região de Lagedinho, onde havia enormes grutas conhecidas como Lages da Lapinha, com aspectos idênticos às descrições de Muribeca e às da cidade à qual o escravo Francisco havia se referido. Se esse negócio viesse a público, boa parte da credibilidade de Fawcett poderia ficar ameaçada pois sempre defendera a idéia de procurar apenas tesouros arqueológicos, ou seja, a Cidade Abandonada, e não as minas que a cercavam.

Em Lençóis, Fawcett conheceu o fazendeiro Lourenço Veiga, filho do dono da fazenda onde se encontrava a Lapinha, conhecido como "coronel Veiga". Originou-se daí uma amizade e troca de correspondência entre os dois. Fawcett achava que as grutas da Lapinha poderiam ser as mesmas descritas no Documento 512. Mas não havia como ter certeza absoluta, senão teria divulgado o fato para o mundo inteiro, com estardalhaço. Por outro lado, também estava muito interessado nos minérios contidos nelas. Quando voltou para Londres, três meses depois de chegar à Bahia, levou consigo várias amostras de minérios para serem analisadas por especialistas. Se houvesse riquezas no solo da Lapinha, Fawcett reuniria recursos e compraria a fazenda. Segundo afirmou Landulpho Veiga, irmão de Lourenço, Fawcett copiou várias inscrições indígenas das grutas e dos paredões e depois mostrou um mapa com inscrições parecidas afirmando que "tinha achado o que estava procurando".

Os Veiga passaram a pesquisar cada centímetro da região à procura de algo que estivesse próximo ao que Fawcett queria, pois estava em vista um bom negócio entre europeus e brasileiros, já que Fawcett afirmara ter uma "casa" em Londres interessada na compra dos produtos minerais da fazenda, também rica em salitre.

Apesar da viagem curta na região de Lençóis, Fawcett teve tempo de fazer esta descoberta e dar por encerrada sua pesquisa na Bahia. Tomou o navio para o Rio de Janeiro e de lá para Londres, onde a família já o esperava, após deixar a Jamaica. Fawcett fazia inúmeros planos para, quem sabe, voltar em 1923 com os resultados das amostras de rochas, para nova expedição, desta vez ao encontro da tão sonhada Z, que tanto podia ser a Atlântida ou as famosas minas dos Martírios, ou a cidade do escravo Francisco. Poderia até mesmo comprar a propriedade que poderia conter os segredos guardados por centenas de anos.

A COMPRA DA CIDADE DE MURIBECA

Fawcett fazia parte de uma associação esotérica ligada à maçonaria, a qual bancaria parte de sua próxima expedição no Brasil. Suspeitava-se que em todas as viagens realizadas, tanto no Mato Grosso como na Bahia, ele recolhia minérios para pesquisa posterior. As antigas minas de diamantes seduziram Fawcett a ponto de ele tentar comprar a Lapinha com o interesse de pesquisar o solo rico em prata e outros minérios. A transação desse negócio, através de cartas somente conhecidas agora, é a única prova de que realmente Fawcett saía do Brasil levando amostras de minerais para Londres. Na Europa, eram enviadas para grandes empresas de mineração cujos nomes o coronel não cita, para conseguir dinheiro suficiente para a compra da Lapinha. Ao mesmo tempo em que buscava os vestígios de uma nova civilização, pedia análise de minerais com o código estranho de "AzO3K", que existiam em grande quantidade na fazenda.

Mal aportou na Inglaterra, em fins de novembro de 1921, Fawcett apressou-se em responder uma carta de Lourenço da Veiga, que chegou em Londres no dia 12 de janeiro de 1922. Tratava-se da venda da fazenda. Fawcett enviou uma resposta para o amigo da Bahia, e nela expôs os interesses do negócio e os resultados da análise do salitre e de outros minerais. A carta foi escrita originalmente em espanhol, pois Fawcett ainda tinha grandes dificuldades no domínio da escrita portuguesa:

"Caro amigo meu,
Cheguei na Inglaterra no fim de novembro, e logo me juntei à minha família. Agradeço muito o envio dos desenhos encontrados sobre os rochedos da propriedade de sua família. Todos estes assuntos são de grande interesse para mim. A questão do AzO3K está em mãos de

gente poderosa em Londres e interessada em produtos desta natureza. Estou esperando os resultados dentro de pouco tempo. Por causa das dificuldades financeiras mundiais, a indústria desse minério tem sofrido muito depois da guerra. Mas é possível que o negócio tenha logo um desfecho. Avisarei em seguida. Espero retornar à Bahia em fins de abril, mais ou menos, para prosseguir com as pesquisas no interior do estado...
P.H. Fawcett
C/d Royal Geographical Society. London........ 26/02/22"

Fawcett só teria descanso quando os mistérios das minas de Muribeca fossem devidamente esclarecidos, mesmo não tendo qualquer referência probatória da existência de uma cidade construída por civilizações avançadas. Porém, as riquezas existentes no solo do Brasil fizeram com que homens simples se formassem caçadores de Eldorados. Fawcett, na sua modéstia, escrevia para Lourenço Veiga que "desejava fazer todo o possível (para descobrir as minas) em benefício da República, sem a ambição de enriquecer pessoalmente."

Em 29 de setembro de 1923, Fawcett enviou outra carta relatando que a "casa interessada no salitre ainda não havia chegado a uma conclusão". Fawcett estava impaciente com a demora na negociação da mina e planejava voltar a São Paulo em outubro de 1923, possivelmente para realizar uma expedição ao norte do estado, mas não dava muitos detalhes a esse respeito. Vinha em companhia de Jack, no vapor "Real Mail". Ocorreu de Fawcett partir somente dois anos depois para o Brasil e a história da compra da fazenda ficou pendente por muito tempo. Durante muitos anos os proprietários da fazenda enviaram amostras de minérios para ver se Fawcett encontrava um comprador para as terras, já que sozinho não tinha como adquiri-las.

No dia 29 de julho de 1926, dona Nina, esposa de Fawcett, na época morando na Rua dos Ilhéus em Funchal, Ilha da Madeira, escreveu uma carta para Lourenço Veiga avisando que mais uma lata de nitrato, enviada por ele para a Portugal, não havia chegado. Nina dizia ainda na carta que poderia achar um comprador para a fazenda, já que "o coronel Fawcett estava incomunicável" e enquanto não pudesse resolver pessoalmente o assunto, ela e o senhor Alexander Barclay precisariam recolher o máximo de informações necessárias para continuar as negociações da compra da Lapinha. Nina estava apostando na volta de Fawcett até o final do ano, no momento sem comunicação por se encontrar perdido em algum lugar do sertão do Mato Grosso, e descartava a compra da fazenda em nome do marido até que ele regressasse.

6

EXPEDIÇÃO 1925

Fawcett passou dois anos procurando meios para voltar ao Mato Grosso. Os planos de chegar a Bahia seriam concretizados de maneira diferente, como fora planejado anteriormente, cruzando três estados brasileiros na linha do paralelo 12. Por enquanto, Fawcett passava seus dias fazendo palestras e tentando conseguir dinheiro para custear a expedição e comprar a mina da Lapinha. O governo brasileiro desta vez, com certeza, não iria mais bancá-lo. O coronel voltou para a Inglaterra e não deu satisfação às autoridades brasileiras sobre a expedição. Tinha alguma esperança de conseguir ajuda com amigos americanos, admiradores de suas idéias e ligados à maçonaria. Eles iriam abrir espaço para Fawcett levantar seus patrocínios. A próxima expedição não poderia falhar, teria de ser altamente precisa e bem organizada.

– O meu trabalho na América do Sul terminará em fracasso se a viagem não for bem sucedida, pois jamais poderei repeti-la – dizia Fawcett aos amigos, convicto de que seria bem sucedido.

A idéia era voltar ao Brasil em 1924, pronto para ficar até três anos em campo. Um trecho de seu diário mostra as dificuldades que estava enfrentando para retomar o seu trabalho:

"Não duvido um só instante da existência dessas velhas cidades. Por que haveria de duvidar? Eu mesmo vi parte de uma delas – e essa é

a razão pela qual achei que deveria fazer novas expedições. As ruí-
nas parecem ser de um posto adiantado de uma das grandes cidades,
as quais estou certo serão descobertas juntamente com as outras se a
expedição for bem preparada, com uma pesquisa profunda sobre o
assunto. Infelizmente não posso induzir os cientistas a aceitarem até
mesmo a hipótese de que há indícios de uma antiga civilização no
Brasil. Viajei por lugares ainda não explorados, os índios têm me
falado de construções antigas, seu povo e mais coisas estranhas exis-
tentes nestes locais. Se tiver bastante sorte e conseguir atravessar a
região de índios selvagens e regressar vivo, terei condições de ampliar
imensamente o nosso conhecimento histórico".

A expedição para encontrar as Minas de Muribeca, juntamente com a Cidade Abandonada, havia sido um fracasso do ponto
de vista arqueológico, mas Fawcett ainda tinha esperança de encontrar a Misteriosa Z que podia ser a Atlântida, ou mesmo as
ruínas citadas no Documento 512. Suas expedições progrediam
sempre, mesmo que delas não resultasse algo concreto. Estava
decidido. A nova expedição partiria de qualquer forma para o
Mato Grosso.

O itinerário projetado por Fawcett seguia uma rota a partir do
ponto onde havia interrompido sua expedição de 1920, no Campo
do Cavalo Morto. No caminho, Fawcett esperava visitar uma antiga
torre de pedra que à noite emitia luz através de suas portas e janelas,
deixando os índios apavorados. Depois seguiria para o lado oeste do
Xingu, entrando na mata até um ponto próximo do Rio Araguaia,
entre a latitude 9° e 10° latitude sul , até chegar ao Rio Tocantins,
nas cidades de Porto Nacional ou Pedro Afonso. O caminho seguinte seria entre a latitude 10° 30' e 11° até a famosa Serra Geral, entre
os estados de Goiás e Bahia, uma região desconhecida que Fawcett
dizia estar infestada de índios, mas onde encontraria algumas marcas de cidades habitadas. Partiria depois entre as montanhas da Bahia

e do Piauí, até o Rio São Francisco, próximo de Chique-Chique. Se tiver mais condições de andar, partiria para a Cidade Abandonada de 1753, que ficava aproximadamente a 11° 30' sul e 42° 30' oeste, finalizando a expedição com êxito.

Fawcett fazia seus planos em Stoke Canon, onde reencontrou Nina, após a expedição no Mato Grosso. Nina e os filhos já estavam vindo de Los Angeles, nos Estados Unidos, onde haviam ficado um ano pois não suportaram a vida dura na Jamaica. Um mês após desembarcar em Plymouth, chegou Fawcett desanimado com os resultados obtidos, e esperançoso em voltar. Brian, já perto dos dezoito anos, trabalhava como aprendiz de soldador em uma oficina, próximo de Exeter. Jack, com mais de vinte anos, era um perfeito atleta e companheiro de Fawcett nos jogos de cricket, o esporte preferido do explorador. Todos os filhos de Fawcett começaram a trabalhar desde adolescentes. Na Jamaica, Jack havia sido ajudante de vaqueiro e em Los Angeles, tentou entrar para o cinema: vivia perambulando pelos estúdios de Hollywood procurando uma chance de trabalhar como ator. Era bom desenhista, assim como o pai e o irmão. Chegou a publicar algumas caricaturas no jornal *Los Angeles Times*. O jovem nascera com a sina dos magos e era o escolhido do coronel para ser seu inseparável companheiro de viagem, juntamente com o melhor amigo, Raleigh Rimell, filho de um médico em Seaton, que se mudou junto com Jack para a Jamaica e depois para a Califórnia. Estava fechado o número de participantes da próxima expedição.

Começaram os preparativos para a mais ousada de todas as expedições de Fawcett, planejada para durar o tempo que fosse preciso. Não deveriam ocorrer os problemas anteriores, como por exemplo, a falta de resistência dos companheiros de viagens, especialmente Felipe. Muitas vezes pensou em abandoná-lo e seguir sozinho com sua expedição. Desta vez nada iria atrapalhar. Novamente a família deveria se dispersar. Jack era sério e tímido, praticava fisiculturismo e tinha boa musculatura. Rimell era o inverso, brincalhão, tinha um defeito na perna direita e mancava um pouco, mas isso em nada lhe atrapalhava os movimentos. Os jovens esperavam encontrar algum tesouro, voltar com muito dinheiro, comprar duas possantes motos e se divertirem nas ruas de Seaton. Fawcett, a partir do momento que escolheu os dois, entregou-se também à tarefa de treiná-los diariamente para suportarem a vida na selva. Primeiro, tiveram de aprender a nadar em águas profundas e abandonar o hábito de comer carne. Lição aprendida por Fawcett no Rio Verde, pois não se pode contar com caça onde não se sabe se ela existe. Fawcett achava que Jack jamais pegaria uma doença nas matas e que Rimell, por ser muito amigo, seria um companheiro inseparável, caso lhe acontecesse algo durante a expedição.

Aprenderiam a se alimentar somente de vegetais, por mais de uma razão. Fawcett abandonaria armas de fogo em determinado ponto da expedição, quando não tivessem mais os animais para transportar cargas e ficaria então impossibilitado de caçar. As mochilas também deveriam pesar até quinze quilos. Armas e munição eram pesadas demais e seria impossível transportá-las sem condições físicas, numa emergência ou numa situação de fuga. Precisavam pensar em tudo, pois havia grande possibilidade de se perderem no mato. As lições de língua portuguesa passaram a ser diárias. Falar português era muito importante pois Fawcett tivera grande dificuldade para se comunicar logo que chegara à Bolívia. O pequeno dicionário apenas servira para que não ficasse totalmente sem comunicação. Jack deveria dominar um pouco o idioma para, na ausência do pai, no caso de algum acidente, se relacionar com os índios e sertanejos.

Além da língua, Jack também aprendera a fazer levantamentos topográficos e a lidar com teodolitos. Fawcett precisava de um substituto para o caso de algum acidente com ele. Estava com 57 anos e acreditava não ter mais forças para carregar uma mochila de 20 quilos nas costas, durante meses, sem sentir nada. Estava também desanimado. Vivia dizendo que os últimos quatro anos, nos quais tinha ficado parado, haviam sido os mais infelizes de sua vida, mas valia o sacrifício. "Os benefícios que trarei para a humanidade justificarão o sacrifício desta pesquisa", dizia.

RUMO À AMÉRICA

Em março de 1924, Brian Fawcett tomou o trem de Liverpool na estação de St. David, em Exeter, uma cidade próxima de Torquay, deixando a família para ir trabalhar na estrada de ferro, no Peru. Brian esperava encontrar o pai logo depois que retornasse da expedição que estava preparando. A mãe e Jean foram para Funchal, na ilha de Madeira, em Portugal, onde aguardariam o regresso de Fawcett, mais uma vez, como acontecera nos últimos vinte anos de sua vida.

Em maio, Fawcett foi a Londres procurar patrocínio, ou ao menos o apoio científico da Royal Geographical Society, já que não seria possível obter dinheiro da entidade. O apoio científico da Royal era importante para ajudá-lo a conseguir dinheiro nos Estados Unidos, onde tinha também a colaboração de alguns amigos. Planejou encontrar Rimell que morava em Nova York.

Em setembro, Fawcett deixou a Inglaterra disposto a chegar ao Brasil no final do ano, com dinheiro para entrar no Mato Grosso nos primeiros meses de 1925, quando as águas baixassem. Estava tudo muito bem calculado para nada sair errado, como quatro anos atrás. Fawcett e Jack chegaram em Nova York em dezembro para apanhar o dinheiro dos primeiros patrocinadores. O dinheiro estava com um amigo. No desembarque, tiveram uma grande surpresa: o tal amigo havia torrado mil e quinhentos dólares em farras. Mil dólares de Fawcett e 500 de Rimell, que os havia conseguido de forma infantil. Rimell, também com 20 anos, pedira os 500 dólares emprestados à mãe, para serem investidos nas ações de um sindicato de extração de minérios. Na época, eram muito comuns as descobertas de grandes minas com imensos filões de ouro e adquirir suas ações era uma opção lucrativa. Ao invés de aplicá-lo nas minas, entregou o dinheiro ao sujeito desonesto.

Fawcett conseguiu recuperar apenas 200 dólares, insuficientes até para pagar as passagens dos três ao Brasil. Começou então a fazer uma campanha para arrecadar fundos, num tempo muito curto. Deu sorte, logo de início, ao fazer um acordo com a agência de notícia Aliança de Jornais norte americanos. Fawcett vendeu os direitos da expedição para a agência e se tornou o seu próprio correspondente. Ele não desejava que algum jornalista relatasse o fatos.

Por conta do contrato, a agência começou a divulgar os fatos para os jornais americanos e europeus, auxiliando o coronel na captação de recursos e na divulgação de todos os seus feitos. O mundo começava a acompanhar as suas façanhas. Quando desembarcaram no Rio de janeiro, em janeiro de 25, quarenta milhões de pessoas no mundo ficaram sabendo do fato.

Uma camada de 30 centímetros de neve cobria Nova York, no final do ano de 1924, congelando os ossos do velho Fawcett. Jack, impaciente por causa da demora, passava o tempo junto com Rimell nos cinemas e percorrendo as ruas encharcadas em buscas de curiosidades, enquanto Fawcett procurava patrocínios. Divertiam-se como velhos marinheiros prontos para zarpar por mundos desconhecidos. Eles sabiam das histórias de todas as expedições anteriores e se preparavam com entusiasmo para enfrentar incríveis dificuldades, com a certeza de que voltariam vivos, para contar as aventuras aos amigos.

O NAVIO PARA O BRASIL

Foi com grande alívio e comemoração que Fawcett, Jack e Rimell tomaram o navio S.S. Vauban, da empresa Lamport and Holt Line, nos primeiros dias de 1925, com destino ao Rio de

Janeiro. A viagem foi um pouco cansativa, vagarosa. Rimell, muito à vontade, era o que menos tinha preocupações com a viagem. Conheceu uma garota brasileira que viajava com eles e ficou apaixonado. Com o passar dos dias, o que era apenas um namoro sem consequência se transformou no prelúdio de um romance. Era a sua primeira paixão, coisas que Jack ainda não havia experimentado. O filho mais velho de Fawcett sequer havia tocado numa mulher e ainda virgem, parecia não se importar em perder este estigma.

A brincadeira romântica de Rimell ficava séria à medida que os dias passavam. O jovem estava inteiramente entregue ao caso. Dentre os planos loucos de Rimell estava o de casar-se com a garota, em vez de seguir para o Mato Grosso. Ou mesmo raptá-la, como chegou a mencionar numa carta a Brian, enviada logo que chegou ao Rio de Janeiro. O jovem estava de coração partido e procurou o irmão de Jack como confidente. Disse que se ele (Brian) se apaixonasse um dia, poderia contar com toda a sua simpatia.

Na mesma carta, Rimell avisa que havia perdido o senso da realidade até chegar ao Rio, onde teve de pisar em terra firme e se lembrou que fazia parte de uma expedição. Para completar, disse que estava disposto a se casar quando voltasse, porque não poderia levar uma esposa na expedição. Não pretendia ficar solteirão toda a vida. "Que Jack ficasse sozinho" confidenciou. Rimell foi obrigado a esquecer o romance. Durante muitos dias iria pensar na adolescente que ficou esperando seu retorno da grande aventura, para desposá-la. A história tinha enredo conhecido, e Fawcett lhe disse que havia conhecido Nina em condições quase idênticas, em um navio.

Numa manhã de sol, quando as praias de Copacabana ainda estavam vazias, o "S.S. Vauban" entrou na baia da Guanabara. Jack percebeu muita diferença entre o porto do Rio de Janeiro e o de

Nova York. Aqui o movimento era menor e a pobreza maior. Ele acreditava ter chegado noutro continente e revelou que o Brasil se encontrava separado do mundo. Na verdade, eles se encontravam em tal situação fora da sua realidade. Hospedaram-se no Hotel Internacional, próximo à praia e à movimentação das pessoas andando de bondinhos como se estivessem em Londres. Enquanto Fawcett negociava a viagem para São Paulo, e de lá para Cuiabá, Jack e Rimell percorriam as praias da cidade maravilhosa. O jovem Fawcett afirmou que jamais moraria no Rio; no máximo conseguiria viver naquele lugar por um ou dois meses, mesmo que ganhasse um milhão de libras para isso. No Rio ou em qualquer outra cidade brasileira. Havia em Jack uma revolta contra a cultura latina, o que era natural partindo de um inglês ambicioso, que gostava de aparentar ser mais do que era realmente. Ao contrário de Rimell, entusiasmado com as nossas mulheres, Jack precisou da iniciativa do amigo para conhecer realmente um dos lugares mais belos do planeta.

O Hotel Internacional possuía um grande jardim. Fawcett resolveu testar todo o equipamento da expedição ali mesmo, espalhando barracas, redes, cordas e material de cozinha. Era uma prévia para verificar o material e matar um pouco a ansiedade de chegar ao mato. O equipamento estava perfeito e, junto com a bagagem, encheu dez malas impermeáveis compradas na Silver & Cia, em Londres, especialmente para este tipo de viagem. As enormes malas tinham placas de metal com inscrições do fabricante: "W. S. Silversand Company, King William House, Eatcheap, London". Alguns anos depois, alguém iria descobrir estas placas de metal enfeitando o peito de um índio arredio em pleno Xingu. Era muito peso para ser transportado, mas Fawcett se preocupava no momento com as repercussões na imprensa a respeito de sua viagem, principalmente quanto à recusa do apoio do Marechal Rondon e dos verdadeiros objetivos da expedição, até então obscuros, segundo o ponto de vista oficial do governo brasileiro. Mais uma vez, a viagem poderia se transformar numa grande polêmica. Mas agora o coronel Fawcett tinha a imprensa do mundo em seu favor.

DÚVIDAS SOBRE FAWCETT

Através do embaixador inglês no Brasil, John Tilley, Fawcett foi recebido pelo ministro da Agricultura, Miguel Calmon. Pediu apoio à sua viagem e condições financeiras e logísticas para chegar até Cuiabá. Calmon mandou o coronel falar com o Secretário Geral do Conselho Nacional do Trabalho, Afonso Bandeira de Mello, e o apoio máximo obtido foram três passagens gratuitas de trem até o seu destino. O secretário era amigo do embaixador e, por um pedido dele, interveio em favor do explorador inglês. Como desde 1920 as autoridades militares não mais confiavam em Fawcett, obter as passagens foi uma vitória.

Recusou, por outro lado, viajar de avião, o que na época era completamente viável. Era, aliás seguro pousar com uma aeronave anfíbia numa lagoa em pleno Xingu. O oferecimento de uma avião foi recebido por Fawcett como um insulto. Era o mesmo que estar sendo vigiado, como se alguém estivesse duvidando do seu propósito e mostrando de alguma forma que o local onde ele gostaria de chegar não estava noutro planeta. O Brasil possuía uma boa esquadra de aviões e um aeroporto em Cuiabá. Em 1924, o presidente Arthur Bernardes havia mandado destruir vários aviões militares para que não caíssem em mãos de militares subversivos em São Paulo, quando eclodiu a Revolução Paulista, liderada pelo general Isidoro Dias Lopes. O levante paulista foi bombardeado pelo governo federal e os revolucionários foram se unir ao tenente Luiz Carlos Prestes, no Rio Grande do Sul, iniciando a famosa Coluna Prestes, que percorreria 36 mil quilômetros em lombo de mulas pelo interior do país.

O capitão Plínio Raulino de Oliveira havia conseguido salvar as aeronaves da destruição, sem autorização do presidente Arthur Bernardes. Uma delas foi oferecida a Fawcett, mas ele recusou. Seria fácil descer na Amazônia, porque havia bons pilotos e nesta época até mulheres já sabiam pilotar um avião com destreza. Em 1915 já existiam no Rio de Janeiro e em São Paulo escolas de aviação civil, das quais se originaram pilotos famosos, como Edu Chaves.

Os três embarcaram na Central do Brasil, cheios de entusiasmo, rumo a São Paulo. Foi uma viagem confortável, no vagão reservado ao presidente da companhia da estrada de ferro. No planejamento de Fawcett, previa-se essa trajetória e a demora para chegar na época certa em Cuiabá, quando o campo estivesse em estiagem. Um dos grandes problemas da região do Mato Grosso no inverno, é que não se pode andar com muita gente, porque todos as grutas e rios estão cheios. No verão, ficava mais fácil, porém a seca deixa o pasto morto e o alimento escasso. Mas era mais adequado enfrentar o sertão na última opção.

Em São Paulo, os três foram recebidos com uma grande festa, como em 1920, com a presença do corpo diplomático. Fawcett, como quando da outra viagem a São Paulo, visitou o instituto Butantã. Da primeira vez, ficara bastante impressionado com as avançadas técnicas de produção de soro antiofídico, e retornara agora para buscar mais desse precioso líquido, indispensável para quem percorre o mato. Jack e Rimell, por outro lado, tiveram uma sensação diferente: a mesma de Fawcett quando estivera ali anteriormente. Ficaram impressionados com a demonstração de Assis Brasil. O médico recolheu algumas cobras para explicar como se tirava o veneno para a produção do soro. Jack fazia muitas perguntas e Assis Brasil lhes mostrou as presa sobressalentes da serpente. No dia seguinte Jack chamou Rimell para irem ao zoológico, numa espécie de introdução ao conhecimento que precisavam adquirir sobre os animais, ajudando a enfrentar a complicada expedição que tinham pela frente. No outro dia cedo embarcaram rumo a Bauru.

O TREM DE CORUMBÁ

Rimell e Jack estavam bem animados quando embarcaram no trem para Corumbá. Resolveram que não fariam a barba até chegarem à capital do Mato Grosso. Mais uma vez, ocuparam um vagão da diretoria da companhia da estrada de ferro até Porto Esperança, a poucos quilômetros de Corumbá. A viagem durou uma semana. A cara dos rapazes mudava a cada dia. As barbas crescidas e o cansaço foram criando outra fisionomia. Apesar do conforto de uma cabine individual, consideravam como sendo muito monótona a paisagem repetitiva do sertão e do Pantanal. Na verdade, estavam ansiosos por encontrar algo que os surpreendesse de fato.

Jack, vez por outra, via algum exagero através das janelas do trem. Chegou a relatar, numa carta, ter visto uma aranha do tamanho de um papagaio, pendurada numa árvore na região próxima a Aquidauana. As emas, no seu ponto de vista, pareciam animais préhistóricos. Os jacarés, aos quais se referia como jacarezinhos, se tornaram o primeiro alvo de seus rifles quando chegaram em Porto Esperança. Por eles, fariam caçadas já em Aquidauana, pois pareciam dois adolescentes em busca de aventuras. Fawcett deixava o filho e o amigo fazerem os próprios planos.

Na bagagem dos Fawcett, além das nove malas impermeáveis, havia uma farmácia cheia de remédios para febre, incluindo os soros do Butantã, além de armas e muita munição. Jack tinha 300 cartuchos de Winchester calibre 30, do mesmo tipo usado pelo pai na expedição de 1920 e que fora dada de presente ao capitão Ramiro Noronha. Estas armas eram muito raras na época. Por isso Fawcett deixou uma com o comerciante Frederico Pedro de Figueiredo, para então apanhá-la na volta.

Entre Três Lagoas e Campo Grande, Fawcett encontrou o engenheiro Miguel Oliveira Melo, conhecedor das histórias do coronel. Criou-se rapidamente um laço de amizade, e Fawcett pode relatar com entusiasmo toda a sua ansiedade para chegar à tão sonhada Misteriosa Z. Falava raramente com estranhos sobre os seus estudos de civilizações antigas e principalmente o que era na verdade a Z.

– Desta vez nada vai me atrapalhar. Meu filho e o seu amigo têm resistência para suportar vários anos no mato. Já vi sinais de uma cidade, e tenho certeza de que vou encontrar algo que impressionará o mundo – disse Fawcett.

– Ouço muito falar destas cidades. Mas o senhor vai se arriscar. Essa região está infestada de índios, dispostos a matar qualquer um que entre em suas terras. Estão atrapalhando o progresso – respondeu Oliveira Melo.

Fawcett se vestia como um verdadeiro lorde vitoriano. Usava roupas de linho (o mesmo tecido dos uniformes do exército inglês), um lenço branco de seda no pescoço e um caríssimo chapéu Stetson, o mesmo modelo daquele perdido no trem, cinco anos atrás. Era uma figura curiosa, que chamava a atenção dos passageiros que o observavam de longe, sempre reservado, fumando raramente o seu cachimbo. Entretanto, essa mordomia e o separatismo acabaram quando cruzaram o Rio Paraná. Tiveram de trocar de trem e ficaram sem o carro especial. Com isso Fawcett teve de se misturar com os passageiros até chegar à divisa com o Paraguai.

Em Aquidauana, o trem teve problemas na caldeira e ficou parado por dois dias. Jack, estressado por ficar dias sem praticar esportes, arrastou Rimell para longas caminhadas sobre as trilhas que seguiam para os Andes, lugar que eles só conheciam pelas histórias contadas por Fawcett.

Depois de uma semana de solavancos, o trem rumou para Santa Cruz de La Sierra, na Bolívia, deixando os ingleses em Porto Esperança. Após uma semana de cansativa viagem, eles descansaram por 24 horas num hotelzinho em Corumbá, às margens do rio Paraguai. Jack reclamou muito do estado do hotel, que nem banheiro tinha.

– Em Cuiabá vamos encontrar coisa pior – disse Fawcett para o filho.

No dia seguinte, tiveram uma surpresa ao constatar que viajavam sem os passaportes, exigidos na região de fronteira. Por causa da falta dos documentos, quase foram retidos e tiveram de ficar mais um dia esperando para fazer o restante da viagem. Nem sempre se conseguia no mesmo dia comprar passagens para Cuiabá. O tratamento recebido pelos aventureiros era o mesmo dispensado a qualquer pessoa. À tarde, os três foram conhecer um casal de jaguares que havia sido capturado e estava em exposição no parque zoológico da cidade.

Durante a pendenga dos passaportes eles conheceram um alemão que estava vindo de Cuiabá. Ele ouviu dos garotos muita reclamação por conta das condições do lugar e do isolamento. O homem disse, para a surpresa de Jack, que em Cuiabá existiam mais de cem automóveis Ford novinhos, e que haviam sido transportados no *Iguatemi,* o barco no qual os três embarcariam na manhã seguinte.

Se para Jack o Brasil ficava cada vez mais insólito, e portanto mais interessante, para Rimell estava se tornando completamente chato. O rapaz estava a cada dia mais sisudo e deixando as brincadeiras de lado. Fawcett já conhecia a cidade e levou os garotos ao armazém e ao bar Venizelos, onde compraram diversos tipos de alimentos em lata, inclusive extrato de carne, muito comum na época, e que poderia ser encontrado até naquele fim de mundo. Ele também escreveu cartas para Nina e textos para os jornais.

O cardápio do jantar no hotel era bem variado. Jack pediu maxixe com caldo e ficou espantado por achá-lo parecido com um pepino espinhudo. Ele comeu os maxixes misturados com frango e feijão.

Rimell fez o mesmo pedido. Fawcett preferiu apenas legumes. Há muito deixara de comer qualquer tipo de carne. Exceto quando estivesse na selva e esse fosse o único alimento que restasse. A noite, que parecia ser de descanso da longa viagem, foi um inferno. Se não havia os mosquitos que infestavam o trem na região dos pântanos na margem do Paraguai, havia o calor sufocante, abafado, fazendo suar os ingleses saídos do frio. Para os moradores do lugar o calor não incomodava. Já eles teriam de se acostumar. O tempo muda muito nessa época do ano. Quem ia dormir ao ar livre teria de se preparar para o pior, pois estaria sujeito a todas as pequenas alterações do ambiente.

Enquanto Fawcett planejava viajar no dia seguinte, quarta-feira de cinzas, os garotos foram tirados do hotel por um grande barulho nas ruas. Era o último dia de carnaval. Um grande número de foliões resolveu passar exatamente na frente do hotel, vestindo fantasias extravagantes, encantando os jovens estrangeiros. Eles foram pegos de surpresa com um banho de perfume e éter. Os olhos ficaram ardendo, mas eles gostaram da brincadeira. Jack, principalmente, se encantou com as fantasias e a maneira festeira de se divertirem.

O IGUATEMI

O comerciante Miguel de Oliveira Melo chegou cedo ao porto para também viajar no barco que fazia a linha entre Corumbá e Cuiabá. Do alto do barranco, acompanhava com curiosidade o embarque das pesadas malas da expedição no navio cargueiro e de passageiros, chamado *Iguatemi*. Jack, com a barba crescida, se assustou ao ver tamanha desordem na hora do embarque. Ainda não tinha aceitado a situação de que estava entrando numa região distante das grandes cidades, onde tudo era improvisado. Uma multidão de pessoas se aglomerava nos corredores da embarcação. A maioria eram flagelados nordestinos, com toda a sua família e mudança, procurando vida nova nos seringais. Mal entravam e já escolhiam um lugar para atarem as suas redes. Fawcett, sabedor desse costume, cuidou de procurar um canto onde os três pudessem ficar juntos sem serem muito perturbados. Mas isso não foi possível. O barco estava tão cheio que as redes tiveram de ficar quase tocando uma nas outras. A capacidade da chalana era de apenas 20 passageiros, porém havia mais de cinqüenta, mais uma tonelada de bagagem e carga comercial.

Na manhã de 23 de fevereiro, o *Iguatemi* deixou o porto de Corumbá, com Fawcett e os companheiros a bordo. Seriam dez dias de viagem pelos rios Paraguai, São Lourenço e Cuiabá, no sentido contrário à correnteza. Era uma maratona lenta, a menos de seis quilômetros por hora. A previsão era de chegar em Cuiabá na segunda feira, dia 4 de março, no início da noite. No rio Paraguai, mais largo e profundo, viajariam dois dias, e no São Lourenço, estreito e pantanoso, passariam um dia. Por último, enfrentariam mais quatro dias no rio Cuiabá. Na verdade, muita coisa mudava entre um rio e outro. Mas isso só se descobriria após cinco dias confinado no fundo de uma rede. Miguel de Oliveira falava castelhano e ouvia de Fawcett a tradução das palavras de Rimell e Jack, reclamando do desconforto. O coronel sabia que esse incômodo seria apenas o começo de um longa e penosa jornada, ao longo da qual haveria espaço para mais reclamações.

O primeiro dia de viagem ofereceu uma série de novidades. A todo momento se viam animais e aves nas margens, como se estivessem passeando em um zoológico. Dentro do barco a paisagem era outra. Muita sujeira e pessoas jogadas pelos cantos, fazendo sua própria refeição no mesmo lugar em que dormiam. Quando aquelas famílias de retirantes chegavam ao barco, já vinham perambulando há meses desde sua terra natal. Estavam vencendo a última etapa de uma longa procura por uma possibilidade de riqueza, com borracha ou ouro.

A noite chegou e junto veio a primeira surpresa: o frio. Esfriou tanto que tiveram de se levantar das redes para colocar mais de duas camisas, meias e calças. O frio forte e inesperado atrapalhou a noite de Jack e Rimell; os dois mal dormiram até o nascer do sol. Fawcett dormiu a noite toda, acostumado que estava com as intempéries. De manhã, a neblina cobria todo o leito do rio, como se navegassem nas nuvens. Jack e Rimell só se levantaram de suas redes quando o sol esquentou.

No segundo dia começou a monotonia, o silêncio e a falta de assunto para conversar. No final da tarde o barco ancorou na margem para apanhar lenha. Foi um curto momento de descontração. A caldeira do vapor foi desligada e se pôde ouvir o barulho das pessoas e da mata com nitidez. Os cortadores de lenha levavam as toras da mata até a margem e de lá jogavam para o barco, onde um outro homem recebia e contava em voz alta, junto com o arremessador, os números de rachas de lenhas que estavam sendo estocadas na lancha.

Por ser mais largo, as margens do Paraguai ficam mais distantes do barco e se vêem apenas de longe o vestígios de animais e de aves. Jacarés havia por todo canto. Jack estava ansioso para testar sua arma em alguns deles. Não pôde fazê-lo em Aquidauana e teria de esperar até chegar em Cuiabá, porque o barco estava muito cheio e seria perigoso atirar.

No dia 27 de fevereiro, o *Iguatemi* finalmente deixou o rio Paraguai e entrou no São Lourenço. As montanhas apareceram longe e as margens ficaram mais próximas. A vista melhorou, mas acabou-se o sossego. Os mosquitos, vindos dos pântanos, invadiram o barco. O interior da embarcação ganhava um aspecto de promiscuidade a cada dia que passava. A paisagem, na verdade, não mudava nunca. Apenas as paradas nos portos para apanhar lenha quebravam a melancolia e a vagareza do vapor.

A noite foi um terror. Eram tantos mosquitos que o teto ficou preto deles. Jack teve de improvisar um mosquiteiro com uma camisa tapando o rosto, deixando a manga no nariz para respirar. As capas de borracha, que serviriam para proteger da chuva, foram usadas para cobrir os pés contra os insetos. Apenas as meias finas era insuficiente para deter as ferroadas das muriçocas. Rimell, que sempre imitava as invenções de Jack, fez o mesmo. Fawcett foi mais esperto. Deitou-se de chapéu, colocou um véu branco sobre o rosto e pôs um par de luvas de seda nas mãos, protegendo-se por completo dos insetos, como se fosse uma dama.

No dia seguinte de manhã, todo mundo se levantou e tirou a indumentária anti-insetos, menos Fawcett. Ele ficou com o véu sobre o chapéu de abas largas e usando luvas. As pessoas olhavam para ele e comentavam em tom jocoso a maneira como se vestia. O engenheiro Miguel de Oliveira juntou-se a Fawcett no desjejum para comentar sobre a roupa, mas preferiu se calar, com medo de cometer uma indelicadeza. O coronel era excêntrico e não gostava de brincadeiras. Os dois começaram a falar em espanhol, já que ambos dominavam bem a língua. O coronel disse que não conhecia a região naquela época do ano e fora pego de surpresa com a invasão dos ferozes mosquitos, capazes de enlouquecer qualquer pessoa que ficasse à mercê deles. Quando estivera no local, em setembro de 1920, os rios começavam a encher e os pântanos já tinham água corrente. Agora não, o que restara da época das chuvas eram lagoas que se desmembravam do rio, onde se juntavam todo tipo de insetos, inclusive os causadores de febres.

— Acho que o senhor vai encontrar sua cidade debaixo d'água. Aqui no Mato Grosso, coronel, temos muitas serras, mas também muitos pântanos. Já pensou se a Atlântida estivesse escondida sob um alagado?"

— É impossível.

— Por quê?

— Todas as informações levantadas até agora indicam a existência de remanescentes dessas antigas cidades morando em cavernas, escondidas, e por isso mesmo está muito difícil descobri-las.

Mesmo que não encontre alguém, algumas ruínas eu acharei. Isso é certo – disse Fawcett para Oliveira enquanto o barco subia, com seu vinco de fumaça saindo de uma grossa chaminé, encobrindo o rio de neblina.

Quando o sol esquentou, o convés foi tomado por uma porção de mutucas, um inseto do tamanho de uma mosca. Atacavam sem cerimônia qualquer parte do corpo exposto, e até mesmo vestido, de uma pessoa. Mas têm preferência pelas nádegas. Cada picada deixa um caroço enorme na pele e uma coceira capaz de incomodar um dia inteiro. Quando atacam o gado, logo se percebe, porque os bois não param um minuto de abanarem o rabo para espantá-los. Rimell era o que mais sofria com as mordidas. Estava com a pele toda marcada e o humor já tinha indo embora de vez. O rapaz ficava cada vez mais aborrecido e recusava-se a falar em português. Quando alguém não entendia o que dizia, ele ficava bravo. Falava apenas "faz favor" e "obrigado". Isso não preocupou o velho Fawcett, acostumado às mudanças constantes de comportamento das pessoas que o acompanhavam durante longas caminhadas, muito mais dolorosas do que aquela.

O percurso no rio Cuiabá trouxe uma surpresa. De repente, as nuvens foram engrossando, ficando escuras, e o vento mais fresco. O céu se fechou e começou a cair uma forte chuva, talvez a última do inverno de 1925. O incômodo da água invadindo o barco era melhor que o calor sufocante e a invasão de insetos. Rimell e Jack tomaram um belo banho refrescante. O temporal passou, o céu ficou limpo e as nuvens brancas apareceram como se não tivesse chovido naquele dia.

Rimell reclamava das picadas e Jack observava as margens em busca de algum indício de índios ou animais para animar a viagem. Procuravam, como era comum na idade deles, uma distração. Jack viu buracos enormes nas margens, virou-se para Rimell e disse que eram de onças. Só na visão de um inglês poderia se supor que uma onça faria sua toca na barranca de um rio, de frente para a água.

– Acho um desperdício toda essa imensa região, onde se viaja dias sem ver uma pessoa, ficar inútil e sem aproveitamento. Isso deveria servir para alguma coisa – dizia Jack.

– Mas ela serve, sim. Essa área serve para engordar gado na época da seca no restante do estado – disse Oliveira, entrando na conversa descontraída dos dois, de costas para o interior da embarcação.

Ficavam um bom tempo apenas olhando as margens, hipnotizados, conversando sobre as histórias acontecidas com eles em Hollywood e pensando em como seria perigosa a expedição que estavam para fazer. Iriam enfrentar situações complexas, reais, muito mais que as cenas mostradas nos filmes de ação. Jack se encarregou de passar as roupas molhadas pela chuva. Era uma forma de esquentar os músculos, pois estava sentindo falta de algum esporte. Os três se ressentiam muito da falta de alimentos frescos, especialmente frutas. Mais tarde, quando não tivessem o que comer e onde dormir, não reclamariam de nada. Mesmo assim, ao saberem que no dia seguinte iriam dormir numa cama de hotel, passaram a última noite nas redes, no meio dos retirantes, como se fosse um castigo. Esse sofrimento seria logo recompensado, quando estivessem livres, caminhando rumo a Z.

PREPARATIVOS EM CUIABÁ

Cuiabá era uma cidade sitiada. Comunicava-se com o mundo através do rio Cuiabá. Através dele, os cuiabanos recebiam tecidos vendidos pelos turcos; por ele, os estrangeiros chegavam em busca do ouro. As ruas permaneciam sem calçamento, e a toda hora se descobria uma pepita de ouro e imediatamente se revirava tudo. Em 1920, Fawcett presenciou uma dessas cenas. Nas lojas de armarinhos vendiam-se por 20 centavos cartões-postais com fotos do famoso vôo de Santos Dumont em seu 14-Bis, em 1906. As fotos mais baratas eram do rei da Itália, Victor Emmanuel III, comandando um exército em plena batalha.

Era início da noite de 4 de março quando o *Iguatemi* chegou em Cuiabá, despejando no porto uma multidão de flagelados, comerciantes com suas esposas usando chapéus da moda, muita bagagem e mercadorias. Era também o fim de uma viagem monótona e sem importância, se não fosse o fato de estar trazendo o coronel Fawcett e seu minúsculo séquito. O primeiro ato do inglês foi ir à agência telegráfica e enviar um telegrama para os Estados Unidos. No dia 6, os jornais do mundo inteiro noticiavam:

"Chegou na capital do Mato Grosso o militar inglês P. H. Fawcett, pronto para explorar cidades soterradas nos sertões mato-grossenses e pesquisar a existência de ouro nas minas que encontrar pelo caminho. Fawcett avisa que só voltará depois de encontrar as ruínas de uma cidade originária da Atlântida"

Para chegar no Hotel Gama, onde se hospedariam por 45 dias, Fawcett pediu ajuda aos "chapas", homens que ficavam no porto para transportar objetos pesados em troca de alguns centavos. O único hotel da cidade era o Esplanada, mas Fawcett preferiu ficar no Gama, um tipo de pensão para pessoas selecionadas, que ele já conhecia. O Esplanada era uma espelunca cheia de garimpeiros e nordestinos. A prova disso estava afixada num quadro com papéis logo na entrada, onde um telegrama dizia o seguinte:

*"Chico, até que enfim encontrei em Jequié um hotel pior do que o teu —
assinado: Alcebíades."*

Rimell começou a falar novamente e a fazer suas piadinhas. O palhaço da turma estava se recuperando muito rápido. A cidade reacendia o ânimo do jovem cheio de marcas de picadas de insetos.

De manhã, enquanto Fawcett procurava Frederico para saber se ele estava com os animais e suprimentos encomendados para a viagem, os garotos foram a pé conhecer um pouco da floresta. Além de um exercício físico, era o primeiro contato real com a floresta na qual pretendiam ficar por no mínimo dois anos. No passeio, descobriram o que seria uma maravilha nos dias que ficaram em Cuiabá. Nadavam num córrego de água fresca, localizado na estrada que seguia para Rosário. Eles ficavam de molho na água, nas tardes quentes, e, quando saíam, tinham a sensação de se sentirem mais frescos devido à corrente de ar sobre o corpo molhado. Os banhos diários se tornaram uma diversão garantida. Para dois jovens acostumados com a vida nas grandes cidades da Europa e dos Estados Unidos, o mato, com seus encantos e armadilhas, era o principal inimigo deles. Precisavam conhecer mais a chapada e a vida dura sobre uma sela ou abrindo caminho a pé, por onde ninguém nunca andara. Essa adaptação era extremamente necessária devido à total falta de experiência dos dois em qualquer tipo de expedição. Nos primeiros dias levaram os rifles e testaram seu poder de fogo nas árvores ao redor do córrego. Aperfeiçoaram também a pontaria, porque ambos não tinham intimidade com armas de fogo. Detonaram 20 dos 200 cartuchos comprados para a viagem. Resolveram mais tarde que os 180 cartuchos restantes serviriam para exercícios, pois os garotos estavam longe de ter a mira do coronel, com anos de treinamento militar.

Fawcett, logo que chegou, foi procurar a loja de Frederico e a encontrou fechada. O comércio não abria aos sábados. Foi então procurá-lo diretamente na sua casa. Estava apreensivo para saber das providências tomadas pelo negociante. Bateu na porta da sua residência e foi atendido por um filho dele.

— Meu o pai só volta no domingo. Foi levar encomenda numa fazenda, ontem.

— Você sabe se ele conseguiu as doze mulas encomendadas? — perguntou o coronel, apreensivo.

— Encomendou sim.

Fawcett lembrou-se então de Vagabundo, o vira-lata que o acompanhara por longas viagens, e da mula Sertanista. O filho do Frederico disse, com preocupação, que a mula tinha morrido e que o cão havia seguido um outro homem para dentro do sertão.

– Diga seu pai que eu preciso falar urgente com ele. Vou precisar dos animais gordos, prontos para a viagem. Não quero me demorar em Cuiabá.

– Eu aviso ele.

Na segunda-feira, Fawcett teve de procurar por Frederico e ficou sabendo que não havia animais para a viagem. O coronel ficou chateado e começou a cobrar as mulas de Frederico. O comerciante ficou então de consegui-las. Uma semana depois trouxe uma péssima notícia: não havia conseguido animais suficientes. Fawcett teve de procurar outro negociante, Orlando, para comprar as mulas e os arreios. Orlando conseguiu, além dos doze animais, dois cachorros bons, que receberam os nomes de Chulim e Pastor. A cada dia que passava, os cachorros se tornavam mais bravos, chegando mesmo a atacar as pessoas que ousavam bater na porta. Isso também era culpa do novo ajudante, Gardênia, que "treinava" os cachorros. Jack ouvira repetidas vezes a história dos cães, e a loucura de Felipe quando matara Vermelho. Agora queria levar Vagabundo consigo, e ficou entristecido com a notícia de que ele não existia mais.

Mais tarde, Frederico voltou a ajudar Fawcett, contratando dois guias, um negro chamado Simão de Oliveira e José Galdêncio, para ajudá-lo na penosa caminhada. Ambos eram experientes sertanejo acostumados com outras expedições em busca de ouro nos confins da chapada. Os dois seriam as únicas companhias, quando Fawcett seguisse para a sua Misteriosa Z. Entretanto, eles foram dispensados duas léguas antes de chegarem à fazenda Rio Novo, de propriedade de Hermenegildo Galvão, o senhor feudal dono de um exército de jagunços. Em Londres, antes de vir para o Brasil, Fawcett dissera ser impossível seguir com os guias. Era apenas uma desculpa para estar somente com o filho e Rimell quando encontrasse a tão sonhada Cidade Abandonada e seus tesouros.

Os conhecimentos tipicamente do mato eram passados para os jovens de maneira solene. Um exemplo foi a escolha dos cachorros, que não podiam de forma alguma ter a cor branca. Todos os cachorros precisavam ser malhados. Quando Jack perguntou por quê, Fawcett respondeu com orgulho que era para as onças não os comerem. A onça, na amazônia, atacava cães brancos. Fawcett aprendera o truque com os índios bolivianos.

Os dias em Cuiabá já estavam se tornando cansativos. Já se havia passado mais de um mês e não haviam obtido tudo que precisavam para partir na data planejada. As mulas, conseguidas de última hora com Orlando, precisavam estar gordas para suportarem centenas de quilômetros de caminhada. Os jovens também se preparavam para percorrer longas jornadas sem descanso. Começaram a andar com as botas novas, no intuito de amaciá-las. Rimell, já ficando esperto, protegeu o pé com emplastos, para evitar assaduras na pele. O dia da partida se aproximava e a ansiedade também. Jack e Rimell contavam com a possibilidade de encontrar de imediato a grande descoberta do século e voltarem como heróis.

Jack aproveitava o tempo para ter aulas de desenho com o pai. Nessas aulas, Fawcett pintou dois quadros em nanquim, um deles no vidro da porta do hotel, com o nome de "A Mátula e o Sertão", mostrando uma mula diante de um homem comendo biscoito. A outra tela era um perfil do rio Branco, desenhado também em nanquim. Jack tinha a missão de reproduzir os hieróglifos encontrados nas cavernas e torres de pedra. Inscrições estas que fariam Fawcett descobrir a chave do segredo da Atlântida, a sua Z. Precisaria de todas as provas possíveis e não podia contar apenas com as fotografias. No passado, todo o Brasil havia sido desenhado por artistas aventureiros, que dedicaram suas vidas a descobrir as riquezas da fauna e flora da Amazônia. Fawcett queria fazer a mesma coisa, só que de forma arqueológica.

Jack também aprendeu a fotografar, revelar e ampliar fotos. Esse trabalho deveria se feito em pleno sertão sem os recursos da câmara escura. Teria de improvisar o trabalho da revelação na escuridão da noite, longe da luz da lua e das estrelas, como já fizera o pai, utilizando equipamentos rudimentares. Rimell tinha missão mais dolorosa, pois assumira a responsabilidade pelo suprimento de víveres e preparação das refeições. Também aprendeu a lidar com instrumentos de primeiros-socorros; ocuparia o posto de enfermeiro. Durante esses dias havia tempo para se discutir e preparar melhor a viagem, mas o amigo de Jack continuava sem falar mais que duas palavras em português, e estava completamente desinteressado em aprender outras. Fawcett, como bom expedicionário, era capaz de fazer todas as tarefas sozinho. Aprendera a costurar sua própria roupa, conseguir seu alimento, fazer o próprio curativo e achar o remédio certo para curar suas doenças. Usando apenas uma faca, era capaz de sobreviver sem problemas no meio da selva. Mas agora havia o peso da idade e a força de dois jovens dispostos a colaborar no que fosse possível. Fariam até o impossível para ajudar o coronel a encontrar o seu sonho, o seu Eldorado.

Durante a noite, Fawcett tinha um encontro marcado com dois grandes personagens do Mato Grosso: o diretor do museu Dom José, Eufrásio Cunha, que até os anos 50 tinha guardadas as telas de Fawcett, e Estevão Mendonça, membro do Conselho de Expedições Científicas do Brasil e ligado a várias instituições geográficas do mundo. Fawcett se juntava a eles para contar como esperava encontrar a Misteriosa Z. Na mesma época havia ainda muitos lugares para serem descobertos. O aventureiro Hamilton Rice partia em busca do Eldorado, com fizeram vários outros malucos procurando fama e dinheiro. Desde 1531, quando Pizarro enviara Diego Ordaz para procurar a grande mina de ouro e pedras preciosas de Eldorado, constantemente surgiam novos caçadores do lendário tesouro.

HISTÓRIA DE UM SERTÃO FANTÁSTICO

Em Cuiabá, durante a estada de Fawcett, criaram-se muitos boatos sobre os seus verdadeiros objetivos. Diziam que ele procurava apenas ouro e que seria capaz de hipnotizar um homem, obrigando-o a obedecer tudo que ele desejasse. Toda a fofoca era fruto da fracassada expedição de cinco anos antes. O governador do Mato Grosso, Mário Correia, convidou Fawcett a uma de suas festas e apresentou a personalidade inglesa para alguns de seus novos amigos. O inglês, para impressionar os convidados, realizou truques de magia, fazendo descer do teto uma flor orvalhada, que se encontrou com outra semelhante, caindo ambas sobre uma toalha, e ali indicando a posição exata da Atlântida. O certo é que a presença dele, naquela cidade perdida, foi fato conhecido pelo mundo todo. Cuiabá tinha um visitante ilustre, que fazia seus feitos serem notórios mundialmente. Era o que bastava para angariar apoio dos políticos locais e incentivar a criação de "causos" sobre suas histórias, além de atrair todo tipo de lendas sobre cidades perdidas existentes na região.

Um sertanejo que passava por Cuiabá tocando uma boiada estava espalhando uma história pela cidade e foi levado imediatamente à presença de Fawcett. Com a maior atenção do mundo, o coronel se pôs diante dele e ouviu o relato fantástico, como bom crente de lendas. O homem, meio acanhado no início, disparou a falar quando percebeu ter uma pessoa que acreditava piamente nele.

– Eu era criança, e morava a seis léguas de Cuiabá, quando ouvi pela primeira vez esses troços. A gente costumava sentar na varanda da casa para escutar um barulho estranho vindo da floresta, na direção norte. Era um estrondo parecido com um assobio que subia ao ar e depois caía fazendo bum-bum-bum. Ninguém queria ir aonde vinha o barulho, todo mundo tinha medo. Quem poderia fazer aquilo? – relatava o sertanejo.

– Isso até parece o barulho de um foguete ou uma granada, como as que eu vi na guerra. Pode ser um fenômeno meteorológico – respondeu Fawcett. – Estou procurando outra coisa, alguma tapera onde pudesse ter existido uma cidade, há muitos e muitos anos. Possivelmente hoje existam apenas algumas velhas construções de pedras. Já viu algo parecido?

– Já. Perto do sítio onde eu moro, nas margens do Paranatinga, muito longe daqui, existe uma imensa rocha retangular, com três buracos perfurados nela, sendo que o do meio é fechado, cimentado em ambas as extremidades.

– Tem certeza de que você viu isso?

– Juro por minha mãe santíssima, senhor. Tem um monte de construção de pedras, com janelas e inscrições nas paredes. Todo mundo conhece, não é só eu.

Os olhos do explorador brilharam e o sertanejo prometeu levá-lo até as rochas. Acrescentou ainda que os índios da região, conhecidos dele, diziam também terem visto pedras e inscrições parecidas próximas ao rio. Fawcett prometeu ir e fotografar. Para isso precisava atravessar metade do estado do Mato Grosso.

Outro homem, este vivia na chapada, próxima de Cuiabá, também chegou até Fawcett com a história de que onde ele morava havia esqueletos petrificados de grandes animais. Disse que já tinha visto fundações pré-históricas na mesma região da chapada. Disse mais ainda, para alegria de Fawcett: que existia uma grande pedra, como se fosse uma torre em forma de cogumelo. Pedras como essas existem aos montes nos sertões de Goiás e Mato Grosso. Mas para Fawcett ela era "um monumento misterioso e inexplicável". Qualquer notícia tratando-se de mistérios, sendo lendas ou não, como as pedras em forma de cálice, era um motivo para

Fawcett se justificar perante as pessoas de que estava certo ao procurar uma cidade perdida.

A história mais fantástica, entretanto, fora contada por um oficial do exército que, junto com um sitiante, relatou a Fawcett a existência de uma cidade com ruas, prédios e tudo o mais, ao norte de Mato Grosso. A cidade tinha edifícios baixos, feitos de pedras, ruas bem-dispostas e um grande templo, onde se via um enorme disco feito de cristal de rocha. Um rio que atravessava a floresta, ao lado da cidade, despencava-se de uma grande rocha, fazendo um tremendo ruído que era ouvido muitas léguas distante. A queda d'água formava um lago, mas não se sabia para onde iria a água, já que não havia correnteza saindo dele. Nesse lago, havia a figura de um homem talhado na rocha branca (talvez de quartzo ou cristal de rocha), que se movia de um lado para outro, devido à força da corrente da água da cachoeira.

Índios amigos haviam confessado a ele todos os detalhes de como poderia chegar no local, mas havia um problema. A tal cidade estava dentro de uma área de índios bravios, possivelmente os xavantes. Eles disseram ao militar que só o levariam até a tal cidade se enfrentassem os índios da região. Ao que parece, havia duas tribos em guerra, o que era comum na época, e o militar estava sendo coagido a participar.

Fawcett ficou sabendo que existia um índio do Xingu em Cuiabá que sabia de uma história ainda mais interessante. Segundo ele, um vaqueiro conhecia uma cidade construída inteiramente de pedra, onde costumava pernoitar quando saía à procura de reses perdidas. Um dia o vaqueiro relatou ao índio a sua descoberta. O índio então disse para o vaqueiro:

— Isso não é nada. Aonde eu vivo, viajando mais um pouco, podem se ver edifícios maiores, mais altos e mais bonitos do que esses. Eles têm grandes portas e janelas, e no centro há um pilar muito alto, com um enorme cristal em cima, cuja luz ilumina o interior das casas e ofusca os olhos.

Fawcett anotava cada história ouvida. Fazia planos sobre um mapa, para saber quais delas mereciam credibilidade, apesar de apostar na sorte e no poder de sua estatueta de basalto, o melhor mapa para chegar onde pretendia. A história do vaqueiro parecia com a descrição da cidade do Muribeca, porém a localidade não correspondia. Quem sabe também não haviam achado a tal cidade porque procuravam em lugar errado? Fawcett planejou visitá-las, quando estivesse a caminho ou na própria Z. Estava convicto de que chegaria na cidade, em menos tempo, talvez, do que o planejado. Tinha muito chão e pedra para pesquisar.

Entretanto, Fawcett nunca esteve no S.P.I. (Serviço de Proteção ao Índio), a Funai da época, para pedir orientação ao diretor, Antônio Estigarribia, e a permissão para entrar e permanecer em áreas indígenas. Ele desrespeitava qualquer norma oficial que pudesse lhe perguntar os verdadeiros objetivos científicos da tarefa, além dos místicos, que o faziam acreditar na Atlântida. Para os mato-grossenses e alguns jornalistas brasileiros, o fato de Fawcett desrespeitar as autoridades era uma prova de que o explorador inglês procurava na verdade as minas dos martírios. Escreviam que "todos que aqui vêm estão procurando o ouro dos martírios, onde pode se encontrar pepitas de ouro até na raiz de uma moita de capim, mesmo que justifiquem a razão de outra forma".

OS PRIMEIROS DIAS NO MATO

A saída planejada desde Londres, para o dia 2 de abril, acontecia finalmente. Na ensolarada manhã de segunda-feira, dia 20 de abril, a caravana com doze animais partiu de Cuiabá com um destino mais ou menos traçado. Os ingleses e os dois guias estavam montados em cavalos e as cinco mulas carregavam as bagagens. A saída foi vagarosa, com despedidas e votos de boa sorte. Os jornais americanos e europeus noticiavam que finalmente Fawcett estava no caminho de sua Atlântida.

O roteiro era o seguinte: chegar em uma semana na fazenda Rio Novo, de Hermenegildo Galvão. De lá, utilizando novos guias, chegariam ao posto Simão Lopes, na aldeia Bacaery. Em seguida, continuariam para o norte até o Campo do Cavalo Morto, onde Fawcett havia parado na expedição anterior, "entre seis semanas ou dois meses". Jack escreveu para Nina, ainda em Cuiabá, dizendo que para chegar a Z provavelmente levariam mais dois meses. "Talvez estejamos lá no dia do aniversário do papai, 31 de agosto, quando ele completa 58 anos". A volta poderia acontecer dali a dois anos, e Jack fazia planos de chegar em Seaton na primavera de 1927, "com muito dinheiro, para comprar motocicletas e gozar umas férias em Devon, visitando os amigos e os velhos clubes". Estavam portanto, os expedicionários, indo em busca de uma grande riqueza arqueológica onde havia muito ouro. Rimell não esquecera da namorada carioca, apesar de não tocar mais no assunto. À noite, teria em quem pensar.

No primeiro dia, a tropa andou devagar. Os animais se acostumavam ao peso e precisavam ser poupados para o desgaste da viagem. Andaram apenas duas léguas (seis quilômetros). Era uma introdução, para Jack e Rimell, de como seria basicamente todo o percurso. Montaram acampamento próximo de um riacho, prepararam o jantar e dormiram logo que escureceu. Estavam cansados do trote dos animais e tinham de acordar cedo no dia seguinte, antes de clarear o dia. O que não foi difícil, pois o grupo estacionou exatamente nas terras de uma fazenda. O gado perturbou a noite inteira o sono dos viajantes. Um boi esbarrou na rede de Rimell e o jogou no chão. O jovem inglês não se machucou, mas falou um monte de palavrões em inglês para o animal. Foi o motivo para todo mundo acordar e dar boas risadas.

A segunda noite não teve novidades. Fawcett falou um pouco dos planos e contou algumas histórias sobre a Bolívia. Após três léguas de caminhada, acamparam na beira do córrego Água Fria ainda com o sol alto, e tomaram um longo banho refrescante para rebater o calor. Fawcett pegou o termômetro e mediu a temperatura: 27,2 graus na sombra. Dessa vez não precisava visitar a "cidade de pedra". Faria a primeira pesquisa arqueológica no "Paredão Grande", próximo do rio que leva o mesmo nome. Dava para perceber as enormes encostas de pedras a quilômetros de distância. O coronel transpirava muito, lembrando aos companheiros o sofrimento para chegar à cabeceira do Rio Verde, sob um calor mortal. Mas lá a fome era tanta que não se sentia o calor. Viajavam agora pela chapada, em terreno mais limpo, com trilhas claras para serem seguidas e sem o perigo de serem atacados por índios. Jack e Rimell usavam roupas iguais às de Fawcett. O coronel viajava na frente e os guias Simão e Galdêncio o seguiam puxando no cabresto as mulas com cargas. Fawcett conhecia a região e o caminho para a fazenda de Hermenegildo Galvão, mas teria de sair da trilha inúmeras vezes para pesquisar as grandes rochas, o que na viagem anterior não tivera tempo de fazer. Poderiam ter problemas na hora de retornar. Mas esse era um problema pequeno, nos cálculos do coronel, que esperava alcançar maiores dificuldades na área indígena, quando precisasse da colaboração deles para continuar a própria expedição.

No terceiro dia, cavalgaram somente três léguas. A todo momento Fawcett parava para fazer algum tipo de observação. Estavam ainda na região da Chapada, uma das maiores cadeias de montanhas do Mato Grosso. A noite estava limpa, sem perigo de chuvas, e eles dormiram num descampado. Mas descobriram na madrugada que o equipamento fora montado em cima de grandes formigueiros de saúvas. Com medo de as formigas destruírem as embalagens com a comida, tentaram mudar de lugar, mas os peões afirmaram ser em vão. Elas alcançariam os víveres em qualquer lugar, por mais escondido que fosse. Teriam de apostar no desinteresse dos terríveis insetos devoradores por alimentos condicionados.

Era a noite do dia 23 de abril, uma quinta-feira, início da lua nova, quando a escuridão era total até as cinco horas da manhã. As saúvas preferiram cortar folhas verdes e não incomodaram a expedição. Antes de o sol esquentar, a tropa já se deslocava pelas trilhas afundadas e esturricadas, cavadas no barro por muitas patas de cavalos.

Havia divisões das tarefas e uma rotina estabelecida por Fawcett, para ser executada todos os dias. Acordavam às seis e meia da manhã, preparavam um prato de sopa, duas xícaras de chá para cada um e leite condensado dissolvido em água. Essas normas foram traçadas ainda em Cuiabá. Fawcett, por sua experiência em grandes e pequenas expedições, impunha horários para acordar, descansar, comer e dormir. O almoço geralmente acontecia às cinco da tarde, e os peões preparavam um Maria Isabel, feito com arroz e carne de charque, um dos pratos mais populares no sertão desde os tempos dos bandeirantes. Outras vezes se alimentavam de bolachas e sardinhas em lata. A farinha de mandioca era um alimento indispensável, principalmente para Simão e José Galdêncio. Tem a vantagem de poder ser misturada com outros alimentos e ter grande durabilidade. Pode ficar armazenada durante anos sem se deteriorar.

A chapada na região próxima a Cuiabá era bastante habitada. Havia grandes fazendas espalhadas pelos vãos de serras e muitas trilhas ligando essas propriedades à capital do Mato Grosso. Por isso mesmo, podia confundir uma pessoa que não estivesse acostumada com os emaranhados de caminhos, e até mesmo os mateiros Simão e Galdêncio. Eles se viram numa região completamente desconhecida quando se afastaram do caminho principal para analisar as possíveis construções de pedras, encontradas a todo momento. Após ficarem horas andando ao redor de enormes blocos de rocha, tentaram retornar para a trilha da fazenda Rio Novo. Descobriram que estavam perdidos quando já haviam percorrido mais de meia légua. Voltaram todo o trajeto para encontrar o lugar a partir do qual haviam se desviado da rota correta. Dormiram no meio do caminho, pois a noite estava chegando muito cedo e com grande escuridão. Se continuasse nesse ritmo, a expedição iria durar muito mais de três anos. Mas essa era a primeira vez na vida de Fawcett que ele fazia o que bem entendia com o seu tempo, sem nenhuma obrigação além de procurar, em cada palmo de rocha, a pista que estava precisando para chegar a Z.

No sábado de manhã, retornaram à trilha, mas estavam novamente perdidos, sem se darem conta. A expedição, depois de uma longa caminhada, encontrou uma fazenda próxima da Serra Azul. Fawcett pediu informações para chegar até o rio Manso, afluente do rio Casca, que, por sua vez, era afluente do Cuiabá. O coronel teve a informação de que o rio ficava distante apenas quatro léguas. Resolveu então prosseguir viagem e descansar somente quando chegassem na casa do seu amigo Hermenegildo. Rimell dava sinais visíveis de cansaço e tinha o corpo coberto por marcas de picadas de insetos, especialmente de carrapatos. Reclamava também do seu tornozelo, pois de tanto coçar por dentro da bota uma picada de carrapato, estava sentindo dores além do normal. Fawcett achou insignificante a pequena inflamação e prosseguiu a viagem.

Mas, como toda distância no sertão é medida no "beiço", Fawcett e seu grupo descobriram, um pouco tarde, que não se podia confiar nas léguas que nunca haviam sido medidas e principalmente nos caminhos onde existem montanhas no meio. Confiante, o grupo marchou durante todo o dia, sem descanso, esperando acampar apenas nas margens do rio Manso. Em vez das quatro léguas para se chegar no rio, gastaram-se na verdade sete ou mais léguas. Por isso tiveram de acampar bem antes do local pretendido. E o pior de tudo: Fawcett havia se distanciado dos quatro, seguindo sozinho na frente para verificar de perto as encostas de uma serra. Seguro de que sairia no rio, planejou reencontrar o grupo somente nas suas margens. Parava sempre que algo lhe chamava atenção. Muitas vezes ficava horas e horas avaliando uma escultura de rocha (um morro ou mesmo pontas das serras) para ver se encontrava algum indício de uma obra feita pelas mãos do homem e não pela natureza. No Paredão Grande perdeu muitas horas admirando a escultura produzida pela natureza. Não havia marcas humanas nas paredes lisas, vermelhas e quentes pelo o sol que ali batia no meio da tarde. Rimell continuava reclamando das mordidas e do pé inchado, que doía cada vez mais dentro das botas de couro que iam até os joelhos.

Anoiteceu antes do rio. Jack então decidiu que caminhariam no escuro até chegar no porto do rio Manso, onde deveria estar Fawcett. Seguiriam com cuidado a trilha para não se perderem. Sem parar para fazer uma refeição, o grupo caminhou na noite sem lua e por pouco não se perdeu novamente. Haviam entrado numa das centenas de trilhas que se intercalam no meio da chapada. Voltaram e, procurando pegadas de apenas um animal, a montaria de Fawcett, seguiram os rastros que poderiam levá-los ao rio. Como não se podia estar vigiando o tempo todo se os rastros continuavam no caminho, o grupo seguiu às cegas até que altas horas da noite chegou no rio. Mas, por azar, Fawcett não estava lá. Tinha tomado um caminho errado e estava perdido em algum lugar, sem comida e sem a rede de dormir.

Ao descobrir que o pai não havia chegado no local combinado, Jack atirava para o alto, no intuito de descobrir o seu paradeiro. Simão e Rimell também dispararam as suas armas. Ouviram apenas o estampido dos seus próprios rifles e o eco nas montanhas. Ficaram em silêncio, esperando um tiro como resposta, mas nada ouviram. Montaram acampamento, fizeram uma fogueira, comeram e esperaram. Não havia mais nada a fazer; mesmo assim um dos peões foi procurar um lugar bem distante para disparar sua arma e tentar um contato.

De manhã, Rimell teve uma infeliz surpresa ao olhar para seu pé: estava vermelho e inchado. No local da mordida existia uma grande ferida aberta, em carne viva. Jack ficou mais apreensivo ainda. Com o companheiro naquela situação, precisava tomar uma providência antes de iniciar a procura do pai, retornando pela mesma trilha por onde tinham passado na noite anterior. Era a primeira vez que Jack assumia a expedição e, enquanto temia pela segurança do pai, percebia a situação complicada do amigo.

Jack resolveu tomar uma atitude e procurar seu pai o quanto antes. Levaria Galdêncio como segurança e deixaria Simão com Rimell. Após estar tudo combinado, Fawcett apareceu montado no seu cavalo, com a tranqüilidade de sempre, como se nada tivesse ocorrido com ele. Disse apenas que havia dormido ao ar livre e que tinha fome. Parecia que o velho coronel estava treinando o seu filho e discípulo para uma situação de emergência.

Resolveram então tirar a segunda-feira para descansar, após uma semana de caminhada ininterrupta. Fawcett percebeu que os garotos estavam mais cansados do que ele, apensar de Jack se mostrar bem-disposto. Simão ajudou a tratar do pé de Rimell com folhas de uma planta do brejo e o rapaz se sentiu melhor. A região da chapada era plana, e estavam acampados nas margens de um rio de águas cristalinas, onde puderam nadar descontraídos. Menos Rimell, que tinha a perna enfaixada com folhas.

No dia seguinte, levantaram acampamento com os animais mais descansados. Atravessaram o rio Manso num batelão, ainda com seu leito muito cheio. A estiagem já estava chegando, e muitos córregos estavam com o nível da água alto. O batelão era uma grande balsa de madeira para transporte de sal e querosene pelos rios navegáveis do interior do país, idêntico aos da Bolívia. Não possuía motor e era movido com a força física dos remadores. Cerca de uma dúzia de homens fortes empurravam a embarcação rio acima, rebocando com varas finas e fortes sempre nas margens, onde o leito era mais raso no inverno e a correnteza mais fraca. Tiveram uma travessia decente e Rimell pôde se poupar de molhar o pé.

Viajaram durante todo o dia e no finalzinho da tarde chegaram num sítio onde havia apenas um morador, sem mantimentos para oferecer à expedição. Mesmo assim o grupo se abasteceu à vontade nos pés de laranjas que havia em abundância no quintal e teve um canto da casa para passar a noite. Um encontro com sitiantes era uma oportunidade para perguntar sobre índios brancos e ruínas de pedras. Havia sempre uma indicação de existirem em algum lugar. Partiram no dia seguinte em direção ao rio Cuiabá. Mais uma vez Simão e Galdêncio falharam e se perderam nas inúmeras trilhas que levavam ao rio. A região por onde andavam era bastante habitada, mas a maioria das viagens era feita de barco. Poucas pessoas se aventuravam em fazer viagens longas em lombo de animais. Aliás, ninguém, que se tinha notícia, passava mais de uma semana viajando a cavalo, a não ser quando se tinha de transportar grandes boiadas. Essas viagens duravam meses, até.

Depois de muita demora, chegaram ao rio assustador. A correnteza estava forte, ainda chovia na região e não havia lugar para o vau. Rimell estava deprimido, sem abrir a boca, com aspecto doentio. Além da barba de dez dias, se alimentava mal e sentia muita dor. Simão e Galdêncio tiveram de escalar as margens do rio até encontrar um ponto onde fosse possível atravessar sem correr o risco de perder a carga e os animais.

Rimell, de cara fechada desde a manhã, desceu de seu cavalo e se prostrou à sombra de uma árvore. Quando Simão avistou uma canoa do outro lado, Jack se prontificou a buscá-la a nado. Fora para isso que ele havia treinado nos Estados Unidos. Durante horas se revezou com o pai no comando da canoa, enquanto Simão e Galdêncio cuidavam dos animais. As mulas e os cavalos estavam cansados para nadarem em águas profundas. No local escolhido para passagem, os animais conseguiam andar quase até a outra margem. Galdêncio puxava as mulas pelo cabresto enquanto Simão, com uma vareta, tocava a tropa pela retaguarda, gritando aos berros. Quando tudo terminou, havia poucas horas com luz, insuficientes para chegar na fazenda Rio Novo antes da noite.

Recolhido no seu silêncio, Rimell continuou a viagem sem abrir a boca até chegar na casa de Hermenegildo, a cerca de meia légua do rio. Para um jovem que procurava inventar brincadeiras e fazer piadas das pessoas e situações engraçadas, o silêncio era algo que demonstrava muita dor. Na boca da noite do dia 30 de abril, após onze dias de caminhada, eles entraram no terreiro da fazenda. Os cachorros da casa começaram a latir. O Chulim e o Pastor responderam aos latidos, criando um inferno sonoro de cachorros para tudo quanto era canto, e gritos de tetéu voando sobre a cabeça dos visitantes.

FAZENDA RIO NOVO

Fawcett estava de volta à fazenda de Hermenegildo Galvão, cinco anos depois. O coronel do sertão, dono de milhares de alqueires de terras, que não tinham limites, fazia de tudo para agradar ao ilustre visitante. Recebeu-o com um banquete e providenciou um bom pasto para os animais. Precisavam engordar um pouco antes de partirem. Fawcett também pretendia esperar o pé de Rimell sarar ou melhorar o inchaço.

Incrivelmente Jack chegou a engordar alguns quilos, e Rimell emagreceu bastante. Estava de cama, com o pé coberto de remédio. Situação desanimadora para quem precisava seguir viagem. Quando o jovem tirou a meia, percebeu que parte da pele do pé tinha ficado grudada no emplasto. Agora o pé não estava só inflamado, mas também em carne viva. As folhas de nada valiam contra uma feroz infecção. Fawcett percebeu que precisava ficar mais uns dias na fazenda, até sarar completamente o seu auxiliar.

Hermenegildo tinha a oportunidade de conversar com alguém que havia visto a Primeira Grande Guerra de perto. Era o principal assunto entre os dois. Fawcett, porém, não desgrudava da estatueta de basalto negro, enchendo de curiosidade o amigo do sertão, que não iria entender o significado da imagem. Ficavam até meia-noite conversando, isto é, Fawcett falando e Hermenegildo ouvindo. Só respondia a perguntas sobre os índios morcegos e as cachoeiras próximas do paralelo 12. Hermenegildo estranhava o fato de Fawcett não comer os alimentos da fazenda e preferir os enlatados e uma sopa preparada por Jack.

Alguns anos depois, o fazendeiro iria se recordar da visita do coronel, e dizer para os amigos que ele nunca se separava da imagem que tinha cara de tudo, menos de santo.

– Nunca vi nada parecido com aquilo, a não ser em almanaque de fim de ano. Era parecido com signo do zodíaco da Virgem. Tinha cara de menino, mas menino não era. A estátua tinha um significado muito grande, que somente um homem com grande sabedoria como ele conhecia o sentido dela. Fawcett também tinha um anel com uma pedra azul-turquesa. Ele dizia que a pedra dele correspondia ao seu signo, de Leão, no horóscopo astrológico. Parecia que ele não confiava muito em mim para entrar em detalhes sobre os segredos que o traziam até aquele fim de mundo. Também não procurava saber. Tínhamos outras coisas boas para conversar – dizia Hermenegildo.

O coronel mato-grossense também se lembrava de muitos detalhes dos três expedicionários, principalmente das maneiras excêntricas de Fawcett, que mantinha o relógio atrasado uma hora, funcionando no fuso horário do Rio de Janeiro. Ele não se dera ao trabalho de corrigir as horas, porque em breve teria de mudá-las novamente. Rimell e Jack tinham a mesma idade, mas Hermenegildo achava Rimell mais velho. Estava barbudo e acabado, devido às mordidas dos carrapatos, que se espalhavam por todo o corpo, criando-lhe várias feridas, incluindo uma no ombro. Era raro um homem da importância de Fawcett aparecer pelo sertão, como um peão tropeiro voltando para casa depois da entrega de uma boiada.

Chegou o fim de semana e Fawcett decidiu ficar mais dois dias, para que Rimell pudesse se recuperar antes de enfrentar a pior parte da jornada. Até ali haviam tido muita sorte, porque os caminhos eram claros, bastava não se desviar da rota correta. Dali em diante, não. Entrariam, cinco dias após partirem, em terras indígenas. Nos índios, na época, pouco se podia confiar. Mesmo civilizados, poderiam estar em guerra, e ver a invasão de seu território como uma provocação. O outro problema eram as trilhas. Menos visíveis e sem direção certa. Os índios não andam a cavalo, por isso seus caminhos não têm grandes sulcos na terra.

Na segunda-feira, dia 4 de maio, deixaram a fazenda de madrugada com uma tropa de 12 animais, alguns cedidos por Hermenegildo, em troca dos seus, que continuavam abatidos. Fawcett confessou ao amigo que fora ludibriado na compra das mulas, que deveriam ser gordas e resistentes para suportar o desgaste da viagem. Com os animais em forma e Rimell um pouco melhor, o coronel calculou o percurso até o Posto Simão Lopes, na aldeia Bacaery, em uma semana. Para passar na fazenda Rio Novo, eles haviam feito um grande desvio a oeste. Era necessário ter esse ponto de reabastecimento. Agora precisavam retornar à direção correta. Pegariam o sentido leste até o Posto, de lá seguiriam para o norte, rumo ao Campo do Cavalo Morto, e depois para Z.

Três meses depois, o cachorro Tupi, presenteado por Hermenegildo, retornou magro e faminto. Tinha abandonado Fawcett em algum lugar daquele sertão e voltado para casa. Hermenegildo, que estava aprendendo a ser místico através do amigo inglês, também percebeu que na mesma direção de que o cachorro viera, "surgiram milhares de andorinhas pretas". Esses sinais fizeram o fazendeiro pensar no que teria acontecido aos seus amigos, passado tanto tempo no mato. No fim achou que algo bom poderia ter ocorrido a eles. Talvez o encontro com os índios morcegos. No dia 7, Hermenegildo recebeu um bilhete de Fawcett, com 13 linhas escritas em portunhol, autorizando-o a devolver os arreios e outros objetos desnecessários à expedição para João Aires, gerente da casa Henrique Hesseleins & Sergel, onde comprara boa parte da bagagem que estava levando.

TERRAS INDÍGENAS

As noites dali em diante teriam claridade. Na sexta-feira seguinte, dia 6 de maio, seria lua cheia. Até lá e por mais uma semana eles teriam boa visibilidade noturna se precisassem andar à noite. Menos mal; a viagem até o rio Paranatinga foi tranqüila. Depois de quase 20 dias no mato, eles começaram a se acostumar com as inconveniências e a caminhada já se alongava como rotina. No entanto, passados cinco dias após a saída da fazenda Rio Novo, tiveram diante de si mais um desafio: atravessar as águas escuras e amedrontadoras do rio Paranatinga.

Jack mais uma vez atravessou o rio a nado para buscar uma minúscula canoa do outro lado, pertencente aos índios. Todas as canoas encontradas amarradas no rio tinham um dono. Nem sempre o proprietário morava próximo à margem, no entanto ele precisava da embarcação para a travessia ou para subir e descer o rio rumo aos vilarejos. Por isso, quando uma pessoa utilizava a embarcação, a deixava na margem em que descera. Fawcett encontrava as canoas sempre nas margens opostas. Sorte deles ainda contarem com essas embarcações. Viajavam em terras bastantes civilizadas.

Como chegaram ao rio no final da tarde, resolveram que só as pessoas ficariam na outra margem, onde deveria haver um acampamento dos bacaery, índios bastante aculturados e amigos dos brancos. Os animais e a maior parte da bagagem permaneceriam na margem oposta. A aldeia estava deserta e a canoa era o único sinal de que existiam índios na região.

No dia seguinte, Simão e Galdêncio fizeram novamente a travessia dos animais, enquanto Jack e Fawcett transportaram a bagagem e os equipamentos fotográficos. Rimell ainda sentia muitas dores no pé, e mal podia andar. Fawcett já pensava em mandá-lo de volta logo que chegasse ao Posto Simão Lopes. Ele pretendia dispensar os peões somente lá, porque precisavam retornar com provisões para duas semanas de viagem até a fazenda Rio Novo. Rimell poderia voltar junto, pois precisava urgente de um médico.

Uma légua após atravessar o Paranatinga se depararam com mais um rio, dessa vez pantanoso, se espalhando mata a dentro. Tiveram de tirar a bagagem dos animais e as roupas do corpo para enfrentar mais uma travessia perigosa. Sem canoas, as bagagens e os arreios foram transportados sobre a cabeça. Se algo caísse na água jamais seria encontrado. Mais uma légua adiante, outro rio caudaloso obrigou os viajantes a se molharem novamente. Já cavalgavam dentro da mata, em locais onde se procura a direção do sol através das frestas de luz que descem das copas das árvores. A vantagem é que na mata o caminho não tem tantos ramais e só existia uma trilha, a que levava ao Posto. O risco de se perderem havia diminuído. Fawcett também não se afastava do grupo para analisar as encostas das serras. As condições de viagem, entretanto, não deixavam de ser ruins. Existiam mais rios para se atravessar, e por conseqüência mais desgaste dos animais e demora para chegar.

Na manhã do dia 15 de maio, após 27 dias de viagem, a tropa se prostrou diante da casa de Valdomiro, chefe do posto Simão Lopes. Entraram na aldeia como fantasmas, deixando os índios inquietos e apavorados. Apenas Jack havia engordado. As expressões mostravam o desgaste da viagem, quase sem descanso. Rimell ainda continuava mal, mas reclamando menos. Valdomiro, que já esperava os visitantes, cedeu a escola para se hospedarem. Era a melhor casa do Posto. Estava vencida mais uma importante etapa, com uma média boa de viagem. Se continuassem no ritmo, tudo haveria de terminar dentro do prazo determinado.

Pela primeira vez na sua vida, Jack estava vendo índios de verdade, ao vivo, nus como haviam nascido. No posto havia oito índios do Xingu, cinco homens, duas mulheres e uma criança, que tinham vindo das aldeias Batovi, a cerca de uma semana de viagem do posto. Mal se arranchara, Jack preparou o seu equipamento fotográfico para retratar os índios, desconfiados com tanta movimentação. Foram "amansados" com doce de goiabada. Uma das mulheres usava um lindo colar com conchas de caracol trabalhados em forma de disco. Negociaram o colar "em troca de oito caixas de fósforo". Pretendiam mandar a indumentária para o Museu do Índio Americano, nos EUA.

Era a recepção que esperavam encontrar. Mas Fawcett tinha outras pretensões. Precisava descobrir como ir até a tal queda d'água; pelos cálculos de Hermenegildo, gastaria semanas para chegar ao local. Deveria ficar quase no limite com o estado do Pará, na região do Alto Xingu. Pelo nome ele precisava obter mais informações.

Jack se entusiasmou com as fotos e gastou muitos filmes. Depois usou as águas geladas do Paranatinga como laboratório para revelar os filmes à noite. Antes de partirem, as fotos, mostrando os índios caçando e pescando e o relatório da viagem até aquele ponto seriam enviados aos Estados Unidos, através dos guias que voltariam dali. Jack não escondia o fascínio ao ter os primeiros contatos com os primitivos. Falava com eles as poucas palavras que aprendera em português, e os índios respondiam em um dialeto com influência das três principais famílias lingüísticas; Tupi, Aruak e Jê. Essa troca de "palavras" ajudou muito na aproximação e apoio para a finalização da expedição. Jack também aprendia o máximo de vocabulos, inclusive dos índios de aldeias distantes que se encontravam no Posto. Mais tarde iria precisar se comunicar com eles.

Fawcett também adotou outra estratégia de camaradagem. Na noite seguinte visitaram as malocas, munidos de instrumentos musicais para ganhar a confiança dos índios com música ocidental. Jack tocou uma flauta, Valdomiro o violão e Fawcett o banjo. Faltou

Todd com seu acordeão, capaz de amansar qualquer índio bravo. Até hoje não se sabe se algum deles, além de Valdomiro, sabia tocar algum instrumento. O fato é que conseguiram a simpatia do líder Roberto, o chefe supremo daquela maloca e das vizinhas. Algumas semanas depois, Fawcett iria ter de seduzir um grupo de índios bravios tirando e colocando a dentadura da boca, para fazê-los rir como nunca. Tirar os próprios dentes era algo impensável para os índios.

O POSTO FUNDADO POR RONDON

O Posto era uma espécie de núcleo civilizatório em 1920 criado por Ramiro Noronha, da Comissão Rondon, para auxiliar os índios e os militares em viagens oficiais. Atendia sete tribos da região e serviu de referência para a exploração dos rios Culuene, Ronuro e Curisevo. Recebia também cientistas e botânicos internacionais para pesquisar o solo e a flora brasileira. Ou simplesmente buscando ouro e diamantes. O Posto, enfim, era o sinal de civilização no meio do inferno verde. O Simão Lopes também seria o último marco onde os aventureiros pudessem obter algum socorro.

Nos anos anteriores o Posto havia se transformado numa espécie de meca dos exploradores "dos formadores do Xingu". Havia escolas para os índios, posto de saúde e até uma bandeira brasileira para ser saudada todas as manhãs por militares e civis. Os nativos aprendiam religião e um pouco da história do país. Fawcett viu alguns índios morrendo como moscas, devido a doenças ainda desconhecidas. Tentou descobrir o que causava tantas mortes, mas os pagés diziam apenas que era feitiço. Antes de partir ele viu uma menina morrendo de feitiço e não pôde ajudar. O governo ainda não tinha noção do estrago que estava fazendo a esses povos, com suas gripes e as moléstias causadas pela simples presença deles na aldeia.

Quatro dias depois, na noite de 19 de maio, o Posto virou uma grande festa. Fawcett, funcionários e índios, incluindo Roberto, chefe dos Bacaery, comemoravam o aniversário de 22 anos de Jack em um improvisado salão. A festa havia começado, na verdade, logo de manhã, quando Jack, Rimell e Fawcett faziam a barba no remanso do rio Paranatinga. O coronel relembrou os vários aniversários passados na selva. A ocasião merecia uma comemoração diferente, porque em seguida partiriam para o Campo do Cavalo Morto e de lá não se tinha a menor idéia de quando chegariam novamente a encontrar outras pessoas, além de índios selvagens. Juntaram-se à noite para beber vinho de caju, uma bebida fermentada do suco da fruta, em garrafas de vidro expostas sem a tampa durante dias, sob o calor do sol. Para ficar um pouco mais forte eram adicionados alguns miligramas de álcool. Para os brancos é uma bebida leve, mas para os índios, que até então desconheciam bebidas alcóolicas, qualquer quantidade ingerida era o suficiente para soltarem a língua. Fawcett queria informações a qualquer custo. Tocaram seus instrumentos, talvez pela última vez. Quando estivessem no sertão, sem as mulas para transporte de bagagem, teriam de se livrar de todo objeto supérfluo, que não estivesse condicionado à sobrevivência do grupo.

Diante de uma fogueira no centro da maloca, Fawcett segurava sua estatueta como se ela fosse lhe ajudar a revelar os caminhos a serem seguidos de agora em diante. Aproveitou a presença de um velho índio chamado Yamarã, chefe da tribo dos mehinakus, para perguntar sobre a tal cachoeira de que tanto lhe haviam falado nos últimos meses.

– Fica longe. Longe da aldeia e do Paranatinga – disse Roberto, traduzindo as palavras de Yamarã.

– Quanto tempo eu demoraria para chegar até lá? – perguntou Fawcett.

– Três semanas para ir, mais três para voltar – disse Valdomiro, traduzindo as perguntas e respostas.

– E como vou saber se estou no caminho certo?

– Não vai saber. Tem de viajar ouvindo o barulho. Vai precisar ser guiado pelo som da água. Quando for de noite, tarde da noite, quando a lua se esconder e os pássaros da noite ficarem calados, o senhor vai conseguir ouvir. Vai ter de saber escutar, é um som diferente, vindo de longe, mais fraco que o grito de macaco guariba, parece um trovão estourado muito longe.

– Porque o senhor não me acompanha? – perguntou Fawcett para Yamarã.

– Estou muito velho, não posso fazer longas caminhadas.

A distância para ir até o lugar, a princípio, foi o que mais assustou Fawcett. Através de sinais e muitas palavras indecifráveis, interpretadas por Roberto, Valdomiro disse que as cidades e as inscrições nas cavernas da cachoeira tinham sido feitas por seus antepassados. Fawcett não via em Valdomiro qualquer semelhança com o povo que ele imaginava ter construído as tais cidades. Tinha em mente um tipo mais polinésio, como se cogitava na época – por influências das idéias de Darwin. Mesmo assim valeria a pena conhecer o lugar, que de certa forma estava próximo do caminho para o Campo do Cavalo Morto.

Yamarã virou-se para Roberto e falou alguma coisa próxima de seu ouvido. O chefe do Posto levantou-se e se pôs ao lado de Fawcett, perto da fogueira.

– O chefe Yamarã está desaconselhando o senhor a ir para as cachoeiras. Os índios morcegos e caxibis ocupam a região e não permitem qualquer tipo de invasor.

– Eu posso me defender. Eu sei como lidar com esses índios. Depois de encontrá-los continuarei o restante do meu trabalho.

– O chefe disse que é muito perigoso. Ele conhece o lugar.

Fawcett ficou pensativo, olhando o índio velho, rodeado de parentes, com sua cultura e sabedoria, talvez escondendo o segredo que não gostaria de ser revelado. A conversa se estendeu e o assunto foi mais longe. Yamarã disse que os índios mediam no máximo um metro e sessenta centímetros e eram antropófagos. Duas invenções juntas; índios antropófagos e anões, ou seja, pigmeus brancos. Não havia dúvida de que deveria seguir através do caminho planejado, desviando-se das matas do Xingu e entrando pela chapada, ao oeste da imensa selva, em muitos lugares completamente imersos em pântanos de águas limpas com uma pedra de diamante.

Rimell já estava com o pé desinflamado e mostrando sinais de ânimo. Participava da festa de aniversário acompanhando de longe as conversas. Fawcett deu a ele a chance de voltar com os guias, pois ainda tinha saúde para isso, mas ele se recusou, achando que iria melhorar mais dali em diante. Demonstrou que estava ótimo para continuar viagem. Até um ferimento no braço, causado por mordidas de carrapatos, adquirido entre a fazenda Rio Novo e o Posto, estava sarando. Tudo parecia estar correndo perfeitamente, no entender de Fawcett.

No dia seguinte à festa, Jack fez mais fotos, incluindo algumas do pai e de Rimell. Compraram comida – farinha e batata doce – para continuar a viagem no dia seguinte. Os peões foram liberados a contragosto deles. Fawcett os considerava espiões, simples homens da roça, mateiros que nem de longe podiam imaginar quais as verdadeiras intenções daquela expedição. Estava nos planos do coronel seguir com os guias somente até o Posto. Dali em diante teria apenas a companhia dos índios. Os peões voltaram para Cuiabá com 25 fotos e os textos para serem enviados aos jornais, incluindo uma carta de Fawcett dizendo que por medo dos índios do norte eles haviam preferido voltar. Quando souberam o que dizia a carta, os peões reafirmaram que pretendiam continuar na expedição até encontrar a tal cidade misteriosa, pois eles também já estavam "contaminados" pelas histórias que ouviam sair da boca do velho. Mas Fawcett não deu ouvidos.

Depois que os peões foram embora, Rimell voltou a adoecer. O pé inchou novamente e a pele desgrudou, deixando-o em péssimo estado. Parecia um daqueles índios doentios, deitados em suas malocas esperando a morte porque não havia remédios para seus males. O que a gripe não matou, outras moléstias ou o "feitiço" estavam matando agora. Era hora de partir e cuidar dos ferimentos do companheiro, essencial para o andamento da expedição. A viagem duraria um ano ou dois, e Rimell não poderia mais voltar. Só sabia falar algumas palavras em português, e continuava desinteressado em dominar a língua. Se ficasse sozinho não daria um passo do Posto.

No dia 21 de maio, Fawcett deixou o Posto Bacaery com oito mulas, incluindo a "Madrinha", a mula-guia que servia para puxar a tropa, por ser mais experiente em longas jornadas. Rimell, com a perna enfaixada, conseguiu montar com facilidade mas sentia muitas dores. Alimentação, eles levaram em abundância. Os índios estavam animados para escoltar os expedicionários dentro de suas terras. Havia um limite para eles continuarem junto com a expedição. De lá teriam de conseguir novos guias índios, mansos ou bravios, para prosseguir jornada rumo ao leste. Também poderiam se perder à vontade. Para onde estavam indo não haveria muitas estradas até chegar no rio Araguaia. Entre o Araguaia e o Tocantins não teriam mais problemas. Haviam fazendas por toda região.

Muitos dias depois, Fawcett chegou ao Campo do Cavalo Morto e encontrou os ossos de seu cavalo, sacrificado com um tiro de rifle cinco anos antes quando estivera no local em companhia de Felipe e de Vagabundo. De lá ele escreveu a última carta para a família e para os jornais, levada por índios até o Posto, e de lá até Cuiabá, pelas mão dos militares de Rondon. Nela, Fawcett relatou que tinham chegado bem ao local, mas estavam com muitas picadas de insetos. Na selva com tantos perigos e onde a fome, a onça e a sucuri são mortais, pequenos insetos, entretanto, estava derrotando o grupo. Fawcett descobriu-se mais resistente que os demais, no entanto não se sentia melhor por conta disso. Já tinha vivido mais de 20 anos longe de casa, numa caserna ou no meio da mata virgem, se esquivando de flechas envenenadas.

Não encontraram a cachoeira nem os pigmeus brancos. Isso não entristecia Fawcett, que tinha outros trunfos para chegar na sua Cidade Abandonada, ou a Z. A expedição estava apenas começando. Iria retornar ao local, fazer mais uma checagem e somente depois rumaria para o nordeste. Estavam cansados e abatidos, mas havia forças suficientes para continuar. Não contavam mais com os guias índios, e precisavam apostar também um pouco na sorte. Somente encontrariam o que desejavam andando de um lado para o outro. Não tinham como mandar cartas para família e para os jornais sobre os novos planos. Mas assim ninguém também descobriria aonde estavam realmente. Nem mesmo os militares de Rondon.

Depois do Campo do Cavalo Morto a Floresta Amazônica se fecha, impossibilitando uma expedição por terra. Para entrar mais, teriam de fazer como todos os outros, através dos rios. Mas isso Fawcett não queria, para não se afastar dos objetivos traçados. Em vez de seguir diretamente para o norte e depois para o leste, tomou o rumo contrário e voltou para o Xingu, um lugar desprovido de grandes serras, para encontrar um povo e uma situação bem diferente do que estava esperando. Havia os kalapalos, índios de grande força física dos quais Fawcett nunca ouvira falar. Ficaram rodando em círculos durante meses, evitando um contato direto com índios arredios, até conhecerem os nafuquá. Estavam exaustos, sem os animais, e Rimell, ainda doente, andava auxiliado por Jack. Não havia mais condições físicas para atravessar o paralelo 12 até a Bahia. Ficaram um bom tempo na aldeia, mas tiveram de continuar na direção do Xingu, sem cogitar voltar ao Posto.

Fawcett não desistia. Precisava das últimas forças para continuar. Se chegasse até o rio Xingu poderia descer de canoa com ajuda dos índios. Senão morreriam de fome ou na ponta das flechas. Não tinha saídas. Era preferível enfrentar os índios que voltar fracassado. Sua Atlântida estava perto, guardada por índios morcegos, que reconheceriam a estatueta sagrada e os deixariam entrar em suas cavernas. Era questão de dias. Com uma energia arrancada do desejo realizado, Fawcett animava os garotos afirmando que no dia seguinte encontrariam uma grande cidade com tesouros fabulosos, e todos voltariam ricos e famosos para casa. Seguiram em frente. Nada poderia deter o velho coronel Fawcett. Ele já via a cidade, apenas demorava a encontrá-la.

QUE FIM LEVOU A EXPEDIÇÃO?

As últimas palavras de Fawcett escritas numa carta para Nina foram otimistas. Segundo o coronel nada daria errado, "não poderia haver qualquer tipo de fracasso". Porém, essa foi a última notícia real da expedição. Passaram-se um, dois, três meses sem informações de onde se encontravam. Mais seis meses e nada de notícias. Um ano depois a possibilidade de fracasso aumentou. Fawcett enganara todo mundo mais uma vez. Para despistar quem fosse atrás dele, dava mais uma vez informações erradas de sua localização. Em oito dias jamais teria como chegar ao Campo do Cavalo Morto (Lat. 11° 43' S e 54° 35' O), próximo ao rio Manitsauá. A distância a ser percorrida entre o Campo e o Posto era muito grande e levaria cerca de um mês para ser percorrida, além de que o local ficava dentro de uma mata fechada, por onde não se viaja a cavalo. Quando enviou as cartas para Londres, Fawcett não estava realmente no Campo. Ele andou com sua caravana pelo rios Paranatinga e Curisevo, e tomou o rumo de sua Cidade Abandonada depois de passar alguns dias com os índios nafuquá. Em seguida rumou para o leste, na direção dos kalapalos e dos valentes suyás. Após passar por essas aldeias, os índios silenciaram-se sobre o destino certo de Fawcett. Tudo indicava ter a expedição chegado até o rio Culuene, ficando com os kuicuros e com os kalapalos a missão de indicar a direção tomada pela expedição a partir daquele ponto. Mas nada se ouviu. Agentes do SPI de Cuiabá foram atrás de notícias, e não encontraram sequer uma pista. Todo o Xingu ficou silencioso.

No começo, a família e a imprensa consideraram normal o sumiço do grupo de expedicionários. Havia rumores de que poderiam ter encontrado uma ruína ou mesmo uma civilização e, em última hipótese, de que estariam perdidos. Havia também a possibilidade de estarem presos em alguma aldeia. Passado tanto tempo sem notícia, as pessoas em Cuiabá começaram a se preocupar, a família ficou impaciente e os jornais do mundo começaram a especular: onde estará Fawcett? Teria sido morto por índios, ou encontrara o seu Eldorado? Ele chegara realmente ao Campo do Cavalo Morto e seguira para a Bahia, onde devia estar naquele momento?

Antes de entrar nas selvas do Mato Grosso, Fawcett deixou um aviso com a família para não enviar nenhuma missão de salvamento, caso não voltasse logo. Ele dizia que, se com toda a sua experiência não conseguisse obter êxito, outra pessoa não teria também como encontrá-lo. Por último avisou que não deixaria pistas concretas de para onde exatamente estava indo, para que ninguém o tentasse seguir, mesmo que fosse para resgatá-lo. Estava convicto que as civilizações antigas existiam e que eles as encontrariam e as revelariam ao mundo, levasse o tempo que fosse preciso.

Lima, capital do Peru, agosto de 1950. Brian, cansado de especulações de toda natureza sobre o verdadeiro paradeiro de Fawcett, aguardava notícias recentes do Brasil, contendo alguma esperança, para poder transmitir à sua mãe, Nina, na Suíça. Já fazia muito tempo que a expedição tinha desaparecido. Até então, havia apenas especulação e nenhuma comprovação verdadeira de que estariam vivos. A família tinha a sua versão e a sustentava de todas as formas. Tanto Brian como Nina achavam que Fawcett devia ter enfrentado os terríveis índios morcegos, chegado a Z, a Atlântida cheia de riquezas, e lá se instalado até recobrar as forças para voltar.

Durante 25 anos Nina Fawcett esperou, todos os dias, a informação de que o marido estava em algum navio voltando para casa. Ela nunca aceitou, em nenhuma hipótese, que Fawcett pudesse ter morrido, e dizia que estava todo esse tempo em comunicação telepática com ele. Suas declarações alimentavam pessoas ligadas ao universo místico, e criavam um bom gancho para os noticiários que buscavam dados novos sobre o desaparecimento do explorador.

— Se amanhã ou depois vir o coronel Fawcett e o nosso filho entrarem pela porta do jardim, não me surpreenderei absolutamente. Direi apenas, como sempre: alô – falava Nina.

No dia 6 de setembro de 1954, Nina Fawcett morria em Brighton, na Suíça, onde esperou até o último minuto o retorno do marido e do filho. Brian continuava procurando o pai. Acabara de chegar do Brasil e já tinhas planos para entrar no Xingu. Jogaria milhares de panfletos sobre a floresta Amazônica com a foto dos três. Quem sabe pelo menos os garotos ainda estivessem vivos. Ou, na melhor das hipóteses, junto com o coronel, dentro da sua Misteriosa Z.

7

FAWCETT NÃO MORREU

Em 1927, o engenheiro civil Roger Courteville e sua esposa viajavam de automóvel pelo interior do Brasil quando avistaram, na beira de uma estrada poeirenta, no interior de Minas Gerais, um gringo velho, de barbas brancas, meio tonto, sem noção correta de onde se encontrava. Roger conversou com o velho e ouviu dele uma história de sofrimento, e que se chamava Fawcett. O engenheiro e a esposa seguiram viagem tranqüilamente, até saberem mais tarde, pelos jornais, que Fawcett era o explorador desaparecido há dois anos no Mato Grosso e que até então não havia dado notícia se estava vivo ou não.

O casal ficou alarmado ao saber que se tratava de uma pessoa importante, cujo paradeiro era um assunto que o mundo inteiro queria descobrir. Resolveu então seguir de carro até Lima, onde morava Brian, o filho mais novo de Fawcett, trabalhando há dois anos como engenheiro da Estrada de Ferro Central do Peru. Roger propôs a Brian procurarem a Aliança dos Jornais Americanos, que havia patrocinado a viagem de Fawcett, para organizar uma expedição de busca. Ele tinha certeza de que se voltasse ao Brasil encontraria novamente o velho de barbas brancas, porque não existiam muitos gringos naquela região e seria, portanto, fácil identificá-lo. Brian foi cético com relação ao depoimento do viajante, até mesmo porque já havia surgido uma série de boatos sobre aonde Fawcett poderia estar; algumas delas diziam que ele havia fracassado na busca da cidade de ouro e vivia como fazendeiro no interior do Mato Grosso.

A EXPEDIÇÃO DYOTT

Em 1928, depois de muita especulação sobre o paradeiro de Fawcett, a Aliança dos Jornais Americanos, a agência *Newspaper Aliance*, bancou a Fawcett Relief Expedition, um superprodução bem ao estilo de Hollywood. A idéia era vasculhar toda a região do Xingu e encontrar, se possível com vida, os três aventureiros. Se o resultado fosse positivo, estaria se desvendando um mistério que há três anos inquietava a imprensa internacional. O responsável pela expedição foi o experiente comandante George Dyott, o qual já conhecia a Amazônia e agora tinha a possibilidade de chegar próximo do que conseguira Henry Stanley ao encontrar o desaparecido David Livingstone, na África. Por isso, montou-se o maior aparato que uma expedição tivera até então, contando com modernos rádios de comunicação (telégrafos sem fio) para manter contato diário com o jornal *Newspaper Aliance*, onde seria relatada minuciosamente toda a viagem.

Em março de 1928, Dyott chegou ao Rio de Janeiro acompanhado da jovem esposa Persia Wrigth, com a qual se casara há poucos meses, do especialista em rádio de ondas curtas, Guilherme William, dos fotógrafos Samuel Martin e Jack Witchlead e do operador de rádio W. Gerard. Autor de livros como *On the Trail Old the Unk None* e *Silente Highways of the Jungle*, sobre suas façanhas na África, Dyott já era conhecido internacionalmente e seria a pessoa mais indicada para encontrar Fawcett. Em 1911, ele usara aviões pela primeira vez na exploração de Orizaba, local selvagem da África, e repetira a façanha em 1914 no Congo Belga. Era um aventureiro inovador, em busca de atividades arriscadas que poderiam lhe dar fama.

Em maio, ele chegava em Cuiabá e sua mulher voltava para os Estados Unidos. Dyott, bem diferente de Fawcett no que toca às condições para andar na selva, resolveu levar todo o seu material de caminhão até o local mais próximo de onde o inglês desaparecera com o filho e o amigo. Todo o equipamento, incluindo alimentação, pesava três toneladas. Dyott comprou 350 quilos de carne seca, cinco sacas de arroz, cinco de farinha, café, açúcar e sal a vontade. Adquiriu uma caravana de bois e animais de montaria, além de botes feitos de lona impermeável. Ao todo, 26 pessoas entraram na selva do Mato Grosso levando também muita arma e munição, presentes de todos os tipos para os índios, máquinas fotográficas e de filmagem. Um pequeno exército com vontade de reviver as agruras de Fawcett e ser recompensado por encontrá-lo – ou pelo menos o túmulo dele. Entre eles estavam os guias João Clímaco de Araújo e Otaviano Calmon, conhecedores da região.

A expedição de resgate viajou 450 quilômetros de caminhão e depois com o auxílio de bois e burros. Depois de cinco dias, chegaram à aldeia dos bacaeris, a primeira referência correta da entrada de Fawcett na selva. Lá, Dyott dispensou uma parte do pessoal e contratou Bernardino, o guia de Fawcett, para ajudá-lo na procura. Bernardino fez uma declaração que mudou os planos iniciais de Dyott, que pretendia seguir para Leste, rumo à Bahia, como dissera Fawcett. Segundo o guia, Fawcett descera o rio Curisevo, em direção ao Culuene, até a aldeia dos nafuquá, em vez de seguir para a bacia do rio Paranatinga. Disse ainda mais – que Fawcett roubara duas canoas para descer o rio, o que deixara os índios revoltados. Durante seis dias, Bernardino guiou o grupo até a aldeia dos Nafuquás, e de lá desceram o rio Curisevo em canoas de lona. Foi uma árdua luta de quatro semanas para vencer apenas 100 quilômetros. O rio tinha muitas curvas e havia o perigo de um pau submerso furar os barcos.

Na descida, Dyott viu marcas de um Y nas árvores, feita com facão. Para Bernardino este sinal indicava um dos locais onde

Fawcett acampara. Ao chegar na aldeia dos Nafuquá, Dyott pôde confirmar que Fawcett havia passado três dias entre aqueles índios semi-civilizados, ainda completamente nus. O contato com a tribo foi cheio de muitas surpresas e sobressaltos. Os índios portavam grandes arcos e se moviam desconfiados ao redor dos forasteiros. Logo Dyott se encontrou com Ialoique, o chefe, um tipo baixo e forte, que o recebeu com cerimônia. Espalhou uma esteira no centro de sua maloca e, através de um tradutor da comitiva de Dyott, fez-se a primeira comunicação entre eles. No meio da conversa a mulher de Ialoique, Uiune, apareceu com uma criança no colo, e vários colares no pescoço. Na ponta de um dele, havia uma placa de metal com as inscrições "W. S. Silversand Company, King William House, Eatcheap, London". Ela usava as placas de metal das malas de Fawcett. A surpresa foi grande, e Dyott sentiu que estava chegando perto da pista do paradeiro de Fawcett. A primeira idéia foi a de que o explorador teria sido morto por esses índios. Percebendo a suspeita, os índios cuidaram de afirmar rapidamente terem conduzido Fawcett até o rio Culuene, há um dia de viagem de onde estavam. Recusaram-se a fazer o mesmo percurso com Dyott por medo de serem considerados culpados por um crime e de encontrarem tribos inimigas fora de seu território. Estava criado um impasse. Na região do Culuene moravam os temidos índios suyás, considerados traiçoeiros, inimigos dos nafuquás.

Dyott não desistiu da idéia de levar alguns nafuquás consigo, e os convidou para irem até o acampamento na margem do rio. Teve uma surpresa quando percebeu que toda a aldeia resolvera segui-lo, na esperança de ganhar algum presente, como um pente ou facão. Não houve como deixá-los para trás. Durante a noite, Dyott teve de colocar guardas armados com carabinas perto dos caixotes de presentes e alimentos, para evitar que os índios os saqueassem. Todos os olhares da tribo estavam sobre os caixotes. No dia seguinte, um grupo seguiu para o Culuene e Dyott voltou para a aldeia com Ialoique, para tentar descobrir mais dados sobre a passagem de Fawcett. O chefe acrescentou apenas que um dos brancos que seguia Fawcett coxeava de uma perna e que eles teriam morrido de sede, pois entraram numa região muita seca e sem alimentos. Essa comunicação era feita mais através de sinais, que Dyott traduzia com o auxílio de Bernardino. Depois de muita conversa, Ialoique fez uma reunião com cerca de 80 chefes de família e decidiu que levaria Dyott até o Culuene, onde moravam os kalapalos, mas não se aproximariam das terras dos suyás. Ialoique tirou as suas canoas da camuflagem das árvores sobre o rio e com o auxilio de alguns índios guiou Dyott até a aldeia kalapalo.

Foram recebidos muito bem, mas, como sempre, os índios desconfiavam dos reais interesses dos visitantes. Não era a primeira vez que alguém procurava pelo mesmo homem, com suspeita de ter sido morto por nativos, e ninguém gostaria de assumir tamanha encrenca. Dyott sentia que a verdade estava naquelas poucas léguas da região do Xingu. As mulheres kalapalo arregaçavam as mangas da camisa de Dyott para ver a sua pele branca e ofereciam as filhas virgens como esposas. Faziam isso com muito risos, como se estivessem descobrindo alguém de outro planeta. Dyott distribuiu presentes para homens e mulheres. Mal Ialoique virou as costas, os kalapalos começaram a acusar os nafuquás de terem trucidado o grupo de Fawcett. Estava armada uma confusão entre as tribos, e na cabeça de Dyott. Ele procurou Ialoique e este desmentiu as acusações e em seguida acusou os índios suyás.

Uma parte da expedição havia subido o rio Xingu até a aldeia dos Kuicuros, sob a liderança de João Clímaco. Ao aportar na aldeia este foi cercado por guerreiros pedindo presentes. Abriu uma caixa com 500 anzóis e distribuiu. Mas de nada adiantou. Eles queriam facões. Clímaco disse então que buscaria mais presentes no acampamento-base, onde se encontraria com Dyott em seguida.

Dyott resolveu descer o rio Culuene e convidou Ialoique e os kalapalos para guiar o grupo por cinco dias, na direção leste, por onde afirmavam ter ido Fawcett. A idéia de Dyott era ir com todos os índios até o acampamento-base, onde estavam os presentes, e de lá convencer mais gente a seguir junto com ele. Quanto mais índios na sua comitiva, mais seguro ele estava em não se perder ou ser atacado de surpresa. Os índios uicurús se uniram aos kalapalos e nafuquás, formando uma enorme fileira de canoas navegando no perigoso rio Culuene. Na forquilha do rio Curisevo com Culuene, terra dos kamaiuras e trumáis, estava o acampamento-base, montado na praia. O lugar havia se transformado num inferno. Era índio espalhado por todos os lados, de olho nas caixas de ferramentas da expedição. O clima ficou tenso, e Dyott, impaciente. Estava no meio de um caldeirão. De cada três palavras pronunciadas pelos índios, uma era "presente". Queriam ganhar alguma coisa. Durante a noite, Dyott ficou sabendo que alguns índios, junto com Ialoique, planejavam levar o grupo até o local pretendido e lá os matariam, ficando com os pertences da expedição. Dyott resolveu então convocar todos os índios a irem até o local onde poderia haver algum vestígio concreto de Fawcett, mesmo que fosse um túmulo, antes de acontecer uma rebelião incontrolável.

No dia seguinte, Ialoique, todos os seus guerreiros, mulheres e crianças haviam desaparecido. Possivelmente com medo de que a culpa pela morte do Fawcett caísse sobre eles. Aos poucos, foram aparecendo canoas cheias de índios kuicuros. Estavam impacientes, pegavam tudo que viam pela frente, exigiam machados e colares. Dyott foi obrigado a dar tiros de carabinas para assustá-los. O clima foi esquentando e um numeroso grupo de índios ficou de vigília ao redor do acampamento esperando os "presentes", que agora Dyott se recusava a dar. Dyott se sentiu encurralado, e precisava agir rápido para não ter o mesmo fim do grupo de Fawcett. Com dificuldades para se comunicar, deitou-se no chão, próximo aos índios, e explicou que iria dormir e que no dia seguinte, quando o sol saísse, ele distribuiria facas e facões. Abriu um caixote e mostrou as ferramentas. Os índios se acalmaram e Dyott conseguiu pensar numa estratégia para fugir de um possível ataque.

À meia-noite, a expedição começou a se mexer. No silêncio total, para não acordar os índios que dormiam próximo deles, sob as árvores, empurraram as canoas para a água e puseram nelas todas as bagagens, sem fazer barulho. Durante mais de uma hora desceram sem fazer uso dos remos e sem conversar. Em seguida, remaram com todas as suas forças até o dia amanhecer, para fugirem dos índios revoltados que possivelmente os estavam seguindo rio abaixo. No dia seguinte, o operador de rádio Guilherme Willian de Mello mandava uma mensagem em seu aparelho que alarmaria o mundo: dizia que estavam em fuga, e sendo atacados por índios no mesmo local onde teria desaparecido Fawcett. Quatro dias depois, no dia 16 de agosto de 1928, o jornal *New York World* publicava a mensagem com destaque. Uma semana mais tarde a comitiva chegava em Gurupá, no Pará, onde encontrou o primeiro civilizado, um seringueiro morador das margens do rio Xingu. Rondon, que estava acampado no norte do estado, também captou as mensagem e enviou uma expedição chefiada por Otaviano Calmon em socorro a Dyott, enquanto o aventureiro descia tranqüilamente o rio, chegando em Belém são e salvo no dia 22 de outubro. Para a imprensa brasileira, Dyott pedira socorro apenas para se promover na mídia, após fracassar na expedição.

Dyott não conseguira achar nem as cidades fabulosas de Fawcett nem os índios brancos e outras lendas divulgadas nos anos anteriores. Mas o mito Fawcett estava se fortalecendo e sua história atraiu em seguida um exército de pessoas, a maioria desqualificadas, que sacrificariam a própria vida para descobrir não mais a Atlântida, mas o homem que afirmara a existência dela nas chapadas do Brasil.

Nina Fawcett recebia todos os dias notícias do marido. Havia sempre uma ou mais expedições procurando por Fawcett em algum lugar do Brasil. Algumas tinham precisão, outras jogavam com meras especulações. Umas a deixavam animada, outras completamente irritada. Fawcett era um mito e estava entregue a todo tipo de especulação. Abria também o apetite de caçadores de prêmios jornalísticos e de aventureiros que gostariam de ter o seu nome na história. O interesse internacional aumentou e o jornal *The Times*, de Londres, instituiu um prêmio de 10 mil libras para quem trouxesse informações precisas sobre o verdadeiro fim de Fawcett.

Cuiabá, no início da década de 30, vivia cheia de americanos, alemães e ingleses, cavando alguma novidade e procurando guias para entrar na selva. Duas notícias deixaram Nina desolada. Um explorador de nome Virgino Pessione disse, em julho de 1933, que Fawcett estava vivendo com os índios aruvudus, casara-se com uma jovem índia anauquá e tivera um filho de olhos azuis. O relatório detalhado de Pessione foi enviado ao presidente da Royal Geographical Society, de Londres, através do Monsenhor Couturon, administrador das Missões Salesianas do Mato Grosso. Notícia parecida também chegou a Nina por um aventureiro de nome Rondine, que afirmou ter visto Fawcett casado com quatro mulheres e adorado como um deus, nas margens do rio Tocantins.

Apesar de um grande número de aventureiros estar atrás de Fawcett, somente alguns obtiveram destaque na imprensa, fortalecendo mais ainda o enigma do desaparecimento do coronel. Um caso, que se tornou também uma lenda, ocorreu em 1930 com o jornalista americano Albert De Winton, do jornal *American and Foreign Newspaper*, de Hollywood. De Winton fizera grandes reportagens, especialmente na África, e já tinha viajado nos rios Tocantins e Araguaia. Ao chegar em Cuiabá, procurou Eufrásio Cunha para auxiliá-lo na sua entrada em terras indígenas em busca de Fawcett. Não era o primeiro e nem seria o último. Sem conseguir apoio do SPI, Winton pegou uma carona num caminhão até a Estância Vitória, de onde partiu na companhia do guia Abraão Bezerra, com apenas "uma muda de roupa, um par de sapatos, uma espingarda de fogo central e duas máquinas fotográficas". O sitiante levou o jornalista até a terra dos kalapalos por um conto de réis, burlando o SPI. Winton chegou até a aldeia kalapalo, o local onde Dyott colhera as últimas informações sobre Fawcett. Depois de escrever várias cartas para o jornal americano, o jornalista deixou de mandar notícias. Tempos mais tarde soube-se da sua terrível história: havia sido envenenado pelos índios kalapalos. Desconfiados de que Winton procurava vingar a morte de Fawcett, os índios o fizeram tomar uma bebida com polpa de pequi e manipoeira brava, uma porção feita à base de mandioca venenosa. A bebida foi servida logo depois de preparada e sua infusão se deu depois de ingerida pelo jornalista. Aconteceu que Winton resistiu ao veneno e ficou mais de dois dias agonizando, com terríveis dores. Os índios então resolveram levá-lo para a aldeia dos kuicuros, para se livrarem da culpa e a alma do morto não ficar vagando depois na aldeia deles. Os kuicuros, também com o mesmo tipo de receio, resolveram colocar Winton numa canoa e soltá-la no rio, entregue à própria sorte. Antes de morrer, no dia 22 de julho de 1934, ele escreveu uma carta da aldeia dos kuicuros, onde falava que estava doente e abandonado. Citava também um jovem índio de pele branca e olhos azuis, que diziam ser filho ou neto de Fawcett. O menino chamava-se Dulipé. O pequeno índio viraria uma sensação internacional anos depois, com direito de ser até estrela de um filme.

Em março de 1932, o mundo conhecia outra história fantástica envolvendo o nome de Fawcett. O caçador suíço Stephen Rattin relatou um encontro que tivera com Fawcett, no dia 16 de outubro de 1931, numa aldeia à margem do Bonfim. Rattin disse que tinha sido levado por índios para um lugar onde estava ocorrendo uma grande festa e onde um velho de olhar triste, vestindo pele de animais, com cabelos muito compridos e barba branca, vivia entre os índios. Em conversa com Rattin, em inglês, o velho dissera ser um coronel britânico, e que estava prisioneiro. Pedira para ele ir até o consulado da Inglaterra, procurar o major Paget e solicitar ajuda. Fawcett afirmara que o filho dormia e mostrara um medalhão de ouro que trazia no pescoço. Dentro, havia uma fotografia de uma senhora com chapéu, e duas crianças. Rattin disse também que ele usava quatro anéis de ouro, cada um com uma pedra diferente. O relato minucioso foi entregue ao cônsul, assim que o suíço retornou ao Rio de Janeiro.

Cada notícia que surgia deixava Nina esperançosa. Mas Brian tempos depois desmentiu tudo o que Rattin afirmara. Estava nascendo uma nova polêmica: a família desmentia qualquer tipo de indício sobre Fawcett. Até então ninguém tinha levado o prêmio de 10 mil libras do jornal *The Times*. Brian também combateu os artigos e o livro de Dyott, afirmando que todos os objetos encontrados em poder dos nafuquás eram da expedição de 1920, e não da de 25. Desmentiu a descoberta de Rattin, embora concordasse com a semelhança entre a descrição do velho e seu pai, no relato do caçador. Mas, segundo Brian, Fawcett não usava tantos anéis e era mais baixo – e o velho não dissera seu nome, apenas que era inglês e que procurasse o cônsul. Rattin, sem credibilidade, foi ele mesmo atrás de Fawcett, afirmando que caso o encontrasse o próprio coronel poderia recompensá-lo. Nunca mais foi visto ou se teve notícia de seu paradeiro.

Foram tantas as expedições na década de 30 que se perdeu a conta delas. Em 1931, o pesquisador Tom Roch revelou aos jornais ter encontrado dois homens brancos com nomes de "Fawceth", no interior do Mato Grosso. Um era velho e o outro jovem, e possuíam uma grande coleção de pedras. Em 1932, o explorador Miguel Tucci declarou ter visto Fawcett próximo ao rio das Mortes, vivendo na companhia de índios. Em julho de 1933, Aniceto Botelho, delegado de polícia do Mato Grosso, enviou à Royal Geographical Society uma bússola que pertencia a Fawcett. Ele a encontrara próximo da aldeia dos índios nafuquás, local por onde Fawcett passara mais de uma vez.

PETER FLEMING

Em 1933, quando o assunto Fawcett começara a desaparecer da mídia, surgiu uma outra expedição, desta vez patrocinada por um dos maiores jornais do mundo na época, o *The Times*, de Londres. A história dessa mais nova aventura foi narrada pelo jornalista e escritor Peter Fleming (irmão do escritor Ian Fleming, criador do Agente 007), que acompanhou uma expedição turística partindo de Londres para procurar Fawcett no Brasil. Havia um certo "marketing" de que Fawcett poderia estar vivo. Tudo começou com um anúncio no *The Times*, na coluna "Agony Column", com um texto convidativo:

> *"Expedição esportiva e de exploração, sob liderança de experts, parte da Inglaterra em junho, para explorar os rios do Brasil Central e, se possível, descobrir o destino do coronel Fawcett; caça abundante, de grande e pequeno porte, pescarias excepcionais; faltam ainda dois caçadores, e esperam-se as melhores referências. Escrever para Caixa Postal X, The Times, E.C.4."*

Fleming se sentiu o próprio Barão de Munchausen ao ler o anúncio, segundo relatou no livro *Brazilian Adventure*, que escreveu logo depois da fracassada expedição. O livro foi um grande sucesso, com mais de 600 mil exemplares vendidos. Fleming pagou 400 libras para viajar na expedição, mas nem sequer andou pelos lugares por onde Fawcett poderia ter estado. Ele descreveu uma série de experiências pelas quais a equipe passou durante os dias em que permaneceu no Brasil, descendo de barco os rios Araguaia e Tocantins, até Belém, no Pará. Fleming, na época com apenas 24 anos, deixou no início do seu livro uma frase sobre os rumores de novas expedições, logo após sua volta a Londres:

"A imprensa fabricou um dos mais populares mistérios contemporâneos com o destino do coronel Fawcett."

Depois do sucesso do livro, que só fazia menção às outras expedições que haviam procurarado Fawcett, o Brasil selvagem ficou conhecido no mundo inteiro e o mito de Fawcett se fortaleceu mais ainda. Fleming, durante os seis dias que ficou no Rio de Janeiro antes de embarcar para o Mato Grosso, registrou suas impressões sarcásticas sobre o comportamento dos brasileiros:

"O atraso no Brasil é um clima. É nele que se vive. Não se pode fugir dele. E não há nada a fazer. Deve ser, acredito, uma característica nacional que é absolutamente impossível de se ignorar."

Essa declaração irritou bastante os brasileiros, incluindo um de seus ajudantes, o jovem aventureiro Hermano Ribeiro da Silva, na época com 26 anos, que o acompanhou durante a expedição. Mais tarde Hermano também escreveu um livro relatando sua experiência com Fleming. O livro não ficou conhecido e a verdadeira história da expedição ficou apenas no que Fleming relatara. Segundo Hermano, houve apenas um único momento em que a tripulação de "excursionistas" tentou sair dos barcos e andar dois dias a pé. Nessa única saída, a não ser para dormir nas praias, não houve qualquer tipo de sacrifício, como Fleming relatara. Hermano também diz que tinha sido a expedição mais rápida já vista, pois durara apenas três meses, desde a partida de Leopoldina a Belém, num trajeto de 400 quilômetros de navegação. Muito ainda se exploraria em nome de Fawcett. O fuzuê estava apenas começando, e o livro de Fleming continua como o maior engodo do século.

Fleming também não entendeu o título de uma reportagem que chamava Jack de "O novo Buda". Naquele momento, os aventureiros procuravam apenas respostas para o desaparecimento de Fawcett. O lado esotérico e místico ainda era ignorado pela imprensa da época. A referência budista desconhecida por Fleming estava relacionada com as premonições dos budistas que haviam recepcionado Nina e Fawcett no Ceilão. Para esses budistas, o filho deles seria uma pessoa especial, um escolhido.

Fleming viera para o Brasil com a esperança de encontrar alguma pista que o colocasse no topo da fama. Antes de partir, fizera uma absurda proposta ao conselho de redação do *The Times*: queria um tipo de comunicação diferente, utilizando pombo-correio, levados de Cuiabá para o Xingu dentro de um viveiro, e que retornariam com notícias quentes de qualquer descoberta sua. O jornal recusou a proposta, para não mudar a concepção inicial da expedição.

DA NOVA ZELÂNDIA PARA O XINGU

A idéia de utilizar pombos-correio nas buscas de Fawcett foi posta em prática por um professor primário da Nova Zelândia, Hugh McCarthy. Em 1943, o neozelandês largou o emprego em Wellington para aventurar-se alucinado nas selvas do Mato Grosso. Ele se trancou durante semanas na Biblioteca Nacional, no Rio de Janeiro, estudando o Documento 512, manuscritos de Fawcett e sobre cidades perdidas na América Latina. Após as pesquisas, viajou para o Mato Grosso e depois seguiu para a reserva indígena de Peixoto, onde trabalhava um missionário inglês, Jonathan Wells. O franzino professor de 32 anos surpreendia a todos quando afirmava que pretendia se embrenhar nas selvas à procura da cidade de Fawcett. Para ele, o explorador inglês havia achado a sua Misteriosa Z, e tinha certeza de que se encontraria com ele. Não havendo como convencê-lo do contrário, Wells lhe ofereceu sete pombos, que deveriam ser soltos quando descobrisse algo. Estudaram uma linguagem taquigráfica, para facilitar o envio da mensagem em pequenos pedaços de papel que seriam presos nas patas das aves.

McCarthy partiu com um rifle Winchester 44, uma pistola automática, 300 balas e suprimento para algumas semanas, numa pequena canoa rumo ao desconhecido. Seis semanas depois, chegava o primeiro pombo na aldeia com um extenso relatório. Na verdade era o terceiro pombo enviado – os dois primeiros não haviam voltado. No texto, McCarthy relatava que estava doente por causa de um acidente. A perna ainda estava doendo, mas tinha o amparo de uma bela índia de nome Tana, que havia salvo sua vida. Os índios eram amigos e o tratavam bem. Sem o apoio dos índios, relatou McCarthy, provavelmente estaria morto. Disse que Tana tinha a pele clara e os olhos azuis – comparava-os com a cor do céu –, e que havia trocado o nome dela por Heather, além de ensinar-lhe inglês. Apesar do envolvimento com a índia branca, McCarthy disse também que estava partindo no dia seguinte – pois a perna, apesar de doer, havia diminuído o inchaço – para continuar procurando a Misteriosa Z. Tinha informações precisas de que a cidade ficava a menos de uma semana de onde se encontrava.

O pombo com a segunda carta chegou um mês e meio depois do primeiro. Ele trazia na verdade a quinta carta, pois a quarta também havia desaparecido antes de chegar na aldeia. Dessa vez, McCarthy dizia ter encontrado as tais montanhas, cobertas de neve. Estava mal, andava com dificuldade e já tinha perdido a canoa e as armas há muito tempo. Pretendia escalar os paredões das serras para chegar no pico, onde esperava encontrar a "cidade de ouro" ou mesmo Fawcett. Mesmo que fracassasse, valia a pena tentar chegar até o topo da montanha. Tudo indicava que tentaria. Somente três semanas depois da última carta chegava mais um pombo, o sétimo e último. O sexto pombo ficara no caminho.

McCarthy começava dizendo em sua carta que as buscas não tinham sido em vão. Finalmente ele encontrara a cidade de ouro procurada por Fawcett. Estava exausto, morrendo, mas considerava útil o seu sacrifício. Encontrava-se muito doente e mal podia escrever. Fazia isso nos seus parcos momentos de lucidez, porque era necessário revelar ao mundo o que havia encontrado. A cidade tinha uma grande pirâmide de ouro rodeada de vários templos. Ruínas de antigos palácios e muita riqueza se espalhavam numa enorme área. Pediu para que Wells fizesse uma expedição com arqueólogos para encontrar o que seria a grande descoberta de todos os tempos, seguindo o mapa enviado através do sexto pombo, que não chegou.

Quatro dias após receber a carta, Wells estava no Rio de Janeiro procurando ajuda para encontrar a tal cidade. Para comprovar que falava a verdade mostrava as cartas e dizia que precisava partir imediatamente para tentar salvar a vida do amigo, que se encontrava enfermo em algum lugar do Mato Grosso. Ninguém deu ouvidos aos relatos do reverendo. Diziam que McCarthy estava delirando quando descrevera a cidade. Existiam no estado quatro grandes cadeias montanhosas e seria, sem o mapa, difícil encontrar a correta. A história ficou por isso mesmo e Wells voltou para seus índios. Nunca mais se falou em McCarthy, que morreu em sua cidade de ouro. O mistério de Fawcett continuava sem solução.

Mesmo depois de esquecerem Fleming e McCarthy, várias notícias continuavam saindo na imprensa internacional, dando conta de pessoas que estariam procurando Fawcett, ou que o teriam visto. O missionário Winton Jones disse que encontrara índios que poderiam dar o paradeiro de Fawcett. Ao entrar na selva, tendo os próprios índios como guia, ele mandou uma mensagem pedindo socorro, porque se encontrava preso nas mãos dos índios inorita. Descobriu-se mais tarde que ele fora na verdade abandonado pelos índios e não tinha condições de retornar à civilização. Como o socorro não chegou, Jones, após se restabelecer, desceu o rio Xingu e ninguém nunca mais soube dele.

A região do Roncador só foi explorada em 1938, quando Getúlio Vargas criou a expedição Bandeira Piratininga, com o objetivo de conquistar a Serra do Roncador e o rio das Mortes, que recebera esse nome em 1682, quando a comitiva do bandeirante Antônio Pires de Campos fora trucidada pelos índios carajás e araés. A bandeira para conquistar o Roncador foi chefiada por Willy Aurely, mais um que teve o seu objetivo principal desviado para o mistério do desaparecimento de Fawcett. O nome de Fawcett estava fazendo desviar todas as atenções de militares e civis que, contratados do governo brasileiro para fazer demarcações, contatos com índios e principalmente para desbravar a região, mudavam o rumo de suas intenções e caminhavam para as proximidades do Xingu. Aurely chegou mesmo a afirmar, categoricamente, que Fawcett vivia como chefe dos kalapalos, juntamente com cerca de 20 homens brancos. Garantia ter provas do que dizia, mas nunca as apresentou.

FAWCETT NA BOLA DE CRISTAL

Harry Isacke, irmã de Fawcett, também era uma mística, assim como o irmão Douglas Edward, e nunca acreditou, como toda a família, que o coronel pudesse ter morrido junto com o filho e Rimell. No entanto, a revelação de uma "pitonisa", que, através de uma bola de cristal, lhe mostrara o irmão morrendo à míngua quatro anos após o seu desaparecimento, a fez mudar de opinião. Isacke participava de uma reunião na casa da famosa vidente Nell Montague, onde estava presente o ex-embaixador britânico no Brasil e amigo de Fawcett, Ralph Paget, o qual solicitou à vidente que tentasse descobrir o destino de uma pessoa que havia escrito uma carta. O papel foi entregue a ela e colocado sob a bola de cristal. Imediatamente Montague perguntou de quem era o papel e Paget respondeu que era uma carta de Fawcett, desaparecido no Brasil.

– É terrível! Vejo uma grande tragédia ligada a esse pedaço de papel – disse a vidente, assustando a todos.

Paget perguntou que imagens apareciam na bola de cristal, e ela respondeu que estava vendo várias faces negras, contorcidas e de aspectos ferozes. De repente, começou a falar de grandes árvores em uma densa floresta.

Nesse momento, surgiram no cristal as figuras de três homens brancos. Um deles estava estirado no solo com a cabeça apoiada num dos braços. As roupas estavam em trapos e o corpo completamente imóvel, como se estivesse morto. Próximo ao corpo existia um outro homem muito mais velho se arrastando com dificuldade. Ele sustentava um outro homem também em farrapos, com cabelos e barbas compridas. Havia várias ataduras com manchas de sangue no corpo dos dois. O mais jovem possivelmente estava morrendo. De repente, a bola de cristal foi tomada por uma nuvem negra, onde apareceram imagens de selvagens nus e armados de arcos, flechas e lanças. Em seguida, o cristal apresentou uma cor rubra e não se via mais nada. Novamente a nuvem vermelha foi se dissipando e surgiu a imagem de três pessoas mortas, carregadas pelos índios triunfantes.

Havia silêncio total na sala, enquanto Miss Montague falava. Paget custou a acreditar no que ela dizia, e revelou toda a história de Fawcett, que até aquele momento ela desconhecia. Isacke mal podia falar. Ficou sem saber até que ponto podia acreditar no que ouvira. Paget, ao contrário, acreditou piamente, e revelou ali mesmo que fora a primeira vez que alguém chegara tão perto da verdade sobre o que acontecera realmente à expedição de Fawcett. Isacke e Paget ainda tentaram encontrar a vidente tempos depois, mas descobriram que ela havia morrido em 1944, vítima da explosão de uma bomba alemã lançada sobre Londres.

Fawcett e seu grupo arrastam o batelão pela selva.

Narro observa a cova da qual foram retirados os supostos ossos de Fawcett.

8

O DEUS BRANCO DO XINGU

Em 1926 nasceu na aldeia Kuicuro, nas margens do rio Xingu, o filho de Jack Fawcett. A criança branca, de olhos azuis, era fruto da união de Jack com uma índia chamada Aíca, filha do chefe da tribo. O coronel Fawcett estava vivo e prisioneiro na mesma aldeia. O garoto cresceu e ganhou o nome de Dulipé. Essa notícia chegou a Nina em 1937, através da missionária americana Martha Moennich, que vivia junto aos índios do Xingu. Com essa informação, mais uma histeria envolvendo o nome de Fawcett estava para correr o mundo através das páginas dos jornais. Moennich disse a Nina, através de uma longa carta, que se encontrara duas vezes com Jack Fawcett, uma delas quando a criança havia nascido. Disse também que Jack não estava mais vivo. Havia sido assassinado juntamente com o pai. Rimell morrera de maleita antes mesmo de chegar até os kuicuros. A missionária relatou ainda que a criança estava viva e havia provas de que ela seria seu neto. A divulgação da carta criou nova polêmica, e a missionária passou a viver por conta de provar ser Dulipé realmente neto de Fawcett.

Todos os detalhes do encontro da criança com a religiosa americana foram relatado no livro *Pioneering for Christ in Xingu Jungles*. Como tudo o que se falava sobre a expedição chamava a atenção, o livro foi um sucesso, apesar de nada haver que pudesse comprovar suas afirmações. O livro não se restringia a falar da expedição no Xingu. Moennich tentou ir mais longe e especulou sobre a trajetória real da expedição, logo depois da saída do Posto Simão Lopes. A missionária fez confusão com a geografia do Xingu, afirmando que Fawcett seguira para o "Rio das Mortes, para as aldeias Kalapalos, que ficavam muito próximas dos kuicuros", deixando a criança na aldeia antes de partir.

Dulipé tinha a pele toda branca e o rosto corado. O corpo era frágil, mas o jovem tinha porte britânico, numa mistura entre o selvagem e o sangue europeu. Em 1934, a missionária, juntamente com o reverendo Emil Halverson, voltaram ao Xingu e encontraram-se novamente com Dulipé, com cerca de oito anos de idade. As fotos da criança chegaram até Nina e ganharam as páginas dos jornais.

O mito de Fawcett fechava mais um capítulo, enquanto outro já estava começando. No dia 13 de fevereiro de 1944, Brian recebeu um telefonema do Brasil, do jornalista Edmar Morel, afirmando ter encontrado Dulipé, então com 17 anos, e que estava tudo arrumado para ele ir morar com o tio no Peru, ou com a avó, Nina, na Suíça. Brian não somente se recusou receber a criança índia, sem qualquer prova de que seria um branco, como desaconselhou o jornalista brasileiro a persistir no assunto. Eram tantas as especulações em torno do nome de Fawcett que a família não se interessava mais por informações vindas do Brasil. Negavam veementemente que o coronel tivesse seguido para a direção do Rio das Mortes, ou mesmo passado pelos kuicuros e kalapalos. As informações provando que o grupo havia estado no alto Xingu, como a de Dyott, eram refutadas por Brian. O filho mais novo de Fawcett desmentia diariamente tudo o que se falava sobre o pai. Mas a história de Dulipé estava apenas iniciando o seu enredo.

Na década de 40, o império de comunicação do empresário Assis Chateaubriand havia se expandido e criado um jornalismo voltado, em parte, para o sensacionalismo. O assunto Fawcett seria um prato cheio para a imprensa explorar. Em 1925, *O Jornal*, primeira publicação do futuro império de Chateaubriand, mostrava imensas reportagens sobre o caso do desaparecimento. Quinze anos depois, o jornalista Edmar Morel foi o escolhido para encontrar Dulipé em plena selva do Xingu, o que não foi muito difícil. O índio branco existia de fato e era tão diferente dos demais que não parecia mesmo um selvagem. Mas tinha a orelha furada, um sinal de que se tornaria no futuro um terceiro chefe, talvez.

Índios brancos são comuns nas tribos brasileiras. Na maioria das vezes são discriminados, até mesmo escorraçados de sua aldeia. Dulipé tinha um tratamento diferente, talvez por ter chamado tanto a atenção dos brancos civilizados. Em 1943, Morel levou para o Xingu um antigo gravador, máquinas fotográficas e um equipamento de filmagem. Iria remexer no caso do Fawcett e o seu neto, com o patrocínio dos jornais e revistas de Chatô.

Semanas depois da partida de Morel para o Xingu, a manchete do jornal *Diário da Noite* era: "Deus Branco do Xingu". Dulipé foi eleito um deus pelo jornalista. Morel mostrava fotos de Dulipé e afirmava que ele era um índio adorado como ídolo pelos kuicuros. Isso não era verdade. O garoto foi fotografado e filmado como um personagem de cinema em que se transformou tempos depois. Os rolos de celulose mostrando o dia a dia do índio na aldeia viraram um filme sobre o deus branco, exibido nas salas de cinema como qualquer outro filme da época, além de se transformar numa história em quadrinhos, editada pela Ebal. Morel também escreveu um livro em que se dedica a narrar detalhadamente todo o seu encontro com o índio branco, a sua ida à escola e a sua transferência para Cuiabá, onde deveria se educar para encontrar mais tarde a família em Londres. Quando Dulipé foi para Cuiabá, "as tribos cantaram canções especiais para a despedida de seu deus; as mulheres choraram e o Xingu ficou banhado em lágrimas". Assim Dulipé foi endeusado pela imprensa.

Os jornais londrinos também mostravam fotos do índio branco e duvidavam de sua autenticidade. Existia muito exagero no que tocava o nome de Fawcett, mas a invenção de Dulipé estava indo muito longe. Até que um dia se descobriu, através de um exame de sangue, que o garoto era apenas albino. Mais do que comprovada a fraude, Dulipé continuou morando na periferia de Cuiabá, perdeu os dentes por causa de um problema na gengiva e morreu esquecido, sem os brancos que o haviam retirado da aldeia e sem os seus, que não mais o queriam. Transformou-se em um alcoólatra que não fazia mais nada na vida. Tudo que sonhara deixara de existir a partir de um simples exame de sangue, que não fora realizado antes porque havia mais interesse da imprensa de Chateaubriand em transformar o caso numa fonte permanente de matéria jornalística do que em buscar a verdade como de fato acontecera. Todas as notícias sobre Fawcett e o índio foram distribuídas pelos jornais do grupo e na revista *O Cruzeiro*, com grande destaque.

Morel ainda fez mais no Xingu. Gravou uma entrevista com o cacique Kalapalo Izarari, que visitava o Posto Simão Lopes, onde o jornalista montou acampamento. Na entrevista, Izarari confessou que Fawcett fora morto por índios kalapalos com bordunadas na cabeça. Com dificuldade, Izarari contou os detalhes de como Fawcett, Jack e Rimell tinham sido mortos. Estava criado mais um escândalo internacional. Entre mentiras e desmentidos, o mito de Fawcett crescia e a família ficava irritada, não aceitando qualquer hipótese de morte do grupo. O prêmio do *The Times*, de 10 mil libras, continuava sendo disputado. O jornalista que descobrisse realmente o paradeiro do coronel estaria famoso no mundo inteiro, talvez até mais do que teria sido Fawcett se tivesse encontrado a sua Cidade Abandonada. Morel se autoproclamou o primeiro jornalista a "trazer à civilização a confissão do assassinato de Fawcett". A entrevista foi longa e dúbia. Para cada resposta de Izarari, a mesma pergunta foi repetida várias vezes. O cacique disse que tinha onze anos quando Fawcett fora morto, junto com os dois rapazes. Depois pôs a culpa nos caiapós, mas, ao ver as fotos de Jack, Rimell e Fawcett, fez gestos de que realmente eles teriam sido trucidados por kalapalos. A entrevista com o cacique Izarari foi gravada em um disco e distribuída internacionalmente por Chateaubriand, como um álbum musical. Mais uma vez o mito se reforçava. No entanto, a perda do prestígio de Morel, por causa da fraude sobre Dulipé, fez a história morrer depois da divulgação do disco. Entretanto, muita coisa ainda estava por vir das matas do Xingu.

OS OSSOS DA DISCÓRDIA

Uma descoberta do sertanista Orlando Villas-Boas, na tarde do dia 3 de abril de 1951, mudaria novamente os rumos da história sobre Fawcett. Villas-Boas estava perto de desvendar o mistério de tantos anos de uma maneira muito simples. Acabara de encontrar o esqueleto de Fawcett, enterrado próximo ao rio Culuene, um afluente do Xingu. O mundo voltou a noticiar a descoberta, ganhando capa da *Times*, como o assunto mais importante da semana. Villas-Boas vinha tentando há cinco anos localizar os despojos do coronel. Desde a entrevista de Izarari não restavam mais dúvidas de que Fawcett havia morrido em algum lugar entre as aldeias dos kuicuros e dos kalapalos, separados apenas pelo rio Xingu.

Na primeira semana de outubro de 1946, Orlando Villas-Boas mandava um artigo para *O Jornal* relatando que a expedição Roncador-Xingu estava acampada a 15 quilômetros da aldeia Kalapalo, onde mantinham há uma semana conversas de boa vizinhança. Mas o motivo do envio do artigo para o jornal era o fato de estarem finalmente em terras onde possivelmente Fawcett havia desaparecido ou, como noticiara Morel, sido morto pelos kalapalos. Junto com Villas-Boas estava Nilo Veloso, que há quatro anos percorria aquela região e assegurava não existir nenhuma notícia de outros homens brancos naquela região quando Fawcett desaparecera. Logo, se alguma ossada fosse encontrada na região, só poderia ser a de Fawcett.

– Se Fawcett chegou até aquele ponto e depois não foi mais visto, com certeza não saiu daqui – dizia Veloso.

Desde então, Villas-Boas se empenhou em descobrir o que acontecera realmente com o coronel inglês. A oportunidade estava ali, pois Izarari fora o primeiro amigo kalapalo dos Villas-Boas, quando finalmente entraram na aldeia.

Passado cinco anos do primeiro encontro, Villas-Boas prometeu aos kalapalos uma boa recompensa para quem revelasse quem matara Fawcett, qual o motivo, e onde fora escondido o corpo. Durante todo esse tempo os índios estavam sendo pressionados a confessarem um crime ocorrido com seus antepassados, a maioria já mortos. Se alguém conseguiria a confiança dos xinguanos seriam os irmãos Villas-Boas, sertanistas conceituados, defensores dos índios mesmo que tivessem de pôr as próprias vidas em jogo, como fizeram várias vezes. Eram os únicos brancos em que os índios confiavam, inclusive para confessar um crime vergonhoso. Villas-Boas ofereceu uma arara vermelha, uma ave muita rara na região cujas penas tinham grande valor, para quem falasse sobre o inglês, e assim ficou conhecendo uma história bastante interessante.

Fawcett chegou na aldeia dos kalapalos quando se dirigia para a Serra do Roncador, distante 350 quilômetros em linha reta rumo ao leste, passando pelo Rio das Mortes. Os kalapalos receberam Fawcett muito bem, mas o velho coronel estava muito abatido e cansado de tanto lidar com os selvagens que sempre lhe pediam presentes para tudo o que faziam em seu favor. O primeiro conflito surgiu quando Fawcett matou um pato em uma lagoa próxima à aldeia. Um menino foi correndo buscar a caça, mas Fawcett a tomou e bateu nele achando que o indiozinho estava roubando o seu jantar. Na verdade, a criança estava levando a ave para ele. Isso deixou os pais do menino descontentes. Noutra oportunidade, ele mostrou uma faca para um jovem. Este pediu a faca para olhar e demorou a devolver. Fawcett temia que ele não a devolvesse mais e a tomou de suas mãos à força. Mais uma atitude que não agradou à aldeia, interessada em ganhar algum presente. O coronel dizia ter uma caixa com colares para doar aos índios que o ajudassem a prosseguir viagem. Até chegar na área xavante, teria um longo caminho pela frente.

Cheios de inimigos por todos os lados, os interessados kalapalos estavam esperando uma oportunidade para dar um troco, especialmente porque Fawcett prometera presentes e não havia distribuído nada. Eles o chamavam de "minguelese", porque o coronel dizia para os índios "mim inglês". Foi esse o nome que ficou do coronel para os kalapalos. Quando Fawcett descia para o rio toda a aldeia saía atrás dele, por um motivo muito estranho. Eles gostavam de ver Fawcett tirar a dentadura para lavar e colocá-la novamente na boca. Para eles era algo com alguma bruxaria. Jack e Rimell eram indiferentes aos índios, pois quem respondia por todos os atos dos rapazes era o próprio Fawcett.

No dia da partida da expedição, Fawcett e os rapazes utilizaram uma pequena canoa para cruzar uma das inúmeras lagoas que margeiam o rio Culuene. Como a embarcação era pequena, primeiro atravessou Fawcett, levado por um menino que depois retornou para buscar os outros dois. Nesse momento, surgiu de repente um índio kalapalo chamado Kuvicuiri, que acertou uma bordunada na cabeça do coronel. Dois dias antes, Fawcett havia se recusado a dormir na cabana de Kuvicuiri, alegando ser muito suja, e irritando o índio profundamente por essa desfeita. Jack e Rimell apressaram o remo para salvá-lo das bordunadas, mas foram detidos por mais dois índios que saíram do nada, Aravo e Arrevira. Eles atacaram os rapazes por trás, a flechadas, e os dois caíram nas águas da lagoa. Fawcett tentou reagir, mas o agressor era mais forte. Ele segurou-se como pôde no tronco de uma cachamorra, mas enfraqueceu e escorregou ferido para o solo, onde Kuvicuiri deferiu um golpe de misericórdia. Os demais índios, que presenciaram a morte dos exploradores, saíram correndo com medo de serem envolvidos.

O desaparecimento daqueles brancos poderia trazer outros atrás deles. Foi então que o cacique Uavanã ordenou que fosse dado sumiço nos corpos. Os índios voltaram ao lugar do assassinato, tiraram as roupas de Fawcett e as jogaram no rio. Depois, enterraram o corpo detrás de uma árvore no local aonde havia caído. Os corpos de Jack e Rimell estavam putrefatos, e os índios furaram as barrigas deles e afundaram os corpos utilizando longas varas até a lama encobri-los no fundo da lagoa, de águas cristalinas. Esse segredo mortal repousaria com os kalapalos durante 26 anos, até Orlando Villas-Boas convencer Cumatzi, o filho de Uavanã, a confessá-lo.

Cumatzi, enfim, disse que levaria Villas-Boas e o seu companheiro e tradutor, Narro, um índio kuicuro, mas casado com uma mulher kalapalo, até o lugar onde estariam os despojos do explorador. Orlando se animou, era a chance que estava esperando para pôr fim a um história que impacientava o mundo. Perguntou se era longe da aldeia e eles deixaram uma dúvida. Quando Villas-Boas pegava um beiju para levar, um velho disse que o lugar era mais perto do que se podia imaginar. Chegaram na tal lagoa (conhecida depois como Lagoa Verde) sem que se soubesse de nada, e atravessaram nas mesmas circunstâncias que Fawcett, até chegarem no tronco da cachamorra. Lá os índios pararam e ficaram sentados no barranco, olhando para ele.

– Vamos continuar, pessoal. Até quando vamos ficar aqui parados? – perguntou Villas-Boas.

– Não vamos continuar viagem – disse Cumatzi, traduzido imediatamente por Narro.

– Deixe de conversa. Vamos logo, estamos perdendo muito tempo – disse novamente o sertanista.

– O homem que vocês estão procurando morreu aqui. Está debaixo dessa árvore aí – disse Cumatzi, apontando exatamente o lugar onde Villas-Boas estava sentado.

Ele levantou-se assustado, e os 40 índios que estavam acompanhando o grupo riram. O sertanista, conhecedor a fundo das brincadeiras dos índios, desconfiou de que a conversa não era troça. Com as próprias mãos cavou a areia solta do alto do barranco e a poucos centímetros de profundidade encontrou um amontoado de ossos. Imediatamente, os índios que estavam próximos saíram assustados, como se o fantasma de Fawcett tivesse subido da cova para olhar nos olhos de cada um deles.

Villas-Boas tirou a camisa e colocou nela toda a ossada recolhida. Junto, encontrou um facão enferrujado. No começo se estranhou o fato de os índios terem enterrado o corpo. Depois de várias explicações, Villas-Boas entendeu que aquele enterro mal feito tinha sido uma atitude contrária à cultura deles. Esconderam o corpo para não serem perseguidos depois pela família do morto. Finalmente o sertanista tinha em mãos os ossos de Fawcett – agora bastava enviar para a família. Mas as coisas mais uma vez poderiam se desdobrar de outra forma. Quando Villas-Boas chegou em Xavantina já havia vários aviões no aeroporto esperando-o. Um batalhão de jornalistas aguardava a chegada dos ossos e do seu descobridor para cobri-lo de glória. No meio do burburinho, das fotos e entrevistas, um jornalista comentou que Orlando Villas-Boas havia descoberto os ossos apenas para ficar com o prêmio de 10 mil libras oferecido pelo *The Times*. Villas-Boas percebeu a história em que tinha se metido. Pegou os ossos, jogou-os numa caixa e planejou partir para o Rio de Janeiro, onde seriam feitos os primeiros exames para comprovar se de fato pertenciam a Fawcett. Ele não estava interessado em prêmios.

Os ossos precisavam ser exumados cientificamente no Museu Nacional, sob os cuidados do Dr. Roquete Pinto, que afirmava ter o

Brasil recursos para pesquisas dessa natureza. Os jornais do mundo noticiavam com destaque a descoberta. Assis Chateaubriand mais uma vez entrou em cena. Foi pessoalmente para o Xingu, pegou o esqueleto e o levou para a casa do diplomata Hugo Gouthier. Tentando tirar o máximo de proveito jornalístico com o esqueleto, chamou um dentista que havia tratado de Fawcett em 1924. O dentista comprovou que a ossada não era de Fawcett, mas Chateaubriand o obrigou a mentir, sob pena de ser perseguido por seus jornais. O dentista então anunciou se tratar de Fawcett. Mas os jornais de Londres não engoliram a notícia. Queriam o esqueleto para fazerem suas próprias análises. Chateaubriand mandou encaixotar os ossos e os enviou para a Europa. Antes, passaram nas mãos de vários legistas do Museu Nacional, incluindo o Dr. Tarcísio Torres Messias, da Faculdade de Antropologia do Rio de Janeiro, que afirmou também não ser do inglês os ossos encontrados no Xingu; pertenciam a alguém com uma estatura mais baixa que a de Fawcett. O coronel media 1,82 m.

Os médicos ingleses Aje Cave, do Instituto de Anatomia do Hospital de St. Bartholomeu, Irian Tildesly, ex-curadora de Osteologia Humana do Museu de Cirurgia da Faculdade Real e J.C. Trevor, docente de Antropologia da Universidade de Cambridge, chegaram a uma conclusão: os ossos não pertenciam a Fawcett, e nem sequer a um homem branco. O esqueleto encontrado no Xingu pertencia a uma pessoa medindo cerca de 1,68 m. Isso batia com os laudos realizados no Museu de Antropologia do Rio de Janeiro. Nessas alturas, jornais como o *Times*, de Nova York, o *The People*, de Londres, entre outros, davam grande destaque ao assunto, incluindo uma cobertura com correspondentes no Brasil. Iniciou-se, a partir desse laudo, uma troca de acusações entre os jornalistas brasileiros, o sertanista Villas-Boas, os jornais estrangeiros e a família de Fawcett. Brian declarou:

— Esses ossos não pertenceram ao meu pai. Eu, minha mãe e minha irmã achamos que Fawcett está vivo. Não acreditamos no que dizem os jornais, que estão tratando o assunto de meu pai com sensacionalismo.

Os brasileiros defendiam a credibilidade dos irmãos Villas-Boas, que jamais inventariam uma história dessa natureza para ganharem promoção ou dinheiro, como pensava a família de Fawcett. Chateaubriand não se deu por vencido. Convidou Brian para vir ao Brasil e visitar os índios que teriam matado o pai dele. Mais confusão, que resultou finalmente num acordo. Os jornais noticiavam em setembro de 1951, em Londres e Nova York, que Brian decidira aceitar o convite. No início de janeiro de 1952, ele desembarcava no aeroporto do Galeão, no Rio de Janeiro, onde uma multidão de repórteres o aguardava.

Sem que Brian soubesse, se viu diante de Orlando Villas-Boas, na sala de Chateaubriand, na sede dos *Diários Associados*. A reação de Brian foi abraçar Villas-Boas, numa demonstração carinhosa. Imediatamente a sala se encheu de repórteres e fotógrafos. A primeira pergunta de Brian foi como os índios sabiam que a ossada era de seu pai. Villas-Boas fez um grande relato de como Fawcett chegara aos kalapalos, sem acrescentar nada do que já haviam dito os jornais. Iniciava-se entre os dois um diálogo difícil, sobre o achado de Villas-Boas, presenciado por uma platéia ávida por polêmica. Brian disse:

— Em primeiro lugar, os cientistas que passaram três semanas examinando os ossos concluíram que aquela dentadura encontrada não pertence ao meu pai.

— Mas, ao que sei, a dentadura de seu pai não se ajustava bem na boca, e ele tinha o hábito de segurá-la com os dedos, como os próprios índios atestam.

— Eu acredito nos laudos. A dentadura não coincidiu com o molde mandado para nós do Brasil, por uma senhora amiga de meu pai — rebateu Brian.

— É um argumento que tem sua força — concordou Villas-Boas.

– Em segundo lugar, o queixo de meu pai tinha uma grande cicatriz no lado direito, que atingia o osso. Foi conseqüência de uma má extração de um dente, que chegou a fragmentar a mandíbula. O crânio do esqueleto enviado a Londres estava lisinho – finalizou Brian.

Chateaubriand assistia a tudo sem interferir. O jornalista esperava que os dois entrassem numa discussão acirrada sobre a origem dos ossos. Mas, como se via, Villas-Boas estava concordando com Brian, e não havia o que se discutir. Então o jornalista se virou para Brian e perguntou:

– O senhor concordaria em visitar a aldeia dos kalapalos, juntamente com Villas-Boas, para elucidar de vez esse caso?

– Procuro uma explicação real para o que aconteceu a meu pai. Quem sabe na selva consigo encontrar – respondeu Brian.

Villas-Boas ficou oito dias hospedado no Hotel Serrador, em companhia de Brian, onde conversaram profundamente sobre os kalapalos e sobre Fawcett. O sertanista ficava perplexo com a quantidade de uísque que o inglês tomava. Foi a época em que Villas-Boas mais bebeu em toda a sua vida.

Chateaubriand escolheu os jornalistas que acompanhariam Brian nessa aventura, que seria publicada nos seus jornais, na revista *O Cruzeiro* e distribuída para o mundo através de sua agência de notícia *Meridional*. Convidou também um jornalista concorrente, Antônio Callado, por admirar o seu trabalho e para mostrar ousadia perante seus adversários na imprensa. O grupo viajou de avião até Xavantina e de lá todos se deslocaram para a região do Xingu, dispostos a descobrir algo que fizesse Brian acreditar na versão de Villas-Boas de que Fawcett desaparecera naquela área, e não teria seguido para o Nordeste, como dissera antes de sair de Londres. Brian ainda esperava encontrar ao menos o irmão Jack com vida.

Na aldeia, Brian foi surpreendido pelos kalapalos, que o chamaram de "minguelese" quando tirou a camisa. Depois de muita confusão entendeu-se a razão da comparação. Brian tinha a pele coberta de sardas, como o pai. Isso deixou-o atordoado, mas ele não se entregou. Continuou afirmando, mesmo depois de visitar o lugar onde os ossos haviam sido encontrados, que Fawcett não estivera naquele lugar. Villas-Boas ouviu da boca de Brian que "ele jamais trocaria o mito de seu pai por um monte de ossos". Essa declaração também era justificada pelo fato de Brian estar lançando um livro com as cartas de Fawcett, no qual deixaria a questão de sua morte em aberto. Assim, o inglês voltou para Londres e o assunto estava encerrado.

Os ossos voltaram para o Brasil, ficaram jogados em um museu em Cuiabá, depois foram vistos dentro de um saco, na Faculdade Maria Antônia nos anos 70, e finalmente foram parar de novo nas mãos de Orlando Villas-Boas, que os guardou no seu escritório. A ossada se encontra hoje com o cientista Daniel Muñoz, no Instituto Oscar Freire, da Universidade de São Paulo.

Durante um bom tempo as declarações na imprensa sobre o caso dos ossos foram contestadas pelo sertanista Darcy Bandeira de Mello, que chegou a conhecer Fawcett pessoalmente, em 1925, antes de ele entrar no Xingu. Bandeira de Melo realizou muitas expedições no Mato Grosso, inclusive várias delas com Hermano Ribeiro. Era um nome respeitado em São Paulo, cuja família se originara em 1476, na Espanha. No século 19, o seu pai, Manoel Bandeira de Mello, havia sido um grande pacificador de índios. Em abril de 1925, Darcy se encontrou com Fawcett em Cuiabá, no hotel Gama, em companhia do paulista Antenor Prezia, que lhe apresentou o coronel. Ficaram amigos e Fawcett lhe contou várias histórias ocorridas com ele na Bolívia em 1920. O sertanista, por outro lado, também falou sobre a região, conhecida por ele desde 1911. Bandeira de Mello disse que depois que Fawcett sumira ele encontrara no posto Bacaeris vários índios com bússolas quebradas, relógios, máquinas fotográficas e outros apetrechos. Esses objetos estavam nas mãos dos guias que levavam o coronel para a aldeia Nafuquá. Mais uma prova de que ele não fora para o Campo do Cavalo Morto, como se noticiara. Esses índios voltaram desconfiados e escondiam a razão de possuírem tantos objetos que de nada serviam a eles. Eram todos de Fawcett.

Bandeira de Melo achava que Fawcett fora morto pelos próprios bacaeris, logo após ter deixado o Posto Simão Lopes. O sertanista afirmou que, apesar de possuírem índole pacífica, os bacaeris são muito desconfiados e perigosos. Eles poderiam ter matado Fawcett quando houve um desentendimento entre os guias e os ingleses. Seguiu-se uma luta terrível entre eles, resultando na morte dos mais fracos e que estavam em minoria. Os três foram massacrados e depois jogados dentro de uma lagoa cheia de piranhas, para que os corpos não fossem descobertos. Bandeira de Mello tinha plena convicção de que os índios não enterravam suas vítimas, e os bacaeris, quiseram a todo custo, encobrir a ação violenta, colocando a culpa em outras tribos.

RECOMEÇAM AS EXPEDIÇÕES

Demorou, mas Brian resolveu montar sua própria expedição para procurar o pai. No dia 12 de maio de 1953, ele anunciava em Londres que pretendia retornar ao Brasil. Seguiria os passos do pai na direção norte, depois tomaria o paralelo 12 até a Bahia. Refutou todas as evidências de que Fawcett tivesse entrado na região do Xingu e sido morto pelos kalapalos:

– Não descansarei enquanto não realizar todos os esforços para encontrar meu pai. Mesmo que não tenha sobrevivido, Jack tinha boa saúde e com certeza vive em algum lugar, impedido de voltar para a civilização – dizia para os jornalistas.

Nina adoeceu e morreu em setembro do ano seguinte, impedindo a vinda de Brian para o Brasil na data prevista. No dia 22 de abril de 1955, dois anos depois, ele, juntamente com sua esposa Ruth, embarcaram em Southampton com destino ao Rio de Janeiro. Antes ele deu uma entrevista à imprensa anunciando seu projeto de encontrar Jack, que na época deveria ter 51 anos.

No Rio, Brian voltou a falar com a imprensa, detalhando seu plano de vascular 55 mil quilômetros quadrados, do norte do Mato Grosso ao sul do Pará. Para isso utilizaria desde helicóptero até hidroaviões. Não disse, entretanto, de onde tirara dinheiro para custear tamanha expedição. Seguiria de Cuiabá, onde Ruth ficaria à sua espera, na direção oposta ao apontado como sendo o caminho percorrido em 1925. Terminado o estado de Mato Grosso, seguiria para a Bahia, no intuito de descobrir os segredos da mina de prata que Fawcett pretendia comprar, o que nunca fora revelado pela família, para preservar a imagem do coronel. Mas as coisas no Brasil iriam engrossar para Brian. Primeiro, ele tentou tirar dinheiro do governo brasileiro e, segundo, não fez os devidos contatos com o SPI, o órgão protetor dos índios, o qual autorizava estranhos a entrar em áreas indígenas. Quando o boato de que o filho de Fawcett queria entrar no Xingu estourou nos jornais, o SPI se pronunciou contrário. Brian teve de arranjar muitas desculpas para virar a situação a seu favor.

– O SPI é contrário à minha entrada no Xingu porque considera o meu intuito mera publicidade (Brian estava lançando o livro com as cartas do pai). Eu nunca disse que iria procurar meu pai sem pedir autorização para as autoridades competentes. Também não pretendo entrar no Xingu, mas sim sobrevoar a região. Tenho o direito de encontrar meu irmão, sumido há 30 anos, com o qual eu tinha fortes laços afetivos. Também não disse que não levaria jornalistas comigo. Para atenuar as despesas que fiz em Londres, fui obrigado a vender os direitos de exclusividade da história da busca de meu pai, o que me impede de levar outros jornalistas. Pretendo, portanto, partir do aeroporto Santos Dumont em um avião da FAB direto para o Mato Grosso e sobrevoar a região para onde meu pai disse que iria – disse Brian numa coletiva para os jornalistas no dia

20 de maio de 1955, tentando contornar uma situação não muito positiva para ele.

Alguns jornais questionavam o fato de Brian tentar procurar o pai e o irmão só então quando estava lançando um livro sobre o pai. Muita gente já o tentara antes, e passado tanto tempo era praticamente nula a possibilidade de êxito.

Os jornais italianos já noticiavam a maior superprodução da década: um filme sobre Percy Harrison Fawcett, estrelado por Errol Flynn e um longo elenco italiano. Brian negociava também os direitos da história de seu pai para o cinema. Mas, como não existia um levantamento completo da vida de Fawcett, incluindo o seu desaparecimento, o projeto fracassou. Se dependesse da opinião da família, a história de Fawcett não valeria um filme.

Desesperado, Brian voou para Cuiabá por sua conta, com caixas e caixas de panfletos, em inglês e português, com mensagens para o pai ou Jack. Os papéis solicitavam informações sobre os dois e pediam, se eles estivessem vivos, que entrassem em contato com ele ou Ruth, em Cuiabá. O resultado foi desastroso e Brian desapareceu. No Brasil não se teve mais notícias dele, até que os jornais de Londres, em fevereiro de 1956, mais uma vez publicavam o fracasso da expedição: "As autoridades brasileiras impediram-me de continuar as buscas. Em vez de encontrar cooperação, os brasileiros opuseram todos os obstáculos imagináveis às minhas investigações. O embaixador britânico foi incompreensivo e não colaborou em nada. Fui obrigado a alugar um avião particular com dinheiro do meu próprio bolso. Mas a Aeronáutica me impediu, apreendendo o avião, pondo fim aos meus esforços para encontrar meu pai", relatava Brian.

Em setembro de 1953 partia de Joanesburgo, na Nova Zelândia, o aventureiro Robert Victor Harrington, com destino ao Mato Grosso. Convencido de que o coronel não estava morto, Harrington iria percorrer lugares conhecidos, como o Posto Bacaeris, pretendendo chegar até o "Campo do Cavalo Bruto". Ou seja, andar por lugares onde não existia nada mais para pesquisar, além da questão dos supostos ossos. O aventureiro veio na companhia de um indiano para melhor se orientar nas "regiões selvagens". Harrington falava oito línguas, havia servido na Legião Estrangeira, no exército britânico, nas polícias de Londres e Xangai, e convivera durante um bom tempo com os pescadores de pérolas japoneses e polinésios. Os resultados das pesquisas seriam enviados para a Royal Geographical Society. O neozelandês não deu mais notícias desde que chegou ao Brasil. Nem se sabe se conseguiu voltar do Xingu. Em Londres também não chegou nenhuma notícia dele.

Expedições dessa natureza apareciam aos montes, mesmo esgotadas todas as possibilidades de desvendar o mistério. Em janeiro de 1954, o alemão Herman Backer iniciava uma nova expedição partindo de Iquitos, no Peru, para encontrar Fawcett. Havia conversado com Brian e conseguido o respaldo para procurar o homem branco que ele havia visto em 1929 na região dos índios "Iriri", no Mato Grosso. O alemão viajava com o explorador Boeldeke, quando teria encontrado Fawcett vivendo entre os índios. Mas somente souberam de quem se tratava ao chegarem em Belém, no Pará, onde descobriram fotos de Fawcett e perceberam a semelhança com o homem visto no Mato Grosso. Boeldeke recuperava-se de ferimentos causados por flechas dos índios montilones, nas selvas entre a Colômbia e a Venezuela. Os dois estavam seguros de que tinham capacidade para enfrentar o que fosse preciso para chegar até Fawcett. O resultado dessa expedição, como da maioria das outras, foi infrutífero.

Entre as dezenas de expedições que surgiam todos os anos, várias delas não tinha nenhuma referência com o caso Fawcett. No dia 20 de outubro de 1958, chegava em Londres um grupo de sete estudantes de Oxford e Cambridge que haviam passado um ano no Brasil. Eles tinham partido de Georgetown, na Guiana, percorrendo 50 mil quilômetros de automóvel, vasculhando o Mato Grosso, até o Rio de Janeiro, onde viram o esqueleto que seria de Fawcett e juraram não ser do mesmo. Haviam obtido informações no Xingu de que o esqueleto era de um índio de uma região distante. O motivo da expedição era outro. Na verdade os alunos recolheram 1.500 espécie de plantas, de 200 tipos diferentes, para estudos científicos. Além das fantasias inventadas, os estudantes disseram que o assassino de De Winton lhes servira de guia durante a estadia no Xingu. O nome de Fawcett foi usado para encobrir uma exploração científica sobre plantas para uso comercial em cosméticos e medicamentos.

A SACERDOTISA MÁ

A maior mentira montada em torno do mistério de Fawcett sem dúvida aconteceu em 1955, quando a médium Geraldine Cummins afirmou ter mantido contato mediúnico com o coronel. O resultado desses contatos valeu um livro e milhares de dólares. Cummins disse que Fawcett estava vivo em 1935, quando fez o primeiro contato, mas infelizmente Jack e Rimell haviam sido assassinados. Relatou uma história cheia de lances fantásticos, com direito a rainhas perversas e uma cidade de origem egípcia, encontrada por Fawcett. A expedição havia chegado à aldeia dos kalapalos bastante abatida, mas fora bem acolhida pelo chefe Izarari, que os alimentara e os tratara bem. Todos eram amigos dos índios até o momento em que Fawcett decidira continuar buscando sua Misteriosa Z. Izarari impedira o militar e Jack de partirem, tornando-os prisioneiros juntamente com Rimell. Os kalapalos odiavam Rimell, porque ele insistia na idéia de que todos deveriam se insurgir contra Izarari e fugir da aldeia. Quando finalmente Jack achava que estava conseguindo escapar, foi atingido por 12 flechadas nas costas e morreu na hora. Rimell por sua vez ficou bastante ferido, mas permaneceu agonizando por várias horas. Os índios deixaram o amigo de Jack sofrer, porque ele o estava induzindo a fugir. Fawcett escapou da morte, mas permaneceu prisioneiro.

Izarari não era aquele índio tolo que o jornalista Edmar Morel entrevistara no Posto Simão Lopes. Segundo Cummins, o cacique havia convivido com os europeus e conhecia a história de conquistas e destruição das tribos indígenas quando invadiam um país. Por isso não deixava Fawcett fugir: tinha medo de que ele voltasse com mais estrangeiros para invadir o Xingu. Foi então que o cacique foi até o Posto e espalhou que Fawcett estava morto, para ninguém mais procurá-lo. A mesma coisa havia acontecido com Albert De Winton, morto pelos mesmos motivos por kalapalos. Depois de muito sacrifício, entretanto, Fawcett havia escapado e após longa jornada encontrara finalmente a sua Cidade Abandonada, mas nem tanto. Nela moravam pessoas de origens egípcias. Izarari encontrou Fawcett e o levou de volta à aldeia. O chefe tinha uma irmã sacerdotisa, com a qual Fawcett teria de casar. O militar nutria ódio e repulsa pela índia, e procurou de todas as maneiras evitar o casamento. A sacerdotisa, de atitudes cruéis com os seus súditos, também odiava o coronel. Por isso, Fawcett resolveu que deveria visitar novamente a Cidade Abandonada antes do casamento, com a intenção de tomar outro caminho e fugir. Mas foi seguido e teve de retornar à aldeia. A irmã de Izarari então deu-lhe uma bebida envenenada e Fawcett morreu.

Absurdo ou não, Cummins escreveu um livro baseado nos relatos de Dyott, inventando uma série de fatos completamente fora de contexto, envolvendo os kalapalos e o Xingu. Na época, houve muita gente que acreditou na sua história. Por mais estranho que possa parecer, o mito de Fawcett faz ainda hoje aparecer pessoas como Cummins.

A CIDADE SUBTERRÂNEA

O coronel Fawcett, ao contrário do que todo mundo pensava, viveu e trabalhou durante 32 anos numa cidade subterrânea, escondida sob a Serra do Roncador, no Mato Grosso. Morreu apenas em 1957, aos 90 anos, quando se desmaterializou de vez. Essa história é considerada verdadeira por alguns esotéricos da cidade de Barra do Garça, situada ao lado da Serra do Roncador, nas margens do rio Araguaia, divisa com Goiás. Os principais crentes desta versão chamam-se Timothy Paterson, um sobrinho de Nina, e Udo Luckner, o líder de uma seita chamada de Núcleo Teúrgico, que se autoproclamava "Hierofante do Roncador", até morrer em 1986. Segundo esses esotéricos, Jack e Rimell foram mortos pelos índios xavantes por conta de suas ambições, mas Fawcett conseguiu chegar até a cidade mística. Os índios sabiam aonde estava localizada a Cidade Celeste que Fawcett procurava na verdade, e a protegiam dos invasores. Para a Sociedade de Eubiose, os xavantes têm a função protetora de barrar a entrada de pessoas estranhas na região, por isso até hoje são índios agressivos.

Fawcett encontrou uma caverna que seria a entrada para o mundo subterrâneo, e disse para os companheiros que iria entrar nela e não mais voltar. Quando Jack e Rimell tentaram impedir, foram atacados e mortos pelos índios. Fawcett desapareceu montanha adentro, seguindo enormes galerias que pareciam não ter fim. Guiado pelo canto dos pássaros, ele caminhava para o desconhecido, enquanto o seu corpo, cansado de tantas andanças pelo mato, ganhava novamente energia. Passava também para uma forma etérea, evoluída, que permitia a sua entrada em um mundo situado noutra dimensão. Após longa caminhada, parou diante de um lago sagrado onde havia um monge para recebê-lo. O monge lhe fez várias saudações, por ter se juntado a outros Senhores Solares, e o convidou para fazer parte da comunidade espiritual. Surgiu de uma porta um sacerdote-rei usando como vestimenta uma pele branca de antílope, e ordenou a todos os monges que se prostrassem diante de Fawcett, e disse ser o coronel o espírito que regeneraria a humanidade. O rei e o militar sentaram sob um jatobá sagrado e ouviram vozes vindas de sua copa, chamando Fawcett de santo, um tipo de deus, criado pela vontade de "Devas". Aos poucos, Fawcett se integrou ao lugar e a sua alma passou a ser a alma de todo o Roncador. Ele encontrara a cidade Ibez-no-Rocandor, de onde saíra a pequena estatueta de basalto, com inscrições de uma civilização pré-atlântis. Ibez também seria o tão procurado Eldorado e, apesar de estar muitos metros sob o solo, tinha luz própria, proveniente do "vril", a luz do "elemento universal". A entrada, ou a caverna, é o caminho para se chegar à cidade mística, e está interligada com o Peru e a Índia. Ao menos é nisso que acreditam os integrantes das seitas existentes próximo à Serra do Roncador.

O Núcleo Teúrgico, inspirado em Fawcett e fundado no dia 2 de março de 1968 numa montanha da Serra do Roncador, chamada por eles de "Monte Ararat", ganhou nome e atraiu pessoas de várias partes do Brasil no final dos anos 70. A artista plástica Mônica da Silveira Lobo, de 41 anos, e o marido, o arquiteto Dionísio Carlos de Oliveira, mudaram-se do Rio de Janeiro para se integrarem ao grupo de Udo Luckner – que preparava um tipo de condomínio próximo ao Monte Ararat – para evoluírem e também entrar na cidade oculta, da mesma forma que Fawcett. Na cidade iniciática, as pessoas morariam com toda a sua família e, conforme fossem recebendo os ensinamentos de Udo e evoluindo, entrariam montanha adentro, através dos mundos intraterrenos. Em 1979, Udo abria uma filial em Brasília e pregava o fim do mundo para o ano de 1982. Até lá todos deveriam estar prontos para entrar nas cavernas. Os adeptos se multiplicavam a cada dia. Surgiam pessoas de todos os lugares, incluindo o sobrinho de Fawcett, Timothy Paterson. Os cultos eram realizados de forma religiosa. Udo usava uma grande roupa branca, semelhante à vestimenta de um bispo, com um avental na cabeça e uma grande estrela-de-davi sobre a testa. Proibia todos os integrantes de comer carne de qualquer natureza, ou qualquer outro produto de origem animal, que não fosse o mel. Proibia também o uso de jóias e cosméticos para homens e mulheres. Escrevia textos e mais textos, se utilizando de uma linguagem complexa, para ser entendido apenas por iniciados.

O ano de 1982 chegou e nada aconteceu. O arquiteto José da Silva sem querer flagrou Udo comendo escondido um belo frango assado, e a partir desse dia deixou de acreditar no guia espiritual que o levaria para junto de Fawcett. Em 1983, descobriu-se que todas as mensagens de Udo escritas nos seus textos haviam sido surrupiadas de outros livros, e o líder acabou perdendo todo o prestígio. A seita se desfez completamente quando Udo morreu, em 1986. Mas até hoje os seus seguidores permanecem morando em Barra do Garça, onde diariamente aparece alguém buscando resolver os mistério das cavernas.

Fawcett, se encontrou realmente a sua Misteriosa Z, assim como qualquer indício de ruínas antigas no Mato Grosso, levou consigo esse segredo. A sua morte poderá nunca ser revelada de fato e, se for, isso em nada vai alterar sua história. A estatueta de basalto, a sua bússola mágica, talvez tenha voltado para o lugar de origem. O coronel, caçador de aventuras, serviu e servirá de inspiração para as expedições modernas, auxiliadas por satélites, onde a emoção do perigo inexiste.

9

O PRIMEIRO KUARUP

Mavutsinim é o deus máximo do Xingu. Antes de os homens aparecerem na terra, somente ele reinava sobre todos os animais. Cansado da vida solitária, Mavutsinim viu uma bonita concha numa lagoa e a transformou em mulher. Casou-se com ela para ter filhos que viessem a povoar a terra. Quando a primeira criança nasceu, o deus perguntou se era homem ou mulher. Ela respondeu que era homem e Mavutsinim disse que o levaria consigo. Tomou a criança nos braços e desapareceu. A mulher voltou para a lagoa e virou concha outra vez.

Fez-se o mundo, os homens e as mulheres, e nesse mundo Mavutsinim era deus absoluto. Cansado de ver seus filhos morrerem, o deus foi até a floresta e cortou três toras de madeira kuarup, levou-as para a aldeia e as pintou com urucu; adornou-as com penachos, colares e fios de algodão. Disse que os mortos agora voltariam à vida. Mavutsinim ordenou que os troncos pintados como índios fossem fincados na praça da aldeia. Em seguida chamou um casal de cotias e um de sapos cururu para cantarem junto aos troncos de kuarup. Os índios foram para o pátio e também começaram a cantar e dançar, sacudindo os chocalhos na mão direita, em frente aos troncos, chamando-os à vida. Perguntavam para o deus se realmente as toras de árvores virariam gente e ele respondia que sim. Depois de um dia de danças e cantos, os índios queriam chorar pelos mortos que os troncos de kuarup estavam representando. Foram proibidos, pois aquelas toras realmente voltariam a ser gente, como todos eles. A noite chegou e os troncos permaneciam da mesma forma.

Na manhã seguinte, Mavutsinim proibiu que vissem os kuarupes. Repetia o tempo inteiro que a transformação das toras em gente não podia ser vista. Já passava da meia-noite do segundo dia quando as toras começaram a se mexer um pouco. As penas e os fios de algodão balançavam. Os cururus e as cotias cantavam mais alto pedindo para se transformarem logo em gente. Mavutsinim ordenou que nenhuma pessoa saísse de sua casa ou mesmo olhasse para os troncos até que a mudança estivesse completa. As toras agora se movimentavam como se estivessem balançando ao vento. Os bichos cantadores pediam aos troncos que fossem tomar banho logo que virassem gente. O dia estava para clarear e os troncos ainda não haviam se transformado totalmente. Já tinham braços, peito e cabeça, mas em baixo ainda eram troncos. Lutavam para saírem da terra enquanto Mavutsinim continuava pedindo para as pessoas não olharem. Os braços dos kuarupes continuavam crescendo e uma das pernas já tinha carne e se movimentava, enquanto a outra ainda era pau. O rugido dos troncos e o canto dos bichos invadiram a aldeia e todos queriam ver o que estava acontecendo. Os troncos se mexiam ferozmente para se libertarem. Mavutsinim mandou fechar todas as portas e apenas ele ficou no pátio.

Quando a transformação estava quase completa, Mavutsinim pediu que as pessoas saíssem de suas casas, dançassem e cantassem para finalizar a transformação. O deus recomendou, no entanto, que não saíssem os homens que tinham tido relação sexual com mulheres durante aquela noite. Apenas um havia dormido com mulher. Contrariado, ficou dentro de casa, enquanto no pátio era só festa. Cantos, danças, muita comida e alegria. Os mortos ganhavam vida. Estavam quase gente novamente. Mas de repente os kuarupes pararam de se mexer e voltaram a ser tora outra vez. O homem que tivera relações sexuais com a mulher não suportara a curiosidade e estava no pátio, participando da festa. Pôs tudo a perder. Mavutsinim ficou furioso com o acontecido e disse que daquele dia em diante os mortos não reviveriam mais quando fizessem a festa do kuarup. Haveria somente festa. Os índios tentaram tirar os enfeites do tronco, mas Mavutsinim ordenou que as toras ficassem pintadas e com os adereços. Mandou que as levassem até a água ou as lançassem no rio. E assim até hoje se comemora no Xingu a festa do Kuarup, uma tradição que atrai turistas de várias partes do mundo.

Entrar no Parque do Xingu, criado em 1961 pelos irmãos Orlando, Cláudio e Leonardo Villas-Boas, requer muito cuidado, mesmo que lhe convidem para um kuarup, no verão, porque Mavutsinim existe. Hoje é uma ONG (Organização Não-Governamental). Essa organização está prestes a transformar o alto Xingu, a parte norte e central do parque, em um grande projeto de eco-turismo. Com sede em Brasília, a Mavutsinim trabalha para levar os brancos a conhecer a rica cultura dos índios. Ao mesmo tempo, se manifesta de maneira arbitrária contra as pessoas que procuram seriedade no contato com os nativos, como se estivessem no tempo dos bandeirantes, com os índios em desvantagem na luta contra a invasão do homem branco.

PREPARATIVOS PARA UMA AVENTURA

Para entender Fawcett, era preciso conhecer os lugares por onde ele passar e descobrir o que tem o sertão do Mato Grosso de tão mágico a ponto de atrair um militar inglês numa arriscada expedição em busca de um mundo perdido. Era necessário também conhecer o lugar onde os ossos foram encontrados e conseguir meios para que o cientista Daniel Muñoz, professor de Ética e Medicina Legal da Universidade de São Paulo (USP), pudesse prosseguir a investigação científica de fato nos ossos encontrados por Villas-Boas, agora em suas mãos, entregues por Orlando há dez anos. Precisava-se, portanto, unir a pesquisa científica com a histórica, para fechar a polêmica da ossada, de forma a não se discutir mais o assunto.

Para tanto, foi criada em 1996 uma expedição com o nome de "Expedição Autan, nas Trilhas do Coronel Fawcett". A organização, a cargo dos executivos James Truston Linch e Renê Delmotte, ambos com larga experiência nesse tipo de evento, demorou cinco meses para ficar pronta. Ficou decidido que partiríamos de São Paulo no dia 15 de junho de 1996, indo de avião até Cuiabá e de lá tomando os carros, transportados de São Paulo num caminhão cegonha, para iniciar realmente a expedição rumo ao Xingu. Ao todo, eram 17 pessoas, que incluíam o engenheiro responsável pela mecânica e comunicação Gerson Gotardo; o fotógrafo Cláudio Laranjeira; o jornalista João Carlos Leal; o advogado Roberto Liesegang; os motoristas *off road* Júlio Amato, Antônio Auzenka, Gilberto Mazeto e Luiz Alves, o "Trovão"; o estudante James Lynch Jr.; as duas equipes de vídeo formada por Lineu Palalia, Fábio César, José Silveira e Alexandre Guerra; e o autor deste livro, Hermes Leal.

A expedição seguiria de automóvel até Canarana. A partir daquele ponto, uma parte desceria de barco até a BR-080, que corta o parque ao norte, e lá encontraria o restante – que seguia nos carros pela BR-158, até o rio Xingu. A viagem de barco levaria mais tempo, pois seriam necessários pelo menos três dias para Muñoz fazer a escavação no local onde fora encontrado o esqueleto, próximo de uma lagoa "verde", distante apenas três quilômetros do rio Culuene. O planejamento estava perfeito, e, ao que tudo parecia, nada de errado poderia ocorrer, embora imprevistos sempre possam acontecer em expedições dessa natureza. Imprevistos que acabam fazendo parte da rotina da aventura. Tudo acertado, os carros e os barcos em ordem, faltava apenas a autorização da Funai e dos índios do Xingu. Sem ela, não haveria expedição. O pedido foi encaminhado para Brasília por Renê, no dia 27 de maio, porém até a data da partida não houve retorno da Funai, autorizando ou não. Foi decidido que viajaríamos assim mesmo, e que, até chegar no Xingu, quatro dias após sair de São Paulo, toda a papelada de Brasília já estaria em Canarana.

Seria uma expedição da era moderna, com computadores ligados na Rodosat, o que facilitava a nossa comunicação utilizando as baterias dos automóveis. Foi assim que o jornalista João Carlos Leal mandou suas matérias para a redação de um jornal no Rio de Janeiro. Todas as 15 aldeias do Xingu, com seus 3.500 índios, possuíam rádios de comunicação. Não existe mais no Brasil lugares completamente isolados. As parabólicas estão do lado de todas as ocas das mais remotas aldeias da Amazônia. Os carros também tinham equipamento de última geração e pneus apropriados para o tipo de aventura que estava se iniciando.

O sertanista Orlando Villas-Boas ficou entusiasmado com a possibilidade de finalmente alguém fazer uma pesquisa científica nos ossos, que há 45 anos esperavam por uma solução. Tinha muita vontade de voltar ao Xingu, mas não havia saúde para suportar uma viagem tão cansativa. Separou uma série de fotos dos antigos companheiros da época da expedição Roncador-Xingu, imagens de jovens que já se tornaram chefes e hoje estão velhos. Fiquei encarregado de fazer a distribuição durante a descida pelo rio Xingu. Muñoz preparou todo o material a ser usado na escavação e contava como certa a possibilidade de finalmente procurar alguma pista na cova de onde tinham sido retirados os ossos – mesmo que fosse apenas uma fivela de cinto ou um botão. Para um especialista em identificação, que conseguira solucionar casos complicados como os de Mengele e Baugartem, qualquer detalhe, insignificante que fosse, poderia ser a chave para solucionar o caso de uma vez por todas. Um exame de DNA nos ossos, comparado com o sangue de alguém da família, era importante, mas não o suficiente para se obter um resultado satisfatório. O esqueleto estava muito desgastado e de quase nada servia para exames dessa natureza. A saída, esperada por Muñoz há dez anos, era encontrar algo no Xingu que ajudasse a montar o quebra-cabeças para descobrir de quem seria o tal esqueleto. Essa oportunidade havia chegado.

Na noite do dia 16 de junho de 1996, a expedição fazia o primeiro acampamento no Parque Chapada dos Guimarães. O local escolhido ficava ao lado da sede da reserva, onde tinha água de torneira e até chuveiro. Quando os carros pararam, já estava escuro e só tomamos conhecimento do lugar em que estávamos no dia seguinte, pela manhã. Após o café da manhã, o material de cozinha foi recolhido, juntamente com as barracas, e arrumado dentro dos carros. Tudo estava pronto às 10 horas. Demorou tempo demais. Era o primeiro dia e muitas outras vezes aquela situação deveria se repetir, com todo mundo viajando durante o dia e parando à noite para comer, acender uma fogueira e, se estivesse perto de um rio, pegar algum peixe para o jantar. Ao menos era o que se planejava.

Levantamos acampamento e saímos em fila indiana, animados com as surpresas agradáveis e exóticas que iríamos encontrar pela frente. Cinco quilômetros depois, chegamos ao lugar que mais fascinara Fawcett: a Cidade de Pedra. No alto da Chapada, numa altura de 800 metros, existe uma série de colunas de pedras esculpidas pelo tempo, espalhadas como totens entre o mato rasteiro. Elas possuem um aspecto de ruínas e parecem colocadas ali pela mão do homem. Por isso mesmo ganharam o nome que têm.

Após essa visita, a expedição precisou ser dividida. Renê, Daniel e João Carlos embarcaram para Canarana, onde deveriam encontrar Jacalo, o filho de Narro, que seria o nosso guia para chegar até o local onde os ossos haviam sido encontrados. Narro foi o companheiro mais fiel de Orlando Villas-Boas e estava com ele quando a ossada fora encontrada. A pedido de Orlando, Jacalo esperava a expedição para então chamar Narro, seu pai, meio adoentado, na aldeia Kuicuro. O outro problema a ser resolvido era o caso da autorização da Funai. Renê também precisava ligar para Brasília, pois até aquele momento ainda não tinha recebido a autorização para entrar no Parque do Xingu. Levava consigo, por enquanto, apenas quilos e quilos de miçangas, pacotes de cigarros e bolachas para os índios, como pagamento para entrar no Parque.

Após a partida de Renê e Munõz, viajamos mais 30 minutos e chegamos à cachoeira Véu de Noiva, com 86 metros, que caia do alto da Chapada e formava um imenso vale, o principal ponto turístico do Mato Grosso. No passado, o local fizera fervilhar a imaginação de Fawcett. Ele sabia que, se tivesse de encontrar alguma ruína da Cidade Abandonada, ela estaria escondida numa cadeia de montanhas como as da Chapada dos Guimarães. A serra da Chapada é formada por imensas paredes de arenitos, com até 350 metros de altura. Além disso, existem cavernas por onde corre um riacho e um grande platô a 1.020 metros de altura. Há um lugar conhecido como Pedra do Jacaré, cheio de pequenas conchas do mar petrificadas em suas paredes, fósseis de 15 milhões de anos, quando ali era um imenso mar.

Tivemos de resolver um pequeno problema. A carreta precisou de ajustes nas cordas que amarravam os dois barcos, um sobre o outro, porque estavam se soltando. Em seguida partimos para o Posto Simão Lopes, próximo da cidade de Paranatinga, a cerca de 400 quilômetros da Chapada. Às 15 horas e 10 minutos de domingo, iniciamos realmente a expedição. Com a ausência do Renê, James conduziu a expedição, de dentro da picape de Gilberto, que ia na frente. O jipe Toyota de Trovão era o último, por estar carregando a carreta. Guiados por um mapa precário e um GPS, um pequeno aparelho que mede as coordenadas geográficas por satélites, o comboio de sete carros, incluindo dois Land Rover Defender e duas picapes Toyota, ficou perdido após percorrer horas por trilhas de terra. Estávamos em algum lugar próximo ao rio Casca, após ficarmos dando voltas à procura da fazenda Nova Esperança, de onde pegaríamos nova trilha que nos levasse até Paranatinga, a cidade mais próxima do Posto, dentro da reserva dos índios bacaeris. Ficar perdido num lugar daqueles era um divertimento.

Não encontramos a fazenda e tivemos de retornar pelo mesmo caminho, praticamente até o ponto inicial, um entroncamento com uma enorme placa indicando a direção de Nova Brasilândia, Campo Verde e Primavera do Leste. Fomos por Primavera, onde havia asfalto. A idéia de seguir por caminhos difíceis, e portanto mais emocionantes, não dera certo. Anoiteceu. Após uma longa jornada de três horas em estradas de terra, chegamos no rio Culuene, e por sorte atravessamos os carros numa balsa. As informações davam conta de que o porto estaria fechado. Perto de uma hora da manhã entramos em Paranatinga. Ficamos no Hotel Havaí, na rua São Francisco Xavier, no centro da cidade. Se não tivéssemos chegado muito tarde, teríamos visto algum índio bacaeri andando pela rua, possivelmente embriagado de cachaça.

O SEGREDO DA CAVERNA

Na manhã de segunda-feira conhecemos a cidade onde estávamos. Enquanto os integrantes da expedição tomavam o café da manhã, fui procurar Nilson Pereira Barreiro, de 22 anos, primo do gerente do hotel. Foi o primeiro contato com alguém conhecedor do universo místico que rodeia as imensas serras da região, como o Paredão Grande, uma gigantesca construção de pedra com suas laterais vermelhas e lisas e uma altura aproximada de 250 metros. Nilson Barreto desde criança sonhava estar entrando numa caverna onde um senhor de barbas brancas lhe ensinava orações. Durante muitos anos o rapaz foi atormentado por esse sonho, até o dia em que conheceu Ovídio, um padre da cidade que sonhava a mesma coisa. Ele não havia comentado o sonho com ninguém, com medo de ser chamado de louco. Como o sonho sempre se repetia, os seus pais o aconselharam a procurar aquele lugar, pois devia haver lá algo de interessante para ele. Combinou com o padre de procurarem juntos o local. Numa manhã de sábado, partiram, só os dois, rumo aonde nasce a estrela da manhã. Estavam com receio de não encontrarem nenhuma pista, serra ou cavernas para o lado que haviam escolhido ir. Levaram bastante comida e agasalhos para enfrentar as noites frias. No entanto, quando os dois chegaram próximo da serra dos Carajás, foram surpreendidos por dois cães, saídos do nada, que pareciam lobos selvagens. Mas eles não atacaram e os dois os seguiram por um córrego afluente do rio Piranha até chegarem na mata fechada, onde mal passavam os lobos. Não estavam com medo, mas aflitos por descobrir para onde os animais os estavam levando.

Ao chegar na encosta da serra, não havia mais como continuar. Nilson começou a procurar alguma entrada e descobriu entre as samambaias um lugar por onde saía uma corrente de ar. Era o "suspiro" da caverna. Reconhecendo o local, perceberam que já haviam estado ali várias vezes. A entrada era estreita e tiveram de passar deitados, encostando nos morcegos. Ao alcançarem uns cinco metros, as luzes das lanternas enfraqueceram e não puderam mais prosseguir. Descobriram que dentro da caverna nascia um pequeno riacho que escorria sobre um leito de areia branca. Tentaram entrar pela água e também não conseguiram. A luz se apagava rapidamente, mesmo quando usavam pilhas novas nas lanternas. Encontraram alguns potes cheios de areia branca e pequenos pedaços de algo semelhante a ossos velhos. Ovídio já sabia da possível existência de um cemitério indígena na região e quebrou um pote para ver o que tinha dentro. Nos sonhos deles apareciam os potes, mas não representavam nada. Para descobrir o mistério, precisariam entrar mais longe, além dos dez metros que tinham conseguido até então.

A solução encontrada por Nilson foi usar a própria roupa como tocha. Mas não adiantou. Ovídio sugeriu voltarem depois, mais equipados e seguros, pois ambos estavam com medo de alguma coisa, como uma fera que protegesse a caverna. O vento que saía de dentro dela, pensavam eles, parecia hálito.

Dois meses depois, os dois retornaram na companhia de mais quatro pessoas, duas delas pistoleiros conhecidos na região, armados até os dentes. Entraram na parte do rio, mas não conseguiram passar dos potes. Dessa vez, levavam uma bateria de automóvel e cinquenta metros de fio e lâmpadas de boa resistência. Ao chegarem nos potes, as lâmpadas estouraram e tudo ficou escuro. Os morcegos voavam de todos os lados, batendo neles, deixando todos apavorados. Mesmo com a pouca luz, dava para perceber desenhos e inscrições antigas dentro da caverna. Fracassados, desistiram de continuar, e até hoje acham que vão precisar se preparar melhor para entrar até o lugar encontrado nos sonhos.

Ovídio e Nilson nunca mais tentaram entrar na serra, mas continuam sonhando com o velho. Vez ou outra aparece também uma mulher, para Nilson, vestida de branco, para lhe falar. Numa noite, estava pescando com os amigos e a mulher apareceu de repente, na sua frente, descendo pelas copas das árvores. Ele tentou mostrar para os irmãos e os amigos, mas ninguém viu nada. Nilson tem procurado padres e religiosos para tentar elucidar o caso dos sonhos. Não está ligado a nenhuma religião, mas acha que só terá paz quando descobrir realmente o segredo daquela caverna.

OS ÍNDIOS E OS BRANCOS

O nosso guia para chegar até o Posto Simão Lopes, uma das 11 aldeias da reserva dos índios bacaeris, foi o próprio chefe Kogapi, que também tem nome de branco, Antônio Rondon. Aos 54 anos, Kogapi não imagina quem foi Rondon. Nunca lhe disseram por que tem esse nome. Atualmente, lidera a antiga aldeia, ainda com o mesmo nome de quando Fawcett a visitou na década de 20, por duas vezes. A aldeia parece uma vila, com as casas enfileiradas em ruas e uma antena parabólica ao lado de uma que serve de museu, onde estão guardadas as tradições há muito tempo deixadas de lado. Rondon está preocupado com os homens. Depois de muitos anos explorados como bóias-frias nas fazendas de gado da região, vivem embriagados e envolvidos em confusão quando vão à cidade. Ele ao menos tenta salvar os mais jovens do vício, antes que todos se acabem de maneira deprimente. Atualmente, a área tem 62 mil hectares, onde moram 600 pessoas, no Posto fundado por Rondon em 1910. Mas poucos sabem do caso de Fawcett, ou mesmo de sua própria história. Os mais velhos lembram das histórias, mas não sabem no que elas resultaram. Hoje estão mais preocupados em criar gado; mais do que em recuperar os costumes e a cultura perdida, em criar gado. Doroty, mestiça de branco com índio e chefe de uma das aldeias, cria centenas de cabeças dentro da reserva.

Às 18 horas, partimos de Paranatinga com intenção de chegar em Canarana tarde da noite. Como rodávamos em estradas sem asfalto e sem indicações, seria fácil nos perdermos novamente. Às 19 horas parecia madrugada. A fome pegou pesado e às 22 horas ficávamos vendo lanchonetes e pizzarias nas luzes que às vezes surgiam no mato. Sinal de vida, somente de casais de raposas pretas e vermelhas que a todo momento cruzavam na frente dos carros. Um pouco depois da meia-noite chegamos em Canarana, e logo Renê deu a péssima notícia: a Funai não havia autorizado nossa entrada no Parque do Xingu. E o pior é que só se a expedição desembolsasse 4.500 reais poderia descer livremente o rio Xingu. Quando o Renê mostrou os sacos de miçangas como pagamento para entrar no Parque, os índios riram. A dica de Orlando Villas-Boas não colou. Há muitos anos que os índios compram suas próprias miçangas, e estão mais interessados em dinheiro vivo, carros, barcos e até tratores. O Xingu é visitado semanalmente por jornalistas e curiosos. O preço sempre foi alto. É sabido de todo mundo que, para se fazer uma reportagem, eles cobram um motor de popa de 25 HP; para filmagens chegam a cobrar até um trator de esteira, como foi o caso de um especial gravado para a TV Manchete.

Não era para termos essa surpresa. Sem a permissão, Muñoz não poderia fazer suas pesquisas, e mais uma vez o assunto dos ossos parecia voltar sem uma solução. Mesmo assim, o grupo se uniu e tentou achar uma saída ou, em último caso, mudar-se-ia o roteiro da expedição e partiriam todos de carro, sem descer o rio. Havia quase dois mil quilômetros pela frente para serem rodados. Os índios só deixam alguém entrar no parque após saberem com clareza o que se vai fazer lá. O nome de Fawcett era quase desconhecido entre eles. Sabiam da história pelo que havia sido contado por Villas-Boas. No passado, diziam que os ossos eram de um jornalista americano, e hoje dizem ser do velho pagé Kalapalo, Muricá. O que seria um absurdo, porque os índios não enterram seus parentes longe da aldeia, do lado de uma lagoa. Muricá, um pagé contador de "causos" bem conhecido dos sertanistas, morreu alguns anos depois do desaparecimento de Fawcett.

E agora, o que fazer? Jacalo acompanhava a frustração com a notícia e ainda à noite se dispôs a nos ajudar, mas nada podia fazer contra a vontade da maioria dos caciques, caso continuassem proibindo a nossa entrada. Restava-nos a esperança, e voltamos a nos alegrar. Poderia ainda haver uma solução. Em Brasília, o funcionário da Funai responsável pelo Xingu e também o diretor do parque, o índio Ianacolá, disse ao Renê por telefone que uma autorização dessa natureza demoraria muitos dias. Todas as tribos teriam de ser consultadas. Reclamou ainda que tínhamos ido sem a autorização. A decisão ficou para o dia seguinte.

Na terça-feira de manhã, tivemos uma boa notícia. O avião que tinha sido providenciado para buscar Narro na aldeia Kuicuro poderia voar até o Posto Leonardo, onde os caciques fariam uma reunião juntamente com Aritana, o líder máximo no médio Xingu, para deliberar sobre a permissão da nossa entrada e a autorização para as pesquisas nas terras Kalapalo – por enquanto completamente proibidas, até que a expedição estivesse disposta a pagar um preço muito alto, o que seria impossível no momento. Tanto que Renê, antes mesmo de chegarmos, já estava negociando com Jacalo uma visita apenas à aldeia Kuicuro, para turismo, em caso de nada ficar decidido sobre as pesquisas científicas, a verdadeira natureza da expedição. Até aquele momento só se pensava em concretizar um cronograma estabelecido para percorrer os caminhos de Fawcett. Mas numa expedição dessa natureza tudo podia acontecer, e ainda havia chances de fazermos um bom passeio e recolher dados interessantes sobre Fawcett, mesmo que as escavações tivessem de ser adiadas. Uma reunião com todas as aldeias do médio Xingu poderia mudar a situação. Todo o trabalho de se deslocar de São Paulo até ali não teria sido em vão. Eles iriam entender que a nossa visita não tinha propósitos comerciais.

Ao meio-dia, o avião monomotor partia com James e Muñoz. Quem havia ficado foi conhecer Canarana, um oásis de civilização perdido na fronteira do Xingu. A cidade tem 11.882 habitantes, a metade com menos de 16 anos de idade, e o número recorde de uma bicicleta para cada dois habitantes. O Banco do Brasil teve de criar um estacionamento especialmente para bicicletas. Os colégios ficam com suas quadras abarrotadas delas, improvisando também um organizado estacionamento. Uma das razões de tantas bicicletas é o fato de a cidade ser completamente plana e as ruas tão largas que os aviões saem do pequeno aeroporto e vão estacionar na frente do principal hotel. Canarana está totalmente asfaltada, tem boas lojas e tudo o mais que se possa encontrar num shopping de Cuiabá. Foi criada em 1981, oriunda de um projeto de colonização do governo federal. Dificilmente se encontra lá algum mato-grossense. Os moradores vieram de Ribeirão Preto, Goiânia, Curitiba, de inúmeras cidades de Santa Catarina e Paraná. Até mesmo de São Paulo e Brasília. Não existe sotaque do interior. Canarana no futuro será diferente de todas as cidades escondidas na Amazônia. Para os esotéricos, ela é a última fronteira, onde a mistura de raças fará nascer os habitantes do terceiro milênio.

No final da tarde, o avião chegou trazendo o velho Narro, que mal podia andar. Muñoz e James voltaram encantados com a assembléia deliberativa dos índios do Xingu. Todos os caciques haviam se reunido no centro de um pátio, sob a liderança de Aritana, chefe dos demais caciques da região, e decidido democraticamente se permitiriam a entrada da expedição na área dos kalapalos e depois a descida pelo rio, passando em várias aldeias. O veredicto do conselho de caciques foi contrário às pesquisas até que se resolvesse, principalmente, o que eles ganhariam como recompensa. Era um negócio de praxe, incluindo a encenação da assembléia. A resposta sairia posteriormente, quando houvesse uma nova reunião, na qual se faria uma série de exigências, como a doação de barcos e automóveis, como eles sempre pedem aos visitantes. Realmente não havia possibilidades de Muñoz fazer a sua pesquisa de campo. A alternativa era seguir em frente com a expedição, até mesmo porque a grande maioria dos expedicionários era de aficcionados por ralis e estava mais interessada em encontrar boas trilhas para rodar do que em descobrir alguma coisa sobre Fawcett. Depois voltaríamos apenas para fazer a pesquisa no local onde os ossos tinham sido encontrados. Ainda seria uma grande aventura terminar o percurso planejado anteriormente, mesmo sem entrar no rio Xingu com os barcos e chegar até o Campo do Cavalo Morto, descrito por Fawcett. O interior do Mato Grosso oferecia muitos lugares para serem explorados, incluindo as grandes cavernas, cheias de segredos e águas transparentes.

Por outro lado, James conseguiu uma solução para não deixar frustradas as expectativas de conhecer os índios de perto, em seu habitat. Faríamos uma visita à aldeia Kuicuro. Seria também uma forma de utilizar os dois enormes barcos de alumínio e compensar o grande trabalho para trazê-los de São Paulo. Jacalo conversou, via rádio, com o cacique Afucacá, líder dos kuicuros, e aprovaram nossa visita, depois de cobrarem um motor Yamaha de 40 HP como pagamento. Os índios têm um sistema eficiente de comunicação entre as aldeias e os postos, incluindo o de Canarana, na Casa do Índio. Algumas aldeias possuem antenas parabólicas e aparelhos de televisão para assistirem aos jogos de futebol. Dessa forma, todos eles acompanhavam o que se passava em Canarana, inclusive as negociações para entrarmos no Xingu.

Faltava, entretanto, uma nova autorização de Brasília. Ianacolá Rodarte, diretor do Parque, precisava dar a sua permissão por escrito. Não haveria pesquisa nem pararíamos em outra aldeia até chegar nos kuicuros. Ligamos novamente para Brasília e ficou acertado para o dia seguinte o envio da autorização. Dessa vez não haveria problemas. Primeiro os índios autorizam e cobram o seu preço, depois a Funai ratifica o que eles decidirem. A decisão descentralizadora é democrática e favorece os índios. James, no entanto, redigiu um documento no qual estava combinada a nossa entrada no Parque em troca do motor de barco, que estava sendo levado de Goiânia. Contrato assinado por Jacalo e registrado em cartório, estava tudo pronto para a partida no dia seguinte bem cedo.

Às sete horas e 45 minutos de quinta-feira, dia 20 de junho, estávamos todos prontos para ir ao Parque do Xingu. Um grupo de oito pessoas desceria com os barcos e os outros voltariam de carro para Canarana. Os que ficassem iriam para a aldeia de avião. Tínhamos ordens de não avançar além da aldeia Kuicuro. Somente no meio da tarde a autorização chegou de Brasília, via fax. Estava tudo na mais perfeita ordem; o papel da Funai e a aprovação dos índios. Mesmo assim, Ianacolá disse que alguém da expedição precisaria ir até Brasília de avião, para negociar a entrada no Xingu, mas Muñoz explicou que a pesquisa sobre Fawcett estava suspensa e o assunto se deu por encerrado. Era apenas uma visita de cortesia. Jacalo já estava com a expedição, hospedado no hotel, juntamente com Narro.

Partiu deles o convite para visitar a aldeia durante o fim de semana, quando haveria ensaio da festa do Kuarup. Tivemos de pagar uma passagem de avião para levar Narro na aldeia dele, onde deveria nos recepcionar no dia seguinte. Até agora sabia-se que a Funai e os índios eram duas coisas completamente diferentes, apesar de o assunto ser tratado por índios funcionários do governo federal. Enquanto na selva as situações eram decididas em assembléia, em Brasília prevalecia a burocracia, e ficávamos sem saber como lidar com eles. De repente pediam para fretar um avião e viajar mil quilômetros para pegar uma simples autorização, sem explicar os motivos da exigência para uma viagem tão cara.

Chegamos na fazenda Sayonara, na margem do Xingu, às 18 horas, após três horas percorrendo 120 quilômetros de estradas de terra, desertas, entrecortando pasto para gado e uma densa floresta virgem, que aos poucos estava desaparecendo para dar lugar ao capim. Fomos recebidos por Jairo, o administrador, que nos permitiu instalar o acampamento em um barracão vazio ao lado de sua casa, de frente para o rio Xingu, de água luminosa e cortante, que fazia ali uma grande curva. Do alto do barranco, via-se o Parque na outra margem, onde não há nenhum tipo de sinal de desmatamento. Dormimos dentro do barracão e de manhã ficou decidido que os carros permaneceriam próximos da casa, e não mais voltariam para Canarana como estava planejado. Haviam nos aconselhado a não deixar os carros na fazenda, porque poderiam ser vasculhados por índios. Não levamos os avisos a sério. Não se podia imaginar os índios saindo de sua reserva e invadindo uma fazenda para roubar os carros. Ficou decidido que todo material que não fosse usado na curta viagem deveria ficar, como o gerador elétrico, roupas, comida para mais uma semana, um dos fogões, material de gravação em vídeo e rádios de comunicação.

Às oito e meia da manhã de sexta-feira, descemos o rio Xingu nos dois barcos. James, o filho dele, Laranjeira, Lineu e Fábio em um barco com menos bagagem. Eles iriam filmar e fotografar a viagem.

No outro, estavam Jacalo, no comando, João Carlos, Renê, Muñoz e eu. Durante seis horas, só se viu muita água, mato, jacaré e pássaros de todos tipos e cores. O Xingu estava praticamente intacto. Os índios não cultivam a terra nem mesmo para produzir alimentos. Vivem de subsistência, se alimentando de peixes e beiju de mandioca. Não gostam da carne vermelha, até por causa da abundância de peixe e escassez de caça, apesar da grande quantidade de capivaras e antas. Passamos na aldeia kalapalo, onde existiam muitos índios na margem acenando com a mão para pararmos, mas não obedecemos. Não deveríamos fazer nada além do combinado com o Ianacolá e Jacalo. Após quatro horas de viagem, paramos em um acampamento dos kuicuros, numa enorme clareira no meio do mato, onde futuramente será uma nova aldeia. Ganhamos de presente beiju de mandioca e um trairão assado na fumaça. Voltamos ao rio, numa viagem rara, por um lugar onde poucos se aventurariam a entrar, como estávamos fazendo. Encontrar e vencer desafios era uma possibilidade que o grupo estava preparado para enfrentar, além de conhecer uma região que não existe em nenhum pacote turístico, por enquanto.

No final da tarde, finalmente os dois barcos ancoraram no porto dos Kuicuros. Todos desceram ansiosos para conhecer a aldeia, principalmente James Jr., de 16 anos, que esperava sair daquele lugar com uma carga cultural sobre os índios bem maior que tudo que havia lido até então nos livros de história e visto em reportagens de televisão. Daqui há dois anos, ele estará estudando economia em uma universidade da Califórnia, onde vai poder também praticar seu surf nas folgas dos estudos. Os índios tinham lições para nos oferecer. A margem do rio estava apinhada de jovens, todos vestidos, alegres por nos receber e, acima de tudo, para apressar a entrega dos presentes que enchiam os barcos. Havia quilos de balinhas, fósforos e cigarros, além de pacotes e mais pacotes de aspirina efervescente. Os jovens usavam *walk-man* e tinham o cabelo à moda dos brancos. Acima deles, bem no alto do barranco, havia umas trintas bicicletas, o mesmo número de índios que estavam embaixo, junto dos barcos. Fizeram uma grande farra com a entrega dos presentes. Mesmo com a proibição de Jacalo de violarem os pacotes, eles estavam sendo abertos a todo tempo, principalmente os de bolachas. Após tudo estar descarregado, ficou decidido que o acampamento seria montado numa bela praia na outra margem do rio, para evitar que algum índio curioso mexesse nas bagagens e nos equipamentos de filmagem, que valiam uma fortuna. Agora estavam juntas as duas equipes de filmagens com suas câmaras e um monte de fitas gravadas. James e Daniel foram no mesmo dia visitar a aldeia e ajudar a levar os presentes prometidos. Para vencer os quatro quilômetros de distância entre o rio e o centro da aldeia, os kuicuros fizeram um largo caminho, em linha reta. Mas no meio existe uma lagoa, onde todo mundo tem de entrar na água e levar as bicicletas nas costas. Nos lugares mais fundos, foi montada uma passarela de uma tábua só, tornando-se um número de circo atravessar o lago levando tanto peso.

Na aldeia percebemos que todo índio tinha a sua "magrela", de marchas, e algumas de alumínio. Tiravam de suas casas peças de artesanato para vender, mas a maioria pedia tudo que tínhamos no corpo, na maior cara de pau, sem dar nada em troca.

– Esse calção é bonito. Eu querer ele. Essa camisa também é bonita e eu também querer. A máquina de fotografia também é bonita...

Pediam tudo o que viam no nosso corpo ou nas nossas mãos. Era um hábito ancestral bem conhecido. Voltamos para o acampamento porque no dia seguinte, um sábado, passaríamos o dia inteiro na aldeia, inclusive para assistir aos ensaios do Kuarup e comemorar o aniversário de James. Tivemos o primeiro acampamento de fato. As barracas expostas ao longo da praia, fogueira no centro, dois peixes pintados e uma corvina assados na brasa e uma lua enorme clareando a areia. Estava tudo perfeito.

O SEQÜESTRO

Ao meio-dia de sábado, o sol quente afugentava os índios do pátio. Ou estavam descansando dentro de suas casas ou mergulhando na lagoa do Buriti. Após a gravação de um emocionado depoimento de Narro para Orlando Villas-Boas, o antigo companheiro, afirmando que não havia deixado o branco se misturar com os índios, como ele pedia na época da expedição Roncador-Xingu, Jacalo convidou todo mundo para visitar a lagoa. Para se chegar ao grande lago era preciso atravessar a pista dos aviões (toda aldeia tem uma pista de pouso bem-cuidada), e andar mais 200 metros. A lagoa é na verdade um grande pântano de águas cristalinas, cheias de palmeiras buritis e muito peixe tucunaré. Quando se sobrevoa a região dá para ver a vegetação do fundo do lago, como se não houvesse água na superfície. Falávamos sobre o aniversário do James, o mais interessante que ele já tivera em toda vida. O sol escaldante fazia a água ficar mais refrescante. Estávamos nos divertindo, rodeados de muitas crianças, felizes com a nossa presença.

De repente fomos surpreendido por um índio chegando em alta velocidade na sua bicicleta.

– Os kalapalos vão atacar o acampamento de vocês. Passou um barco cheio deles para fechar o rio e não deixarem vocês fugir. Nós pegamos pelo rádio que eles querem tomar as coisas de vocês – disse o índio.

Saímos rápido da água, pegamos as bicicletas emprestadas e voltamos correndo para a aldeia. Precisávamos ter certeza de que as informações eram verdadeiras. Podiam ser apenas uma brincadeira de índio. Ao chegarmos no pátio, encontramos o chefe Afucacá apreensivo com a nossa presença. O chefe conversou na língua indígena com Jacalo, e as suspeitas se confirmaram: os kalapalos, a princípio apenas essa tribo, queriam a nossa pele. Ninguém sabia responder o porquê das agressões. A primeira providência do grupo foi tentar trazer todas as barracas e barcos para a margem dos kuicuros e evitar um ataques-surpresa ao acampamento. Até então pensávamos que os índios queriam apenas saquear o acampamento na praia.

O motivo principal para a ameaça de um ataque poderia ser causado por ciúme dos kalapalos, porque havíamos ido na aldeia dos kuicuros e não os procuráramos. Eles se achavam na obrigação de também receberem algum pagamento por termos entrado no Xingu, e não apenas os kuicuros. Essas duas tribos sempre tiveram rivalidades e não era nenhuma novidade o que estava acontecendo. Já havíamos deixado bem claro, na reunião com Aritana e com Ianacolá, que a expedição não tinha mais o objetivo de fazer escavações. Alguma coisa errada estava acontecendo, e pelo visto iria piorar. Muñoz e James estavam dispostos a irem novamente até o posto Leonardo e esclarecer tudo. Tínhamos a autorização da Funai assinada por Ianacolá e éramos convidados de uma tribo respeitada. Portanto, mesmo temendo uma agressão dos kalapalos, estávamos garantidos legalmente dentro da área indígena.

Quando chegamos no rio Xingu encontramos um barco com dois índios bem-vestidos e armados de carabinas Winchester 44 e duas espingardas calibre 12. Mais dois deles estavam nos esperando na margem, armados até os dentes. Um deles, o Ararapã, chefe do Posto Leonardo, usava um revólver 38 enfiado no coldre cheio de balas, atravessado no peito. Percebemos que a situação era mais grave do que poderíamos imaginar. Primeiro ficamos sabendo que vários índios kalapalos haviam subido o rio em dois barcos e estavam fechando a nossa saída, enquanto outro grupo havia tomado conta dos carros, na fazenda Sayonara. Alguém, para tranqüilizar a expedição, disse que o cacique Aritana estava subindo o rio de barco e pedia para James e Muñoz descerem e se encontrarem com ele no meio da viagem de três horas. Ararapã mudou de idéia e pediu para irmos todos até o Posto Leonardo. Não era um pedido, era uma ordem. A festa tinha terminado.

Fomos para a praia e desmontamos as barracas com um pouco de frustração, porque perdíamos os ensaios do Kuarup, dos kuicuros. Mas tudo poderia se resolver com Aritana. Nesse momento, um avião monomotor sobrevoou o rio. Lá dentro estavam Toninho, Gerson, Júlio e Trovão. Minutos depois desciam na pequena pista da aldeia. Quando a porta do avião se abriu, Jacalo estava em frente, ofegante, falando em tom de preocupação:

— Tem problema, tem problema. Vocês precisam chamar o Renê. Peguem as bicicletas e vão no rio pedir ajuda.

Ninguém entendia nada. Jacalo, inteiramente nu, pintado com tintura vermelha de urucu, montou numa bicicleta e saiu em disparada. Trovão e Toninho foram atrás, se divertindo ao se deparar de repente com uma cena daquelas na sua frente: Jacalo mais um monte de índios sem roupa sentados nos pequenos selins das bicicletas, pedalando feito loucos. Chegaram na margem do rio e gritaram para o acampamento, onde todo mundo desarmava as barracas. Após muitos e muitos gritos, finalmente alguém no acampamento ouviu. Muñoz e Renê pegaram suas bicicletas e pediram a todos que haviam chegados no avião para voltar urgente à aldeia. No caminho, de quatro quilômetros de trilha, iria explicando o que estava acontecendo.

No centro da aldeia se encontrava Ararapã, agitado, andando de um lado para outro e balançando a arma pendurada sob o braço direito. Muñoz foi conversar com ele, enquanto Renê foi alertar os companheiros. Percebendo que a situação poderia se complicar, chamou Trovão e falou baixinho:

— Vocês têm que sair daqui imediatamente. Não tem que pensar, fazer nada além de sair. Eu vou falar com o Ararapã e enquanto isso vocês saem de fininho e entram no avião. Vocês não tiraram nada de lá de dentro?

— Não — respondeu Trovão.

Nesse momento, Júlio distribuía bexigas para as crianças, e os adultos disputavam as a tapa. Divertiram-se no meio da meninada.

– Então vocês entram de volta no avião, não tirem fotos, não façam nada. Vão agora mesmo que ainda dá tempo. Senão vocês vão ficar presos junto com a gente.

Ararapã, inquieto, olhou para o grupo e foi na sua direção. Trovão e Toninho, por sua vez, caminharam rápidos para o avião, onde o piloto, inteirado da situação, distribuía sandálias e bolas de futebol, como presentes para os jovens, seguidos por olhos e mãos armadas. O piloto conhecia muito bem os índios e não os adulava à toa. Tinha noção da gravidade da situação e que precisava sair imediatamente dali, senão sobrava para ele também.

– Eu não tenho culpa pelo que está acontecendo, estou apenas cumprindo ordens de levar todo mundo – dizia Ararapã.

Enquanto ouviam o chefe do posto, Trovão, Toninho e Gerson continuavam andando para o avião. Jacalo começou também a falar que achava errada a atitude dos kalapalos em quebrar o contrato feito entre eles. Chegaram no avião, onde já estava Narro dizendo a mesma coisa, e Ararapã continuava falando. O piloto ligou o motor e todo mundo conseguiu entrar, ainda conversando. Ararapã afirmava que tudo iria se resolver no Posto Leonardo, para não se preocuparem.

– Não deixa ao avião partir. Segura o avião – gritava um dos índios armados que acompanhavam Ararapã, ao chegar correndo da aldeia.

O piloto fez uma arrancada no aparelho e começou a taxiar. Índios surgiam de todos os lugares e seguravam a asa do avião. Gerson ficou em pânico e pediu para o piloto não parar o avião. Mas já era tarde. Havia tanto índio pendurado no avião que a decolagem era impossível. Se tentasse sair à força causaria algum acidente. O piloto abriu uma janelinha ao seu lado e ouviu de Ararapã que todos, inclusive eles que haviam chegado agora, deveriam ir para o Posto Leonardo. O piloto inventou uma história de que precisava chegar até as 17 horas em Canarana, onde tinha compromisso. Depois falou algo que naquele momento ainda não fazia sentido:

– A gente precisa ir para Canarana para receber o chamado do rádio. Se não estivermos lá, como vamos cumprir as exigências que vocês vão fazer?

A conversa se estendia e a tensão aumentava. O motor do avião continuava ligado e o piloto acelerando aos poucos, até que finalmente conseguiu chegar na pista. De repente deu uma arrancada e subiu sem taxiar, deixando para trás um monte de índios correndo. Quanto à conversa sobre exigências, tratava-se do pagamento de um possível resgate para o nosso seqüestro. Ele já sabia que estávamos seqüestrados, e que teríamos de negociar muito antes de sair dali. Ainda achávamos que o convite dos kuicuros e a autorização da Funai eram suficientes para resolver o mal-entendido.

Quando Muñoz voltou com Ararapã e seu séqüito armado, o acampamento estava desmontado e as bagagens nos barcos. Nesse momento os kuicuros desapareceram. Sinal de que a situação estava ficando complicada. Os dois jovens que conduziriam os barcos até o Posto Leonardo não queriam ir mais. Tinha alguma armação no ar, que a expedição não conhecia. Antes de partirmos, Ararapã avisou que o diretor do Parque, Ianacolá, estava vindo de Brasília para esclarecer o caso. Isso aliviou um pouco a tensão. Pensamos que ficaríamos presos só uma noite, e que no dia seguinte estaríamos de volta aos kuicuros, para assistir finalmente os ensaios do Kuarup. Agora iríamos conhecer mais um pouco do Xingu.

As curvas do rio pareciam não ter fim. O nosso passeio se transformava numa aventura verdadeira, e estávamos à mercê de um bando de índios bancando personagens de filmes de faroeste. Mas ainda havia tempo para tudo voltar ao normal. O sol desaparecia atrás dos enormes jatobás que margeiam o Xingu. As lanchas voavam sobre a água na velocidade máxima. Éramos prisioneiros de um bando de índios bem civilizados, agindo como se estivessem na época dos bandeirantes, procurando uma forma moderna de nos saquear. Entramos, às 18 horas, no rio Tuatuari, um pequeno afluente na margem esquerda. De repente estávamos em um emaranhado de pequenos canais, impenetrável para uma pessoa que não conheça muito bem o caminho. A água era de uma clareza tamanha que se via toda a vegetação verde que crescia em baixo. Mesmo com uma grande profundidade, o fundo do rio parecia estar na superfície. Seu leito se espalhava numa área com vegetação de brejo e pântano, formando milhares de pequenas ilhas e canais, e uma paisagem nunca imaginada por alguém. O canal por onde o barco passava tinha o fundo coberto de areia branca. Entrávamos nele em velocidade tão alta que mal dava para se fixar por mais tempo em alguma paisagem. Os nossos barcos estavam sendo conduzidos por índios com grande maestria, fazendo enormes curvas fechadas, como se estivessem numa pista de kart. Mas ninguém falava, apenas olhava. Não havia ânimo para admirar tanta beleza. Estávamos sendo levados para uma cilada por pessoas armadas, querendo a nossa pele.

Escureceu quando aportamos no Posto Leonardo, um lugar alto na margem do rio Tuatuari, com várias construções antigas que lembram as missões. A maioria dos prédios, todos construídos com tijolos e telhas, estão abandonados, incluindo a escola. Mas o posto médico e o gerador de energia elétrica funcionam. Em poucos minutos os postes de luz estavam com suas lâmpadas acesas. O local ficou fechado por dez anos e agora está recomeçando suas atividades; ele não é uma aldeia, e serve para atender a todas elas. Os barcos foram cercados por índios das nações aueti, mehinaco, iaualapití e trumaí. Desembarcamos no meio de euforia, da parte deles, como se fôssemos o papai noel. Enquanto subíamos com as bagagens a enorme rampa, vimos a caixa com os alimentos ser completamente saqueada por adolescentes. Quando a recuperamos já estava praticamente vazia. Alguns galões de gasolina também sumiram. No posto não existia índio nu, e até as mulheres e crianças falavam bem o português. Ararapã mandou preparar um jantar com peixe e feijão para a expedição, enquanto o acampamento estava sendo montado, sob a luz da cidade. Quando chegamos à cozinha para jantar, as panelas estavam vazias. Os próprios índios haviam comido o que tinham preparado. Comemos saborosas bananas e o pouco que sobrara de macarrão. Ianacolá mandou avisar, pelo rádio, que estava em Canarana e chegaria no domingo bem cedo para resolver nossa situação. Por enquanto estava tudo normal, as luzes dos postes logo se apagariam, o aniversário do James estava sendo comemorado com uma forte dose de emoção, para de nunca mais se esquecer daquele dia.

Muñoz foi chamado para atender um homem no posto médico. O índio doente havia chegado no meio da tarde com uma espinha de peixe atravessada na garganta e a enfermeira não sabia mais o que fazer. Enquanto ele atendia o doente, fiquei conversando com um índio adolescente da tribo dos aueti, que usava um corte de cabelo à moda dos brancos. Ele fez uma provocação que não foi levada a sério, depois, pelos expedicionários. O jovem disse que ele e seus amigos iriam tomar tudo o que tínhamos. Sairíamos daqui sem nada, nem mesmo a roupa do corpo. Disse ainda que deveria estar fechando o rio junto com os kalapalos, para não deixar a gente fugir. Ficara no Posto porque os barcos estavam cheios. As luzes se apagaram enquanto o jovem delatava o que acontecia no momento e o que estava para acontecer. Junto com ele se encontravam duas professoras, de 16 e 20 anos, irmãs, de cabelos e olhos claros, vindas de uma cidade vizinha, contratadas pelos índios para alfabetizar as crianças. Elas olhavam para a gente como se previssem o nosso futuro. Falei para o pequeno índio provocador que tínhamos autorização da Funai, dos kuicuros e de Aritana. Mas ele respondeu que índio só obedece aos chefes quando quer. Não existem estatutos ou leis para eles.

– Vocês não sabem de nada. Quando entra gente sem autorização eles tomam tudo. Ninguém liga para o que vocês pensam sobre a gente. Se tomarem tudo de vocês, é para mostrar para os outros que não devem vir prá cá. É sério o que estou dizendo. Você vai ver amanhã – disse o jovem, tentando alertar.

Enquanto se conversava no escuro, uma velha índia se aproximou com um pedaço de pau na mão, bateu com ele no chão e disse agressivamente à nossa volta:

— Terra nossa. Terra nossa.

Os dois jovens kuicuros que haviam ajudado a levar os barcos estavam assustados e queriam de qualquer maneira voltar ainda à noite para a aldeia deles. Estavam muito assustados com a nossa situação e não queriam ficar no Posto até o dia seguinte, embora sempre fossem bem-recebidos ali. Temiam que alguma coisa ruim pudesse acontecer conosco a qualquer momento, embora nada estivéssemos fazendo de ilegal.

No domingo, mal o dia amanheceu, todos estavam acordados e apreensivos para saber qual seria o fim da história. A grande maioria dos seqüestrados desconhecia a natureza e a cultura dos índios e tinha uma visão romântica de que eles respeitavam o branco. Portanto, achavam que tudo acabaria bem e haveria tempo de voltar à aldeia Kuicuro para ver os ensaios do Kuarup. Mesmo que acreditássemos nas palavras amedrontadoras do jovem, nada se poderia fazer. Os índios, do Xingu ou de outra região, sempre agem da mesma forma, procurando uma maneira de saquear as pessoas que entram em suas terras. E nós tínhamos muitos objetos úteis para eles, como os belos barcos de alumínio com potentes motores de popa, além dos melhores tipos de jipe fabricados no mundo, especialmente para andar numa região como a deles. Durante o café da manhã o cacique Aritana apareceu e amenizou a situação.

— Vocês não têm com o que se preocupar. Eu não sei por que os kalapalos e os kamaiurás estão fazendo confusão. Eu dei minha palavra e ela ainda vale. Ianacolá vai chegar e vai resolver tudo, porque vocês têm documento dele também — disse Aritana, usando um calção azul e o corpo pintado de urucu.

Às 9 horas, o mesmo aviãozinho monomotor que tinha pousado nos kuicuros sobrevoava o Posto. Os caciques já haviam chegado. Todo mundo correu para a pista, larga e limpa, para recepcionar o avião e ganhar presentes. Eles sempre fazem isso, desde que o primeiro avião chegou no Xingu com os irmãos Villas-Boas. Junto com os passageiros estava Ianacolá, educado no Rio de Janeiro e o primeiro a possuir uma fazenda de gado de sua propriedade, dentro do parque. Logo que desceu, começou a conversar reservadamente com um parente seu chamado Kotok, filho de Tacumã, o chefe dos kamaiurás. Enquanto os índios preparavam o local da reunião – improvisado ao lado de um trator quebrado, debaixo de uma enorme mangueira –, Ianacolá falava com a expedição de maneira simpática, demonstrando preocupação com a nossa situação e deixando claro que tudo iria se resolver em seguida, até porque ele voltaria no mesmo avião assim que terminasse a tal reunião, que, segundo se apurou, fora pedida por ele e executada por Ararapã.

Ianacolá falou animado sobre o projeto de eco-turismo que seria implantado brevemente naquele lugar. O rio Tuatuari tem a água tão limpa quanto o rio Bonito, no Mato Grosso do Sul, com a vantagem de ter mais água e um eco-sistema mais rico. O projeto estava sendo criado em Brasília, para atender melhor aos turistas que chegam quase diariamente ao parque. Somente naquele mês o Parque havia recebido mais de 40 visitas. A ONG Mavutsinin, à qual o diretor do Parque estava ligado, preparava pacotes turísticos para o Xingu no valor de 80 reais, partindo de ônibus de Brasília até Canarana. Na parede do escritório, em Canarana, já existiam as planilhas com os preços dos pacotes turísticos que deveriam funcionar ainda naquele verão.

Em poucos minutos todos se juntaram sob a mangueira, próximo à margem do rio. Em um banco sentaram apenas os caciques de uma aldeia Kalapalo, vestindo jeans e uma camisa de mangas comprida e Tacumã, usando pinturas. Aritana, após abrir o julgamento, sentou-se junto a eles. Em outro banco estavam Ianacolá e, na frente dos caciques, o grupo de expedicionários. Daniel Muñoz levantou-se e se pôs no centro. Começou falando sobre a nosso objetivo inicial da pesquisa nas terras dos kalapalos, que havia sido abandonado desde o dia em que chegáramos em Canarana. Muñoz fazia um relato minucioso diante dos índios impacientes, mostrando-se um bom orador e capaz de convencê-los das boas intenções do grupo e da sua preocupação em ajudar a comunidade quando voltasse a São Paulo. Após longos minutos de explicação, incluindo a apresentação do documento da Funai consentindo em nossa presença no parque, achávamos que qualquer mal-entendido pudesse estar solucionado. Cerca de 100 índios assistiam ao nosso julgamento, fazendo um enorme círculo em nossa volta. Junto aos caciques havia apenas um homem armado com uma carabina 44, arcos e flechas.

O velho cacique Tacumã levantou-se, ficou na frente dos expedicionários sentados em um banco de madeira, e disparou a falar em dialeto kalapalo. Gesticulava com os braços e apontava para nós, numa encenação digna de um filme americano. Apontava o dedo para o grupo, e, mesmo sem entender o que ele falava, dava para saber que estava acusando os expedicionários de invasores. Tacumã terminou de falar e Aritana levantou-se para traduzir as palavras do cacique.

– Tacumã disse que vocês não deviam ter vindo aqui. Não deviam ter entrado no Xingu. Ele não gostou de vocês aqui. Ele diz que vocês tem que ir embora e deixar tudo que trouxeram. Deixar barco, deixar roupa, deixar motor. Tem de sair sem nada mesmo.

Todo mundo ficou perplexo com a exigência. Muñoz voltou ao centro das decisões e repetiu novamente toda a história de nossa chegada, das negociações para a visita, e refutou o fato de eles quererem tirar nossos pertences. O cacique kalapalo levantou-se e repetiu as mesmas palavras de Tacumã. As 12 pessoas detidas teriam de deixar todos os pertences, incluindo roupas, equipamento fotográfico e de vídeo. James tomou a palavra para explicar que não podia deixar o barco e os motores, porque eram emprestados e estavam sob a responsabilidade dele, assim como a organização da expedição. Nesse momento Kotok, o filho de Tacumã, começou a falar em português, fora da roda de negociação, que deveríamos sair sem nada. Ou então que amarrassem todas as pessoas nuas, numa árvore, dentro d'água, até a gente concordar com o pedido deles.

O clima ficou mais tenso com as ameaças de violência física de Kotok, mas a situação parecia estar sob controle. Tudo poderia se resolver com negociação, até porque era a única arma dos réus. James voltou a falar, em nome da expedição, que não podiam deixar os barcos, motores e os nossos pertences. Mostrou o papel com a assinatura de Ianacolá, que a tudo assistia em silêncio, com suas roupas modernas, de branco que já era. O diretor da Funai para o Parque finalmente levantou para falar. Com uma cópia do papel na mão começou seu discurso afirmando que era melhor atender o pedido dos índios, porque senão eles iriam cumprir as promessas de uso da violência. Quanto à autorização, disse que não havia permitido a entrada de um grupo tão grande. Em outras palavras, o funcionário da Funai estava retirando sua autorização e deixando a expedição sem mais poder de argumentação. Nesse momento percebeu-se que todo aquele julgamento não passava de uma encenação para tomar os barcos e até mesmo os nossos carros. Kotok insistia no saque total dos pertences – do contrário, repetia, todos seriam despidos, pintados e surrados de borduna. Aritana apenas traduzia a fala dos caciques, que, mesmo falando bom português e acostumados a viajar por várias capitais do país, naquele momento se assumiam apenas como selvagens, quebrando todos os acordos realizados até então.

Kotok e mais um grupo de 20 índios, certos de que tudo o que tínhamos já era deles, rodeavam as barracas, cada um escolhendo o que pegaria para si. Apontavam também para o nossos pés, já separando antecipadamente com quais sapatos ficariam. A mesma coisa acontecia com os relógios. Os olhos ávidos e rápidos passavam por cada braço das pessoas da expedição. Na nossa frente, jovens e mulheres apontavam com o dedo e falavam em dialeto, escolhendo o seu relógio e a sua camisa e calça, ainda em nossos corpos, sem a menor cerimônia. Quando alguém encarou Kotok, ele fez um gesto obsceno, mostrando, com as duas mãos fechadas, que iria usar de violência sexual. James Jr. e Laranjeira, que recebiam as ameaças diretamente de Kotok, estavam transtornados. O índio aculturado que vivia nos gabinetes de Brasília e do Rio de Janeiro, buscando ajuda para sua ONG, agora vestia-se de selvagem para seqüestrar e saquear em nome de uma causa que ele próprio manchava. Apenas Kotok insistia, com o pai, para que não abrisse mão dos objetos da expedição. Aritana repetia o que os outros falavam e Ianacolá lavou as mãos, deixando o grupo à mercê das ameaças. Não se falava mais sobre se estávamos certos ou errados: eles queriam de qualquer maneira o que tínhamos, contra nossos direitos. Sob forte pressão, nós só pensávamos como poderíamos sair ilesos e continuar a expedição pelas trilhas do coronel Fawcett, como estávamos fazendo naquele momento. Talvez o velho coronel tivesse passado por momentos iguais, nas mãos dos próprios kalapalos.

Ficou decidido que os barcos e os motores, assim como os 400 litros de gasolina e tudo o mais que estivesse nos barcos, ficariam com os índios em troca da liberdade de todos. Mas Tacumã, pressionado por Kotok, não aceitou. Queria também os carros estacionados na fazenda Sayonara, nas mãos de índios armados, kalapalos e kamaiurás. O piloto do avião, que a tudo assistia de longe, rezava para que saíssemos ilesos da situação. Ele já assistira essas mesmas cenas inúmeras vezes. As pessoas entram, mesmo autorizadas, e depois são depenadas. A retirada do parque teria de ser feita no seu pequeno avião, se não ficássemos presos até que alguma autoridade viesse de Brasília para nos resgatar. O clima no posto ficou mais tenso. A beleza do rio Tuatuari, que tanto inspirara Antônio Callado a escrever o romance *Kuarup*, desaparecera, junto com a manhã de sol quente. O tempo fechou e não estávamos mais no paraíso. Assim como nossos barcos, nossas esperanças também tinham desaparecido. Enquanto se discutia, alguém retirou o barco e os motores do porto antes de uma decisão. Os índios haviam tomado conta por completo da situação e avisavam que se tudo não fosse entregue pacificamente mais índios subiriam o rio Xingu para ajudar no saque. Repetiam que deveríamos ter pressa e acertar tudo de uma vez, enquanto tínhamos chance de sair sem nos machucar. Era uma forma de eles pressionarem, forçando a expedição a entregar tudo o que tinha, como se fosse uma doação para sairmos com vida do Xingu. Nesse caso, eles não estariam tomando nada à força e se eximiriam da culpa criminosa pelo ato que praticavam.

Após horas de discussão, foi dado um tempo para as partes refletirem sobre o assunto. Ao meio-dia ainda não se sabia qual seria nosso destino. Não havia como apenas entregar os pertences, principalmente as câmeras de vídeo profissional e inúmeras máquinas fotográficas, roupas, material de *camping* e relógios. Mas existia ainda a ameaça de violência física. Kotok rodeava o acampamento de barracas ainda armadas com ganância para possuir, sem esforço, todos aqueles objetos caros. Já sorria como nunca, cumprimentando os colegas, como se tudo fosse dele.

A reunião foi retomada no mesmo pé em que havia sido encerrada. De um lado, Kotok e os kalapalos, que insistiam em tomar tudo; do outro, Linch e Renê, hábeis negociadores na cidade, mas naquela situação, jamais prevista, sem qualquer poder de barganha para falar em nome do grupo. Dessa forma estávamos sendo depenados, insultados e ameaçados de espancamento. Isso além de sermos roubados diante de Ianacolá Rodarte, que tinha clara noção do seqüestro e do saque pelo qual estávamos passando, mas nada fazia. Em vez de conter os exaltados, incentivava o primo Kotok. Tacumã e seu filho exigiram a entrega da picape Toyota, de Renê, que estava na fazenda Sayonara, em troca da nossa liberdade. Se ele entregasse o carro todos sairiam apenas com os pertences pessoais, deixando os barcos e os motores. Renê se recusou a entregar o automóvel e a discussão voltou a ficar tensa. Kotok tomou conta da situação e a encenação daquela cerimônia toda, com os caciques falando em dialeto, foi por água abaixo. Por vontade de um índio, apoiado por seus compatriotas, os povos do Xingu praticavam um ato criminoso. A discussão passou a girar em torno de como seria pago o nosso resgate. Deveríamos dar um carro de qualquer maneira, como única condição para sairmos de um lugar onde estávamos com uma autorização pela qual havíamos pago adiantado. O advogado Roberto Liesegang entrou na discussão e reclamou da atitude de Kotok, que fazia gestos obscenos para os expedicionários no intuito de intimidá-los. Aritana não gostou da intervenção e se recusava a aceitar o ato deles como uma ação ilegal. Foi um momento em que as vozes se alteraram e quase se gerou um bate-boca desagradável.

As ameaças continuavam e o tempo passava despercebido. Já eram duas horas da tarde e não se chegava a um consenso. Resolveu-se que alguém seria libertado e iria até Canarana para comprar um carro, enquanto os demais continuariam seqüestrados até o automóvel ser entregue no Posto Culuene, próximo da fazenda Sayonara. O absurdo estava acontecendo. Realmente, se não fosse entregue o resgate, como queriam, nossa situação ficaria pior ainda. Afinal foi decidido que todo mundo poderia sair do Xingu com os seus pertences, de avião, e que um carro deveria ser entregue o mais urgente possível, como pagamento do nosso resgate. Mas nem tudo estava resolvido. Até a picape ser entregue, os carros ficariam presos na fazenda Sayonora. O final da negociação, com a vitória dos índios, fora apenas mais uma armadilha montada por eles.

Tudo decidido, o acampamento começou a ser desmontado, enquanto os índios passeavam montados em suas bicicletas, soprando os apitos presos ao salva-vidas, enfileirados e contentes com os brinquedos que acabavam de ganhar. Kotok festejava com abraços e sorrisos por ter conseguido dois barcos e dois motores, além de uma F-4000 que logo seria entregue a ele. Em breve, o pequeno saqueador seria um chefe, e estava demonstrando que conseguia algo de útil para o seu povo, mesmo que fosse roubado. Mavutsinin, se existisse de verdade, morreria de vergonha ao ver seu nome e seus filhos transformados em quadrilhas para obter na marra o que não conseguiam com suas ONGs ou com o governo. Os índios também se aproveitaram do fato de Linch e Renê terem nomes de estrangeiros, achando que não iriam reclamar os prejuízos, como costuma ocorrer com os visitantes de fora. Essa confusão – achar que a expedição era conduzida por dois estrangeiros – foi feita várias vezes. Uma delas por Doroty, uma das chefes dos bacaeris, que, após voltarmos do Posto Simão Lopes, perguntou quantos brasileiros havia na expedição. O próprio jornal *O Globo,* que tinha um repórter na expedição, publicou uma matéria com o título *"Índios detêm aventureiros brasileiros e estrangeiros, ameaçam espancá-los e confiscam equipamentos".*

O primeiro avião decolou às três e meia da tarde, levando Ianacolá, uma enfermeira, Renê e o cinegrafista Silveirinha. Renê precisava ir na frente para comprar a picape em Barra do Garça ou Goiânia, o mais urgente possível. Seriam necessários quatro viagens de avião para tirar todo mundo da área de perigo. A segunda viagem só foi possível às cinco horas da tarde, quando saíram Laranjeira, James Jr., Roberto e eu. James, João Carlos, Muñoz, Lineu e Fábio ficaram no posto para serem resgatados apenas na segunda-feira. Os pequenos aviões não viajavam à noite.

Quem permanecera em Canarana não fazia idéia do que acontecia no Xingu. Somente quando Renê chegou é que ficaram sabendo e começaram a se preocupar com as pessoas obrigadas a ficar mais uma noite no Posto. Eles podiam sofrer mais represálias. Numa decisão coletiva acertou-se que ninguém falaria do assunto com os familiares ou mesmo faria qualquer tipo de comentário a respeito até todo mundo ser libertado. As reportagens que deveriam ser mandadas para São Paulo e Rio de Janeiro também foram suspensas para não prejudicar a saída do Xingu. Havia agora mais pânico por parte de quem estava na cidade do que no Posto. À noite, na hora do jantar, o fotógrafo Cláudio Laranjeira tomou de uma só vez três garrafas de cerveja. Era a primeira vez que bebia tanto. A viagem do Posto até Canarana parecera mais longa que a da Austrália até São Paulo. A pressão fora tanta que a voz de Laranjeira praticamente desaparecera.

Na segunda-feira de manhã, enquanto Renê procurava um carro para comprar, Aritana tentava, no Xingu, amenizar a situação, afirmando não ter feito nada porque os negociadores haviam concordado em entregar tudo o que os índios exigiam. As pessoas da região, dizia ele, não caem na conversa dos índios. Desculpou-se também afirmando que agia como juiz e só poderia ter interferido se tivesse ocorrido um impasse. Disse mais ainda: que ninguém se atreve a descer o rio Xingu de barco, mesmo com autorização da Funai e dos próprios índios. Todo mundo sabe que índios, em qualquer parte do Brasil, nunca tiveram respeito por brancos, e podem fazer o que bem entendem que também não serão punidos. Eles têm obrigação de se defenderem e às vezes extrapolam essa liberdade para agir com impunidade. Mas o estrago estava feito e o caso do seqüestro parecia já estar resolvido. Mas, como índio não tem palavra, teria validade o que ficara combinado no domingo, no Posto Leonardo Villas-Boas?

PALAVRA DE ÍNDIO

Parecia que tudo finalmente ia se resolver. Na segunda-feira, dia 24 de junho de 1996, ao meio-dia, todos os integrantes da expedição se encontravam em Canarana. Na volta do Xingu, o pequeno avião sobrevoou a fazenda Sayonara e foram vistos barcos ancorados no porto, mas não deu para perceber se todos os carros ainda estavam lá, porque haviam ficado estacionados sob a copa das mangueiras. Era o tempo de conseguir uma picape, entregá-la a Aritana e poderíamos então voltar para São Paulo. O prosseguimento da expedição estava inviabilizado, porque era perigoso passar na BR-080, que corta o Parque do Xingu e é vigiada pelos índios txucarramãe. O representante da Funai em Canarana chamava-se Pira e era irmão de Ianacolá. Ele autorizou a compra de uma picape F-4000 de segunda mão, no valor médio de 15 mil reais, porque não se encontrava carro novo em Barra do Garça. Demoraria tempo demais buscá-lo em Goiânia. Caso não encontrasse nem mesmo em Canarana ou Água Boa, seria entregue o valor em dinheiro para Pira, que depois o repassaria para Ianacolá e Kotok. Era um dinheiro para os próprios índios, e não para a Funai.

A entrega do dinheiro ou do carro ficou combinada para terça-feira de manhã, e em seguida os carros seriam liberados da fazenda Sayonara. O assunto já estava conhecido na cidade e a todo momento surgia alguém querendo saber mais sobre o seqüestro. Durante o jantar, num restaurante próximo ao hotel, o soldado da PM Rudge Smith, que estava sem uniforme e sentava-se junto à nossa mesa, explicava que era comum os índios agirem assim. Eles costumam tomar objetos das pessoas que visitam o parque, especialmente se forem estrangeiros. Um barco do ex-governador de Goiás, Iris Rezende, fora atingido por tiros pelos kalapalos quando descia o rio, numa pescaria, e ninguém percebera que já estavam dentro da reserva. De outra vez, os xavantes, que não moram no Parque, invadiram a maternidade onde uma índia morrera ao dar à luz. Enquanto se falava do assunto do seqüestro, um funcionário do Ibama, um pouco embriagado, fazia ironias sobre a situação do grupo nas mãos dos índios e avisava que os carros que estavam na Sayonara jamais seriam recuperados. Em pouco tempo o sujeito foi literalmente expulso da mesa por estar falando demais, até mesmo provocando as pessoas que faziam parte da expedição e ainda acreditavam ingenuamente nas palavras dos índios. Às 22 horas, um homem moreno, chamado Deusdete, se aproximou da mesa atraído pelas bonitas camisetas com o logotipo da expedição, para saber se havia ali algum dono dos carros que estavam na fazenda Sayonara, porque ele tinha uma notícia a dar. Deusdete jogou uma bomba sobre a nossas cabeças ao dizer que acabara de vir de Sayonara e que não havia mais sinal de índios por lá. Tinham ido embora levando um dos carros, o Land Rover Defender 110 de Roberto, cheio de bagagem e equipamentos dos outros automóveis.

Tudo o que havia sido negociado com os índios até então foi por água abaixo. O motorista afirmou que os carros estavam amassados e saqueados. Desde o sábado de manhã, quando deixáramos a fazenda, os índios haviam invadido a sede e tomado conta dos carros, alegando ao Jairo ter autorização para deslocá-los da fazenda. O Land Rover 90 de Júlio e a picape Toyota de Renê ainda estavam lá, mas completamente saqueados, sem as baterias, os rádios de comunicação, os CDs, e com todos os pneus vazios. O motor de gerador de eletricidade, assim como os estepes e uma série de objetos de uso pessoal, tinham sido levados pelos índios e jamais seriam recuperados. Não se podia imaginar que os índios do Xingu fossem sair da reserva para roubar os carros numa área particular. Mas o fato é que o motorista tinha razão, assim como o funcionário do Ibama, e, por fim, o soldado Rudge, que antes da notícia já alertava que os carros deveriam ser retirados de qualquer maneira da fazenda antes que fosse tarde. A notícia se espalhou e alguma coisa deveria ser feita, porque entregar a F-4000 no dia seguinte não resolveria mais o problema.

– Agora é que o bicho pegou. Se vocês quiserem, eu vou lá e trago os dois carros prá vocês. Eu conheço todos aqueles índios. Trago os dois e descubro onde está o outro. Mas tem que ser agora, de noite, antes que seja tarde demais – disse Rudge.

Não se sabia mais como agir quando o policial fez novamente a proposta anterior à descoberta do saque. Todo o pessoal da expedição foi informado, e Roberto, que tivera seu carro roubado, foi quem ficou mais abatido com a notícia. O que preocupava agora era o fato de que os índios ainda estavam nos barcos, ancorados no meio do rio, e poderiam a qualquer momento pôr fogo nos dois automóveis. A situação ficou aquém do que se podia imaginar. Uma decisão precipitada podia pôr tudo a perder, e o prejuízo material seria maior. Mas até aquele momento os índios haviam feito o que bem entendiam com a expedição, e poderiam fazer pior. A alternativa foi pagar mil reais para o soldado se deslocar de Canarana antes da meia-noite, para que quando o dia amanhecesse ele já estivesse de volta à cidade com os carros. Isso se os índios deixassem.

Por outro lado, Rudge levaria sua arma, aumentando o risco de um confronto com troca de tiros. James, que sempre procurara não sair do bom senso, não concordou com a decisão, por achar que estaríamos dando "um tiro no próprio pé", mas acabou cedendo, porque não existia outro meio de evitar maiores prejuízos materiais. Não havia como esconder a raiva sentida contra os índios. Quando eles saem de suas aldeias e percorrem o mundo dizendo na televisão que são frágeis e que precisam de dinheiro para sobreviver, mostram-se o mais civilizados possível. Agora pareciam esquecer tudo isso. Ainda não haviam feito um balanço do resultado negativo que o assunto estava gerando na imprensa, com grandes reportagens nos jornais do Rio e de São Paulo. As notícias sem dúvida poderiam prejudicar o andamento do projeto de eco-turismo para o Xingu. Os índios logo descobririam isso. Eles não sabiam, inicialmente, que existiam jornalistas na expedição.

Às onze e meia da noite, Rudge partiu em uma D-20 com um mecânico, o filho dele e João Carlos, para ajudarem a pegar os dois carros. Levavam consigo, além das armas, duas baterias e uma bomba de ar para encher os pneus. Os quatro viajavam apertados na cabina da caminhonete enquanto discutiam sobre o que poderiam encontrar na fazenda. Após três horas de estrada chegaram aos carros, em frente à casa de Jairo, o administrador, completamente vazia e trancada com cadeado. Pouco tempo depois apareceu o filho dele com uma lanterna para saber o que estava acontecendo, se tinham autorização da Funai para retirar os carros, porque, segundo os índios, eles estavam cuidando dos carros da expedição, para ninguém tocar neles. Quando o garoto percebeu a situação, se calou e abriu a cancela. Jairo saíra com a família desde a invasão na sexta-feira, logo que os barcos haviam partido para a aldeia Kuicuro.

Todos os objetos tenham sido retirados dos carros sem danificar os painéis, por pessoas que pareciam entender de automóveis. A noite estava muito escura e havia perigo de os índios aparecerem. Enquanto os pneus eram enchidos chegou o administrador da fazenda, assustado com a presença deles, avisando que os índios estavam perto e armados, e podiam atirar contra eles no escuro. Como não se podia confiar de forma alguma na quietude dos índios, a operação deveria ser realizada sem demora, para evitar qualquer tipo de confronto. Jairo explicou que o Land Rover de cabine dupla fora retirado da fazenda cheio de objetos saqueados dos outros carros, dirigido por Ronaldo, o chefe do Posto Culuene, e que possivelmente o carro ainda estaria lá. Aquele seria difícil de resgatar. Se fosse à força, haveria confronto.

Os carros tinham grandes amassados nas laterais. Nos galhos das árvores havia um monte de penas pretas amarradas com embira sobre o capô. Jairo explicou que tinha mudado da fazenda com medo de sofrer violência física. Disse ainda que as penas eram um feitiço, e os amassados tinham sido provocados por batidas de bordunas, em um ritual de magia realizado pelos índios xinguanos. Eles tinham feito um ritual com danças e gritos ao redor dos carros após o saque. Jairo, durante esses dias, vinha olhando a movimentação dos índios de longe. Precisava ter cuidado porque eles poderiam atacar de surpresa. Quando estavam saqueando os carros, ainda na sexta-feira, antes da prisão na aldeia Kuicuro, disseram para Jairo que os saques eram para nos ajudar, porque estávamos em perigo.

De repente, a conversa foi interrompida pelo alarme da Toyota. O forte som do alarme cortou o silêncio da noite, capaz de acordar qualquer pessoa a quilômetros do local. Jairo arregalou os olhos para o rio, de onde poderiam surgir os índios. Por essa eles não esperavam. As baterias já estavam no lugar, mas ainda faltava encher dois pneus. Quando o barulho do alarme desapareceu, os índios começaram a gritar do rio, a pouco mais de 200 metros dos carros. Mas, entre os índios e os automóveis, havia uma barreira natural na margem do Xingu, difícil de ser atravessada rapidamente. A erosão criara uma ribanceira com 20 metros de altura, entre a água e o pátio da fazenda, onde estavam os carros. O clima ficou mais tenso. Jairo e o filho foram embora enquanto os carros eram ligados numa pressa sem tamanho. Ao mesmo tempo, os índios gritavam dos barcos ancorados no rio. Em poucos minutos, os carros saíam a toda velocidade, cortando o pasto amassado pelo gado da fazenda até atingir a trilha na mata, três quilômetros adiante. Foi então que os motoristas respiraram aliviados. Ficaram sem saber se os índios avançaram contra a sede da fazenda e tentaram perseguir os carros. Pouco importava.

Júlio Amato, o carioca de apenas 21 anos, quase chorou quando acordou na terça-feira de manhã e viu o seu Land Rover estacionado no pátio do hotel. Mesmo sem os seus CDs e todo o equipamento, estava satisfeito por ter recuperado o carro. Já Roberto ainda não sabia se veria o dele. O caso havia sido registrado na delegacia de Canarana, como seqüestro seguido de roubo. Mas a polícia e a justiça têm ordens de não fazer nada contra os índios. Se eles quisessem, podiam ir na cidade roubar um carro, como fizeram na fazenda, que nada aconteceria? Não. Os fazendeiros odeiam os índios por essa razão. E por conta de nossa situação tinha muito dono de terra querendo tomar partido. Mas alguma coisa precisava ser feita para recuperar o automóvel, que valia 40 mil dólares, sem causar nenhuma tipo de problema sério, pois o mais importante – manter a integridade física das pessoas – já havia sido alcançado.

A situação estava fora de controle. Os índios não só haviam descumprido o acordo, quando seqüestraram a expedição, como já haviam também roubado os carros. Toda a encenação no Posto Leonardo não tivera nenhuma validade. A entrada da expedição no parque do Xingu fora uma armadilha só agora percebida. Não se confia em índio, quanto menos na sua palavra, era o que todos diziam em Canarana. Mas as negociações precisavam continuar, já que não existem leis para os índios. Os kuicuros, os anfitriões, haviam desaparecido, com receio de criar uma guerra com os kalapalos. Apesar de vizinhos, esses povos são bem diferentes. Os kalapalos são bons navegadores, mas os kuicuros têm a fama de ser o povo mais feiticeiro do Xingu, capaz de vencer o inimigo através de bruxaria. A presidente de uma ONG, a inglesa Sandra Wellington, que dirige há 20 anos, junto com Aritana, a Fundação Kuarup, resolveu entrar na questão, com receio de que o caso ganhasse repercussão internacional e prejudicasse os trabalhos da entidade na captação de recursos para o Xingu.

Ainda de manhã, Sandra chamava Aritana, pelo rádio, para ir com urgência a Canarana. Ele deveria ajudar a resolver uma situação com relação à qual em grande parte também tinha culpa. Sandra lhe disse que existia um bando de índios, liderados por Kotok e apoiados por Ianacolá, "fazendo uma série de besteiras". Ao meiodia a situação voltava a ficar crítica. Pira, chefe do posto da Funai, continuava cobrando de Renê os 15 mil reais, na maior cara de pau, sem levar em conta que eles tinham roubado um dos nossos carros. Cada índio tentava, sem o menor constrangimento, tirar alguma coisa da expedição. Tudo indicava que ficariam realmente com o Land Rover, todos os objetos e mais o carro como pagamento do resgate. Pira queria sua parte em dinheiro. Já se sabia que Aritana estava sob pressão para não ajudar a expedição. Eles queriam fazer como sempre fazem; tomam carros e objetos pessoais dos "invasores" e ninguém reclama. Abrem uma queixa na delegacia e não passa disso. Ficou decidido que o dinheiro para comprar a F-4000 só iria para as mãos de Pira, Ianacolá e Kotok quando todos os objetos e o carro roubado da fazenda fossem devolvidos. Dessa vez não se podia resgatar o carro, porque estava dentro da reserva e entrar lá seria novo risco de ficarmos seqüestrados, ou enfrentarmos um bando de saqueadores armados.

Aritana chegou em Canarana por volta de meio-dia e foi direto ao hotel onde estava havendo a negociação, mediada por Sandra, para a liberação imediata dos bens roubados da expedição. Mas Ronaldo, que havia levado o carro da fazenda, avisou pelo rádio que estava muito ocupado e não teria tempo para levar o carro de volta a Canarana. Disse ainda que os objetos roubados de dentro dos carros estavam numa aldeia no rio Tanguro. Ao mesmo tempo, chegaram Pira e Ianacolá, aumentando o número de pessoas na rua em frente ao hotel, atraídos pela grande quantidade de índios juntos. Eles continuavam cobrando o dinheiro, tentando ainda manter o acordo feito no Posto Leonardo, que eles mesmo haviam quebrado. A situação começava novamente a ficar tensa. Ianacolá reclamou de reportagens que estavam saindo na imprensa sobre o caso, como se fosse proibido divulgar o seqüestro. Mais índios se aproximavam do hotel, inclusive mulheres e crianças. Por outro lado, os fazendeiros também estacionavam suas picapes próximas da confusão, prontos para tomar partido, caso os índios quisessem fazer mais uma besteira. Do lado dos fazendeiros não se via manifestação, mas se sabia que estavam prontos para expulsar todos os índios da cidade, caso provocassem alguma confusão. Aritana assistia a tudo com os braços cruzados, como respeitado chefe que é, mas resolveu apontar a solução. Disse que iria ele mesmo buscar o carro que estava na área, em poder de Ronaldo. Todo mundo aparentemente concordou com Aritana e o assunto parecia ter se esgotado. Naquele instante, ele sabia que não adiantava mais discutir, porque o próprio Ianacolá descumprira uma autorização assinada por ele. O diretor do Parque saiu com uns cinco índios e o irmão de Aritana.

Pouco tempo depois, Ianacolá reapareceu irado, com um bando de índios, procurando Renê, que já se encontrava num hotel em

Nova Xavantina, adiantando a expedição. A volta imediata para São Paulo seria por Barra do Garça, em vez de seguir pela BR-080, como estava programado, assim que todos os carros fossem resgatados. O funcionário da Funai dizia que Renê havia investigado sua vida no comércio local. Irritado, afirmava que moveria um processo por difamação. Ele alegava que Renê perguntara se ele devia dinheiro na farmácia, no supermercado e na loja de armas. A verdade era outra. Várias pessoas, sabendo do caso, diziam que Ianacolá comprava fiado em vários pontos comerciais em nome da Funai e não pagava. O jornalista João Carlos resolveu, por sua conta, fazer uma checagem para saber se aquilo tinha fundamento, e foi confundido com Renê. Segundo se apurou mais tarde, o próprio gerente da loja de armas avisara Ianacolá que havia alguém investigando suas contas.

A temperatura voltou a subir, chamando mais a atenção da cidade, que nesse momento sabia de tudo o que estava ocorrendo.

Aritana, auxiliado por Sandra, intercedeu mais uma vez e os ânimos se acalmaram. Ele mesmo decidiu acompanhar Roberto, Gerson e Muñoz até o posto Culuene, para pegar o carro e todos os pertences roubados. O gerador elétrico e outros objetos que estavam no Tanguro seriam enviados posteriormente para Canarana e entregues a Sandra, que depois mandaria tudo para São Paulo. A presença de Aritana poderia impedir um novo ataque de Kotok e Ianacolá, com o resto do bando, contra a expedição. Não se podia confiar mais em ninguém. A todo momento os índios estavam tentando extorquir a expedição em dinheiro ou carros. Enquanto houvesse possibilidade de tirar algo, eles o fariam. Por isso foi mais prudente ter Aritana do nosso lado e fazê-lo dessa vez manter sua palavra, como estava prometendo. Ianacolá e Pira se retiraram do hotel após Aritana assumir o controle, já cheio de tanta enrolação.

O céu escureceu, as luzes ligaram-se automaticamente em toda a cidade, as ruas foram tomadas pela bicicletas da garotada saindo das escolas e a discussão ainda permanecia diante do hotel, agora sem a exaltação de Ianacolá. Existia ainda a preocupação de que ele tentasse quebrar o acordo de Aritana, sempre favorável a um final sem prejuízo para a imagem deles. Às 20 horas, partia finalmente todo mundo em direção ao parque do Xingu. Às 23 horas, chegaram na fazenda Sayonara para ver se os índios haviam devolvido alguma coisa, porque os rádios dos carros, roupas, equipamento de vídeo incluindo fitas gravadas com imagens da expedição que haviam sido roubados na sexta-feira de nada serviriam a eles. Mas encontraram tudo vazio. Jairo continuava o seu trabalho de limpar pasto e consertar cercas. Afirmou estar disposto a deixar o trabalho na fazenda, com receio de algum tipo de represália contra sua família. Entre as atrocidades praticadas por índios da região existem casos de saques a fazendas e estupros. Histórias desse tipo era o que mais se ouvia.

À meia-noite, o grupo liderado por Aritana chegou ao Posto Culuene, um local para os índios acamparem quando estão de viagem, indo ou vindo da cidade. Havia três casas, menores que o Posto Leonardo, mas nem sinal do carro. O clima ainda estava tenso, e mesmo com a presença de Aritana poderia haver um novo seqüestro. De repente aparece Jacalo, que estava hospedado em uma das casas, de cabeça baixa, envergonhado pelo que seus irmãos haviam feito com a expedição. Ele pediu desculpas e afirmou que não havia participado do seqüestro, nem roubado nada, e que um dos barcos com o motor fora deixado no seu porto, mas ele não o queria.

– Não vou aceitar um barco roubado, não. Vou devolver ele prá vocês. Tou muito triste com o que fizeram com vocês. Eu quero pedir desculpas, em nome do povo kuicuro, do meu pai Narro. Espero que não fiquem com raiva da gente – disse Jacalo, para Daniel, Roberto e Gerson, em tom de humildade. Todo mundo sabia que Jacalo não podia fazer nada, porque isso poderia até resultar numa guerra com os kalapalos e os kamaiurás.

Outros índios apareceram e também cumprimentaram o Aritana com respeito, e o pessoal da expedição em seguida. Ainda havia um pouco de preocupação com essa nova entrada em terras indígenas, e eles queriam voltar logo, antes que Kotok ou Ianacolá aparecesse. Mas onde estava o carro de Roberto? Um índio disse que ele estava escondido a 100 metros do Posto, perto de uma pequena aldeia. Roberto foi na frente e descobriu seu Land Rover escondido debaixo de umas árvores. Desmanchou-se de alegria ao vê-lo, e ao mesmo tempo de tristeza, ao perceber que estava muito amassado nas três portas. Dentro dele havia muita coisa retirada dos outros veículos, como estepes e o rádio do carro de Júlio. Roberto entrou no carro e deu partida. Procurou sair o mais rápido da aldeia. Mas, nesse momento, surgiu um imprevisto.

De repente, aparece uma índia gemendo de dor. Estava com uma enorme barriga, grávida de noves meses, no momento de dar à luz. Muñoz não poderia fazer muita coisa naquele lugar. Então colocaram a índia no carro de Roberto e, juntamente com Muñoz, Gerson e Jacalo, saíram rapidamente. A emergência para atender a índia acabou favorecendo a retirada. Mas a situação se complicou de outra maneira. A índia gemia alto e poderia ter o filho dentro do carro, se não chegasse logo em Canarana. Às três horas da manhã, entraram na cidade e foram direto para um hospital. Mas não havia médico e foi preciso achar uma maternidade. Em poucos minutos, um menino forte nasceu, enquanto todos esperavam numa sala, juntamente com Jacalo e o pai da criança. Após o parto, Roberto foi chamado à enfermaria para conhecer o menino e teve uma grande surpresa. O nome do novo indiozinho era Roberto Kuicuro.

OS CAÇADORES DE CAVERNAS PERDIDAS

Na quarta-feira de manhã, a expedição partia finalmente de Canarana, como se estivessem há meses morando ali, para se encontrar com a outra parte das pessoas, que já se encontravam em Nova Xavantina. Do aeroporto da cidade, um avião voou até o lugar marcado por Fawcett como o Campo do Cavalo Morto, guiado por um GPS, para fotografá-lo, por não termos mais os barcos e tempo para chegar lá pessoalmente. Fazia parte do plano inicial visitar o lugar polêmico, pois até hoje não existem provas de que o paralelo 11º e 43" latitude sul e 54º e 33" de longitude seja o local onde o cavalo de Fawcett morreu, em 1920, e por onde já passaram outros aventureiros atrás dele. Todos discordaram que Fawcett tivesse chegado a tamanha distância na segunda expedição, em 1925. O arqueólogo Petrullo, da Universidade da Pensilvânia, pesquisou a região em 1931 e afirmou que Fawcett havia ido para o rio Culuene, sem chegar ao paralelo 11º. Dyott também fez um percurso de uma semana na direção apontada por Fawcett e descobriu que na segunda viagem a expedição foi apenas até 14º de latitude sul. Esse dado foi confirmado por Bernardino, um dos guias do coronel inglês.

A indicação do Campo do Cavalo Morto pode ser erro de escrita ou marcação proposital para despistar espiões. Esse local não representou nada de importante na história do desaparecimento, transformando-se em apenas um nome curioso, de onde Fawcett teria escrito a última carta, antes de desaparecer. Apenas Brian, o único, inclusive, insistia que o pai havia seguido pelo caminho descrito nas cartas. Atualmente, o local descrito por Fawcett continua cercado por uma densa floresta, por onde não se consegue andar de cavalo; mas já existe uma serraria nas proximidades.

A cidade de Nova Xavantina é dividida ao meio pelo Rio das Mortes, em cujas margens está localizado um grande templo da Sociedade de Eubiose. Essa sociedade esotérica acredita na possibilidade de Fawcett ter encontrado a sua cidade perdida, e que a Serra do Roncador é um lugar onde nascerá a geração que vai compor o terceiro milênio. A ligação de Fawcett com a região é muito grande, e existem muitas histórias, até recentes, ligadas ao coronel, como o aparecimento de um suposto neto seu, em 1993. O contato dessas pessoas com a expedição era constante. Logo que o comboio de carros começou a chegar nas cidades próximas do Roncador, a toda hora aparecia alguém para contar uma história envolvendo os mistérios da região, para falar ou indicar alguém conhecedor da vida do coronel Fawcett.

A visita a essas cidades, não-programada antecipadamente, estava levando a expedição ao encontro de um universo esotérico, apesar de não ser tão interessante quanto um *"off-road"*, como queria a maioria de seus integrantes. As pistas do coronel Fawcett agora eram invisíveis, e não iguais às deixadas durante a descoberta da nascente do Rio Verde.

Tentávamos também esquecer o trauma pelo qual acabávamos de passar. Estávamos deixando muita coisa para trás, inclusive os barcos, motores de popa e o gerador, mais uma infinidade de objetos que nunca seriam ressarcidos. Agora era esquecer e voltar para Cuiabá, com três dias para os jipeiros aproveitarem a viagem para encontrar uma boa trilha. Na verdade, uma péssima estrada, cheia de buracos e lama. Mas, por enquanto, o mais importante era se afastar logo da zona de perigo. Estávamos todos chocados com a recepção no Xingu e não queríamos encontrar qualquer tipo de índio. Todo o romantismo e a vontade de ajudá-los tinha ido por água abaixo. James Jr. teve uma grande decepção com a cultura exótica que esperava encontrar. Demoraria alguns dias para ele deixar de pensar que todos os índios eram iguais aos da quadrilha que saqueara a expedição. E acreditar que no Xingu existe uma comunidade íntegra, que zela por seus direitos sem praticar qualquer tipo de ação criminosa, como a que acabara de acontecer.

Por pouco não encontraríamos um filho où um neto de Fawcett com uma índia, possivelmente xavante. Não seria muita surpresa, pois o sobrinho de Nina, Timothy Paterson, que sempre chama Fawcett de tio em seus textos, todos os anos vai passar as férias em Barra do Garça e chegaria na sexta-feira. Um dos anfitriões de

Paterson é o historiador Arquimedes Carpentiere, que se mudou para Nova Xavantina em 1970, quando fazia parte da Sociedade de Eubiose, e desde então tem procurado resposta para o desaparecimento de Fawcett. A Eubiose diz que Fawcett não morreu. Ele teria encontrado o que os espanhóis chamavam de Eldorado, a sua cidade oriunda da Atlântida, existente no Brasil, desde quando os continentes tinham outra formação geográfica.

Os índios brasileiros, segundo Arquimedes e Fawcett, são originários dessa civilização antiga, cuja prova seria a estatueta de basalto. Essa comunidade indígena, mesclando-se com a cultura branca, irá gerar a civilização de Aquários, a partir do ano 2005. Tal miscigenação teria de acontecer nos Estados Unidos, mas foi transferida para o Brasil, especialmente para o Planalto Central, a missão de promover a mistura de raças. Pesquisando os trabalhos da Eubiose, em 1993 Carpentiere encontrou o filho de Fawcett.

Numa de suas caminhadas pela serra do Roncador, na região onde Fawcett havia desaparecido, Carpentiere encontrou um homem estranho, vagando por um grande platô, um lugar muito bonito no topo da serra, bem alto, próximo às nuvens e de uma fazenda da família. A serra tem o nome de Roncador, porque de tão alta e extensa, o barulho dos trovões permanece algum tempo "roncando" em seus paredões, como se ela tivesse vida.

– Um homem apareceu não sei de onde, trazendo uma flecha quebrada, amarrada com um barbante, e me entregou. Ele aparentava ter uns 40 anos, apesar de dizer que tinha mais, e me entregou a flecha, dizendo que a tinha ganhado do avô dele. Quando o avô chegara com a expedição no território indígena, de uma tribo desconhecida, a flecha fora arremessada a pouco passos dos pés dele. Fiz várias perguntas sobre Jack, mas ele sempre falava do avô, que vivia como ele, interiorizado, sem nunca ir à cidade. Falava pouco e não respondia se o avô dele era realmente Fawcett, apenas dava entender que sim. Era um sujeito que tinha as feições do coronel, alto, fumando um cachimbo de barro, bem-trabalhado, possivelmente da tribo dos marajoara. Desapareceu de repente, como havia surgido, mas ainda tenho comigo a flecha quebrada e o cachimbo.

Na quinta-feira, a expedição chegou em Barra do Garça no final da tarde e foi cercada por pessoas que sabiam sobre Fawcett, ou conheciam alguém que fazia parte de uma seita ligada ao mito do coronel. Inclusive um estudante japonês, da província de Akita-City, se encontrava na cidade para pesquisar Fawcett. Ficou perplexo ao ver uma expedição com o nome de Fawcett estampado nas camisetas. Segundo ele, existem muitos "adeptos" do coronel no Japão, onde é muito conhecida a história do seu desaparecimento na serra do Roncador.

Um estranho casal mora no centro de Barra do Garça. O madeireiro Armando Lubison e sua esposa Deusina, de origem peruana, são místicos reservados, que se dedicam seriamente à prática de meditação. Eles vivem há muitos anos em Barra do Garça, mas se mantêm longe das pessoas que buscam o esoterismo como moda. Lubison tem a importante missão de proteger a história sobre a busca de Fawcett e o segredo das cavernas. O casal é uma espécie de guardião desses locais, onde realizam cultos e meditação, geralmente com convidados vindos de outros estados e até do exterior, como o sobrinho de Fawcett. Quando encontramos Deusina, ela já sabia que tínhamos arriscado nossas vidas e que ainda existia uma situação de perigo. Para ela, a expedição não fora concretizada porque era necessário visitar antes Barra do Garça, encostada na Serra do Roncador, às margens do rio Araguaia, onde estariam as respostas para todo o mistério da região.

Muitas pessoas, mesmo sem conhecer os mistérios do Roncador, são atraídas para o local em busca de algum conhecimento espiritual e acabam encontrando algo que as prende ao redor daquelas serras. É também o único lugar do país onde existe um aeroporto para disco voadores, à espera da primeira nave para inaugurá-lo. É uma obra cara e bem-elaborada, que faz aumentar mais o esoterismo da região. No Vale dos Sonhos, a 30 quilômetros de Barra do Garça, segundo os moradores, há congestionamento de disco voadores em determinadas noites. Partimos da cidade sem encontrar nenhum indício deles.

No sexta-feira, o comboio de carros entrou na rodovia BR-070 com destino a Primavera do Leste, a 400 quilômetros de Cuiabá. Chegamos no início da noite, sob uma forte neblina e muito frio. No dia seguinte, no trajeto para Cuiabá, os termômetros marcavam 10° dentro dos carros, em pleno meio-dia. Próximo da Chapada dos Guimarães a temperatura caiu mais, chegando a 5°. Há décadas não fazia tanto frio em pleno sertão do Mato Grosso. A forte neblina e uma chuva fina fizeram o delírio dos pilotos. Pela primeira vez, em duas semanas de viagem, todo mundo se divertia. Finalmente lama, muita lama. Nem mesmo o frio que fazia doer os ossos derrubou os ânimos. O comboio de carros saía do asfalto sempre que aparecia uma trilha de terra. Era o sabor de pegar um caminho com muitos obstáculos e no meio de toda aquela neblina. Parecia qualquer lugar do sul do país, menos o interior do Mato Grosso. A tensão dos dias anteriores estava ficando para trás, e o que não fora aproveitado estava sendo compensado no último dia de expedição. Se fosse preciso, todo mundo ficaria mais uns dias, procurando um pouco de emoção, seguindo os passos – e os sonhos – do Coronel Fawcett.

Chegamos em Cuiabá com os carros sujos, como se tivéssemos rodado milhares de quilômetros. Em algum lugar do Xingu centenas de índios vestiam as camisetas da expedição e rodavam para cima e para baixo do rio Xingu em dois lindos barcos de alumínio. A expedição teve aventura de sobra.

James, no momento em que conseguimos chegar à pista de pouso do posto Leonardo, no dia do seqüestro, gravou um depoimento que resume bastante a nossa presença no Xingu:

"Acho que a expedição *Na trilha do Coronel Fawcett – a expedição Autan* teve o objetivo de procurar entender um pouco melhor as condições nas quais Fawcett desapareceu, em 1925. Viemos para o Xingu para entender isso, pesquisando o lugar onde ele sumiu, o ponto em que ele foi visto pela última vez. Eu diria que a expedição fez o que se propôs dentro das circunstâncias que aconteceram. Agora, a dose de conhecimento foi muito maior que o esperado. Não foi simplesmente entrar no local onde Fawcett estava, ver o que ele viu, sentir a temperatura, os bichos, os pernilongos. Foi um lado muito tenso de se tornar refém de tribos indígenas, armadas, segurando a equipe toda aqui e tirando à força tudo o que queriam da gente. Nós estávamos numa situação de falta de poder, falta de posição de barganha, onde eles poderiam fazer o que bem entendessem com a gente. Então, eu acho que a expedição colheu muito mais informações do que a mais louca imaginação poderia prever."

AOS ORGANIZADORES E PARTICIPANTES DA EXPEDIÇÃO "AUTAN – NA TRILHA DO CORONEL FAWCET"

É com prazer que nós, responsáveis pelo produto Autan, agradecemos à organização a oportunidade que nos foi oferecida ao patrocinar a "Expedição Autan – Na trilha do coronel Fawcett". O estranho e lendário desaparecimento de um ilustre e mundialmente respeitado homem das ciências, o coronel Percy Fawcett, no início do século, nas selvas do território que é hoje o Parque Nacional do Xingu, sempre incendiou a imaginação de milhares de pessoas em todo o mundo. Muitas expedições já haviam tentado buscar respostas para o mistério, mas essa foi a primeira delas que retornou com algumas respostas.

Tivemos a oportunidade real de contribuir para a obtenção de informações de interesse da coletividade. Pudemos ligar o nome da Autan a uma iniciativa pioneira, repleta do charme da aventura, com sólido interesse científico, como também participamos de um projeto perfeitamente adequado ao produto, uma expedição no meio de florestas.

E, por fim, a ligação dos patrocinados com o produto não ficou apenas no uso de um boné bordado, uma camiseta estampada, como tantas vezes acontece. Numa aventura no meio de florestas, repletas de insetos voadores normalmente famintos e agressivos, ter à mão uma boa reserva de Autan é inteligente.

Muito obrigado a vocês, expedicionários, pelo trabalho realizado, pela coragem demonstrada nos momentos de perigo, pelas informações trazidas.

CLAUS PIOTROWSKI
DIRETOR DE ÁREA
DIVISÃO CONSUMER CAER

BIBLIOGRAFIA

Aurelli, Willy – *Expedição à serra do Roncador*. São Paulo, ed. Universitária, 1943.

Berlitz, Charles – *Atlantis, The Lost Continent Revealed*. Londres, Macmillan, 1984.

Bernard, Raymond – *A terra oca*. Rio de Janeiro, Record, 1962.

Borges, Durval Rosa – *Araguaia, corpo e alma*. São Paulo, Edusp, 1986.

Burnes, E. Braford – *The Unwrutten Alliance Rio Branco and Brasilian – America Relations*. Nova York, Columbia University Press, 1966.

Callado, Antônio – *Esqueleto na lagoa verde*, Rio de Janeiro, Paz e Terra, 1977.

Calmon, Pedro – *O segredo das minas de prata*. Rio de Janeiro, Editora A Noite, 1950.

Carone, Edgar – *A primeira República (1889-1930); texto e contexto*. São Paulo, 1969.

Childress, David Hatcher – *Cidades perdidas e antigos mistérios da América do Sul*. São Paulo, Siciliano, 1988.

Cummins, Geraldine – *The Fate of Colonel Fawcett*. Londres, Aquarium Press, 1955.

Cunha, Ayres Câmara – *O mistério do explorador Fawcett*. São Paulo, Editora Clube do Livro, 1984.

Dyott, G. M. – *Man Hunting in the Jungle*. Nova York, 1930.

Fawcett, P. H. & Brian – *Exploration Fawcett*. Londres, Hitchinson & Co., 1953.

_____, *Mémoires du Colonel Fawcet I, Le Continent de L'e Pouvante*. Paris, Amiot Dumont, 1954.

_____, *Mémoires du Colonel Fawcet II, Sur les Routes du Mystére*. Paris, Amiot Dumont, 1954.

Fleming, Peter – *Brazilian Adventure*. Nova York, Scribner's Sons, 1934.

Hemming, John – *The Search for Eldorado*. Londres, ed. Micael Joseph, 1978.

Hawkes, Jacquetta – *Atlas of Ancient Archaelogy*. Nova York, ed. McGraw Hill, 1974.

Key, Charles E. – *As grandes expedições científicas no século XX*. São Paulo, Companhia Editora Nacional, 1940.

Kruse, Hermam – *As matas da Lapinha e Orobó*. Texto inédito, de 17/09/1940.

Landsburg, Alan – *In Search of Lost Civilizations*. Nova York, Bantan Books, 1976.

Lukner, Udo Oscar – *Mistérios do Roncador*. Barra do Garça, ed. Monastério Teúrgico do Roncador, 1981.

Melo, Darcy S. Bandeira – *Entre índios e revolução*. São Paulo, Soma, 1982.

Morel, Edmar – *E Fawcett não voltou*. Rio de Janeiro, ed. O Cruzeiro, 1944.

Moraes, Fernando – *Chatô, o rei do Brasil*. São Paulo, Companhia das Letras, 1994.

Wilkins, Harold – *Secret Cities of Old South America*. Nova York, Library Publications, 1952.

Paterson, Timothy – *O templo de Ibez*. Goiânia, Imery Publicações, 1980.

Silva, Hermano Ribeiro – *Nos sertões do Araguaia*. São Paulo, Saraiva, 1935.

Varjão, Valdão – *Barra do Garça no passado*. Brasília, ed. do autor, 1980.

Villas Boas, Cláudio e Orlando – *Marcha para o oeste – a epopéia da expedição Roncador-Xingu*. Rio de Janeiro, ed. Globo, 1994.

_____ – *Xingu, os índios, seus mitos.* Porto Alegre, Kŭarup, 8ª edição, 1990.

"Relatório Fawcett" – Revista do Inst. Histórico e Geográfico de Mato Grosso, Tomo CXXIX-CXXX, ano LX, 1988.

Rondon, Cândido Mariano da Silva – *Conferências no Rio de Janeiro e São Paulo.* Rio de Janeiro, Tipografia Leuzinger, 1922.

Spineli, Mário – *Estudo sobre o Mato Grosso.* Cuiabá, sem editora, 1964.

Steinen, Karl Von Den – *Entre os aborígenes do Brasil Central.* São Paulo, Revista do Arquivo, 1940.

Jornais: *Diário de São Paulo, Folha de S. Paulo, Diário da Noite, O Estado de S. Paulo, O Jornal, O Globo, Jornal do Brasil, The Times, Le Petit Parisiense, Paris-Times.*

Revistas: *O Cruzeiro, Realidade, Veja, Manchete, Times.*

ÍNDICE REMISSIVO

A

B

295

C

D

E

N

O

P

Fawcett, seu tempo e seu momento

A rainha
Vitória
(1819-1901),
sob cujo
reinado
Fawcett
viveu parte
de sua vida.

O escritor
H. Rider
Haggardd
(1856-1925),
autor de
"As Minas
do Rei
Salomão"

O presidente
Arthur
Bernardes
(1875-1955),
eleito em 1922,
cujo governo
apoiou as buscas
de Fawcett

O marechal
Cândido Rondon
(1865-1958),
que não queria
ver Fawcett
andando pelo
Brasil.

Jornalista Assis
Chateaubriand

O escritor
Antônio Callado,
acompanhou
a expedição
que achou os
supostos ossos
de Fawcett.

O sertanista
Orlando
Villas-Boas

Fawcett inspirou
o personagem
Indiana Jones

A última foto da expedição com Jack e Rimell, em maio de 1925, no Campo do Cavalo Morto.

Fawcett, um ano antes do seu desaparecimento.

Jack Fawcett, em 1924, em Londres.

Cartas inéditas de Fawcett revelam que ele queria comprar uma mina de prata na Bahia.

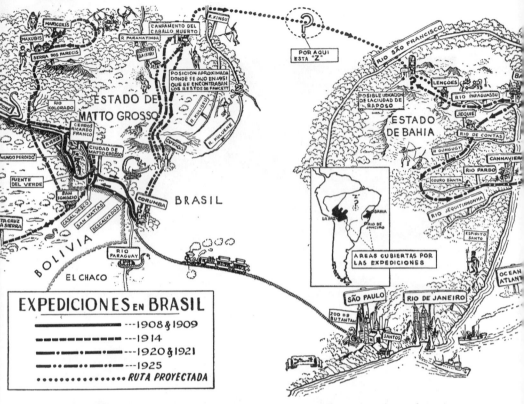

Mapa desenhado por Brian Fawcett mostra as trilhas seguidas pelo pai.

Udo, seguidor de Fawcett,
se autoproclamou
"Hierofante do Roncador".

Peter Fleming no
rio Araguaia: seguindo
falsas trilhas.

Orlando Villas-Boas, diante da possível ossada de Fawcett, em 1952, no Xingu.

Villas-Boas mostra o suposto crânio de Fawcett.

Local onde foram encontrados os ossos.

Dulipé, com 8 anos (à esquerda), ao lado do reverendo Emil Halverson, em 1934.

A estatueta que levou Fawcett a buscar sua Cidade Abandonada.

Fawcett teria
encontrado sua
Cidade Abandonada
sob a Serra do
Roncador (acima).

Carros e barcos
para uma aventura
nas trilhas do
Coronel Fawcett.

Automóveis potentes para enfrentar muita estrada sem asfalto.

Renê Delmontte e Hermes Leal, no rio Xingu.

A "Cidade de Pedra", que se parece com ruínas de uma cidade antiga, atraiu a atenção de Fawcett para o Mato Grosso.

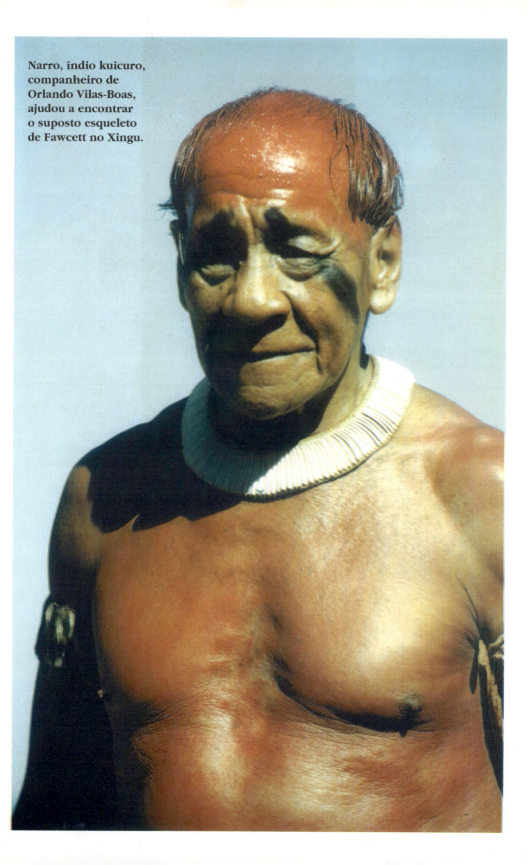

Narro, índio kuicuro, companheiro de Orlando Vilas-Boas, ajudou a encontrar o suposto esqueleto de Fawcett no Xingu.

Índio kuicuro
pintado para
receber os
expedicionários.

O mundo
contemporâneo
invadiu o parque
do Xingu.
Televisão e
bicicletas são
coisas comuns.

Os barcos
rodeados de
índios, antes
do saque.

Acima, Daniel Muñoz, Jacalo, James Linch e Narro, na aldeia kuicuro.
Abaixo, crianças mergulham na lagoa do Buriti, minutos antes do sequestro.

Hermes Leal, com uma índia guarayo, em Cobija, 1993.

Ianacolá Rodarte (à esquerda) e Kotok, protagonistas de uma armadilha. Abaixo, o documento da Funai que autorizava entrar no Parque do Xingu.

	MINISTÉRIO DA JUSTIÇA FUNDAÇÃO NACIONAL DO ÍNDIO	NÚMERO:
		/ADX/96
	PROTOCOLO DE FAC · SÍMILE	

PARA (TO):	FAX Nº:
SR. RENÉ BELMONTE	(065) 478-1290

DE (FROM):	FAX Nº:
ADMINISTRAÇÃO REGIONAL DO XINGU	(061) 226-8782

Nº DE PÁGINAS (INCLUINDO ESTA): NO. OF PAGES (INCLUDING THIS COVER SHEET):	LOCAL E DATA (PLACE AND DATE):
01	BRASÍLIA-DF, 20 de JUNHO/96

MENSAGEM / MESSAGE:

CONFORME CONVITE DA LIDERANÇA KUIKURO, AUTORIZAMOS O INGRESSO E VISITA A ALDEIA KUIKURO DO SR. RENÉ BELMONTE E COMITIVA. SALIENTAMOS QUE A REFERIDA COMITIVA DEVERÁ ESTAR PERMANENTEMENTE ACOMPANHADA PELO 3º CACIQUE JACALO KUIKURO.

IANACULÁ RODARTE
ADM. REG./XINGU

FAVOR COMUNICAR IMEDIATAMENTE QUALQUER PROBLEMA COM ESTA TRANSMISSÃO	RESPONSÁVEL PELA EMISSÃO:

MOD - AG 04/11 BL. 50 x 1 - 148 x 210 mm

Cláudio Laranjeira, James, James Jr., Lineu, Hermes, Muñoz, Fábio e Renê, antes do saque no Posto Leonardo Villas-Boas.

Aldeia bacaeris, no Posto Simão Lopes.

ESTA OBRA FOI COMPOSTA PELO BUREAU
GRÁFICO DA GERAÇÃO DE COMUNICAÇÃO
EM GARAMOND 3 E IMPRESSA PELA GRÁFICA
DO CENTRO DE ESTUDOS VIDA E CONSCIÊN-
CIA – RUA SANTO IRINEU, 170, SÃO PAULO, SP,
TEL (011) 549-8344 – EM OFF-SET PARA A GE-
RAÇÃO EDITORIAL EM NOVEMBRO DE 1995.